Les biodiversités

Objets, théories, pratiques

Ouvrage coordonné par

Pascal Marty
Franck-Dominique Vivien
Jacques Lepart
Raphaël Larrère

P. Alphandéry, P. Arnould, S. Bahuchet, J. Blondel, A. Fortier, H. Fritz, R. Larrère, J. Lepart, D. McKey, S. Maljean-Dubois, P. Marty, F. Médail, A. Micoud, F. Sarrazin, A. Selmi, W. Thuiller, F.-D. Vivien

CNRS EDITIONS
15, rue Malebranche – 75005 Paris

ISBN : 2-271-06338-8

Sommaire

Introduction

« L'homme est merveilleusement vain, divers, et ondoyant. »
Montaigne, *Essais* (I, 1, 9, A)

De Copernic à Newton, la conception moderne de la nature s'élabore sous la juridiction de la mécanique classique. Cette nature, qui obéit aux lois éternelles du mouvement, est une harmonie parfaite. Équilibre toujours recommencé, elle ne saurait avoir d'histoire : depuis la Création, elle se perpétue à l'identique. L'homme est extérieur à la nature : la pensée moderne ne cesse de décliner cette proposition. Ontologiquement, l'homme est sujet, alors que la nature est constituée d'objets. Seul être capable de se fixer une règle morale, l'homme se distingue de la nature qui est moralement neutre. L'homme, être social, a construit son monde : la société. Et ce monde plein de bruit et de fureur, qui s'oppose à l'harmonie de la nature, est aussi celui de l'histoire, alors que la nature n'en a pas. Tous les objets et tous les êtres naturels n'ont, selon ce point de vue moderne, qu'une valeur instrumentale : celle que les hommes leur accordent en tant que « ressources ».

La théorie darwinienne de l'évolution réinscrit l'homme dans la nature : l'homme n'a pas été créé à l'image de Dieu, il est parent du singe. Il n'est pas au sommet de l'échelle des êtres : il occupe un rameau de l'arbre généalogique des espèces vivantes et se trouve, comme elles, soumis aux lois complexes de la sélection. Comme l'humanité, la nature a donc une histoire et l'homme en fait partie.

Dans *L'Origine des espèces*, Darwin montre l'étendue et la complexité des relations entre organismes vivants, domestiques ou sauvages. Il propose une lecture rationnelle des relations entre les êtres vivants et la fait débuter par l'analyse de la diversité chez les animaux et les plantes domestiqués[1]. Pourtant, la coupure entre l'homme et la nature persiste de nombreuses décennies après la diffusion de cet ouvrage : l'attitude des sociétés occidentales vis-à-vis de cette dernière ne change

1. « I have invariably found that our knowledge, imperfect though it be, of variation under domestication, afforded the best and safest clue. » Darwin, C., *The Origin of Species,* (1859) (1968, Harmondsworth, Penguin Books, p. 67).

guère. Sans doute, la littérature européenne post-rousseauiste ou romantique témoigne-t-elle d'un intérêt pour la nature bien différent d'un regard utilitariste. Certes, de nombreuses sociétés non occidentales n'établissent pas de séparation entre les hommes et les autres êtres de nature. Parmi les « Occidentaux » eux-mêmes, en Amérique du Nord en particulier, il existe des tentatives, aux racines anciennes (Thoreau, Emerson...), de redéfinition des rapports nature/société[2]. L'Occident, pourtant, regarde avec méfiance l'exubérance de la nature, préférant le domestique et le cultivé au sauvage, l'ordonné et le propre à la prolifération et au grouillement. Autant la prolificité de la vie est appréciée dans les formes maîtrisées de nature, autant elle renvoie à des univers inquiétants hors de l'univers domestique. La nature foisonnante est mystérieuse et dangereuse chez Conrad[3], fascinante, fourbe et finalement mortelle chez Zola[4]. La diversité même des formes de la vie n'est reconnue que pour être mieux dominée et domptée dans les jardins zoologiques ou les parcs d'acclimatation. Exterminer les animaux nuisibles, assainir les marécages, contrôler la croissance des arbres, éliminer les plantes adventices des cultures : la diffusion du « progrès » dans la gestion des territoires et des êtres vivants n'est limitée par aucune forme de scrupule.

Définie comme ce qui ne relève pas des affaires humaines, la nature se réduirait comme peau de chagrin au fur et à mesure que les ressources et les territoires seraient plus complètement intégrés dans l'économie des sociétés. Elle ne subsisterait que transitoirement comme un ensemble d'éléments ayant vocation à être intégrés dans les systèmes anthropiques. La nature est ainsi progressivement remplacée par l'environnement qui n'est défini qu'en relation avec les systèmes anthropiques. De manière un peu outrancière, l'environnement est un espace dans lequel l'homme trouve des ressources, déverse des déchets jusqu'à ce que des problèmes d'épuisement ou de pollution l'incitent à se préoccuper de son fonctionnement... Cette idée est implicitement acceptée par les écologues ou les naturalistes (la gestion des espaces naturels est un secteur d'activité en expansion...). Toutefois, il subsiste une nostalgie de la nature, ce que certains naturalistes expriment fortement en dénonçant la protection contre nature (Jean-Claude Génot[5]) ou la peur de la nature (FrançoisTerrasson[6]).

---

2. Larrère, C., 1997, *Les Philosophies de l'environnement*, Paris, PUF, 124 p.

3. « En dehors, la nature sauvage et silencieuse qui entourait cette petite parcelle de terre défrichée me donnait la vive impression de quelque chose de grand et d'invincible, comme le mal ou la vérité (...). » Conrad, J., 1985, *Au cœur des ténèbres*, Œuvres, Paris, Gallimard, « La Pléiade », t. 2, p. 74.

4. « Tes fleurs puent, ton soleil aveugle, ton herbe donne la lèpre à qui s'y couche, ton jardin est un charnier où se décomposent les cadavres des choses. La terre sue l'abomination. » E. Zola, *La Faute de l'abbé Mouret in Les Rougon-Macquart* (1998), t. 1, Paris, Gallimard, « La Pléiade », 1960, p. 1473-1474.

5. Génot, Jean-Claude, 1998, *Écologiquement correct ou protection contre nature*, Edisud, et (2003) *Quelle éthique pour la nature*, Edisud.

6. Terrasson, François, 1990, *La Peur de la nature*, Le Sang de la Terre ; 1994, *La Civilisation antinature*, Éditions du Rocher et 2002, *En finir avec la nature*, Éditions du Rocher.

La notion d'environnement permet de tout mesurer à l'aune de son utilité pour les sociétés humaines. De ce point de vue, le terme biodiversité peut apparaître comme un substitut plus analytique de la nature ; l'expression, « protection ou préservation de la nature » continue à être employée, mais désigne souvent la protection de telles ou telles composantes de la biodiversité. La notion est certes moins anthropocentrée que celle d'environnement. Elle souligne que d'autres êtres vivants ont une certaine autonomie, un droit à l'existence. Son étymologie (de *diversus* « tourné vers l'autre côté ») le confirme clairement. Sur un plan évolutif, chaque espèce, presque chaque être vivant, partage cette caractéristique d'être « tourné de son côté » (c'est-à-dire de maximiser le nombre de ses descendants, de transmettre ses gènes...). C'est une notion qui agrége (l'ensemble des espèces, l'ensemble des écosystèmes...) mais qui ne totalise pas (chaque espèce, chaque écosystème reste un cas particulier, original).

Saint Thomas d'Aquin (*Summa contra gentiles,* livre 1 chap 17, 7)[7] met en garde contre « l'ignorance qui méconnaît la distinction entre différence et diversité » : « Le différent... l'est en relation car chaque différent est différent par quelque chose. En revanche, ce qui est divers l'est par le fait qu'il n'est le même en rien. » Cette fondamentale irréductibilité est difficile à gérer pour les scientifiques, et l'histoire de la prise en compte de la diversité biologique par l'écologie est celle de tentatives de réduction de la diversité à la différence : quelle différence est nécessaire pour que deux espèces puissent coexister ? Sur la base de quelles différences classer les espèces, les groupements végétaux ?... Les espèces sont, sinon « *les mêmes en rien* », du moins différentes, peu ou prou, par presque tous leurs caractères. Dans ce contexte, la différenciation la plus légitime se ferait sur la base de leur origine évolutive (ancienneté de la divergence entre deux espèces), les traits morphologiques ou physiologiques fournissant une évaluation de l'importance écologique de la divergence. Mais la diversité a une autre signification pour les écologues : ces espèces, en principe « tournées de leur côté », se trouvent en interaction les unes avec les autres dans des paysages, des communautés ; la distribution de leurs fréquences montre l'importance des contraintes qu'elles y subissent. Elles ne paraissent pas s'assembler au hasard et les écologues ont cherché à identifier des règles d'assemblage. Dans ce contexte, la diversité est devenue une mesure de l'état global d'un système (nombre et fréquence relative des espèces) dont on cherche les liens avec le fonctionnement du système (amélioration du fonctionnement, stabilité...). Il y a ainsi deux lectures de la diversité : la première met en avant l'irréductibilité des différences entre espèces ; la seconde est beaucoup plus intégrative. Ces deux lectures correspondent à deux approches théoriques de l'écologie, anciennes et apparemment inconciliables, dont les paradigmes pourraient être l'approche individualiste de Gleason et l'approche holistique de

7. THOMAS D'AQUIN, *circa* 1257. *Summa contra gentiles*, (traduction française, 1993 : *Somme contre les Gentils*, Paris, Éditions du Cerf (traduction R. Bernier, M. Corvez, M.-J. Gerlaud, F. Kerouanton et L.-J. Moreau).

Clements. L'intérêt porté aujourd'hui à la biodiversité incite à dépasser cette opposition, mais la tâche semble malaisée.

La biodiversité, ce sont aussi des problèmes liés à l'action : comment agir pour conserver la biodiversité ? Quelles références mobiliser alors que l'on ne dispose pas d'inventaires complets en dehors de quelques groupes taxonomiques particulièrement bien décrits ? Comment arbitrer entre deux espèces lorsque leurs présences sont plus ou moins antagonistes ? Pourquoi privilégier telle espèce d'oiseau plutôt que telle espèce de ver de terre ? Des discussions peuvent s'ouvrir, des arguments s'échanger. De nombreux faits peuvent être mobilisés ; ils sont rarement commensurables et beaucoup d'autres restent à découvrir. Les théories écologiques permettent de mettre en perspective les informations disponibles, de cadrer la discussion ; mais leur pluralité ne permet pas d'imposer un point de vue et en fait plutôt des outils de questionnement des faits, de réflexion.

Ces discussions, qui ont leur origine dans les controverses scientifiques, connaissent des prolongements dans le champ des politiques de la nature. Depuis le début des années 90, en effet, on observe la définition et la mise en place de politiques publiques qui visent à la préservation de la biodiversité. Cela oblige aussi les politiques de conservation de la nature, qui existent depuis longtemps, et leurs acteurs traditionnels à se repositionner, voire à se relégitimer, vis-à-vis des enjeux relatifs à la biodiversité. Cette entrée de la biodiversité dans la sphère publique ouvre alors à d'autres controverses qu'étudient les sciences de l'homme et de la société. Il en va ainsi de la place qu'occupe la science dans ces politiques, de l'importance accordée aux arguments économiques, de la confrontation et des oppositions d'intérêts en ce qui concerne certaines activités et certains milieux, des discussions relevant des institutions et des instruments susceptibles d'inciter à la conservation de la diversité biologique et de concilier les divers points de vue en présence.

Les politiques de la nature mettent en interaction des collectifs qui se mobilisent pour préserver telle ou telle espèce ou tel ou tel groupe (ornithologues, apiculteurs, agriculteurs biologiques, défenseurs du loup...). Ces collectifs, mobilisant des références et des conceptions scientifiques, en tirent argument pour s'autoproclamer garants ou porte-parole d'une diversité élevée alors que bien souvent ils ne sont les porte-parole que des espèces qui font l'objet de leur désir de protection. L'action des lobbies en faveur des oiseaux ou des grands carnivores, ou de ceux qui entendent, à l'inverse, défendre les pratiques traditionnelles (la chasse en particulier) se traduit parfois concrètement dans les directives européennes ou dans les retards/adaptations de leur mise en œuvre.

Mais, la biodiversité ne peut pas non plus être traitée comme une simple question de représentation, comme un argument rhétorique mobilisé dans des discussions qui ne porteraient en fait que sur des questions de pouvoir. D'autres êtres vivants existent et viennent interférer avec les hommes. Il est aussi assez clair que des groupes sociaux, tout en s'intéressant particulièrement à telle ou telle espèce (ou groupe d'espèces) jugent qu'il est nécessaire de maintenir un maximum de biodiversité. Des mesures sont prises aux niveaux national et international, sans doute imparfaitement conçues et appliquées. Elles sont constituées en objet d'étude par les sciences.

Cet ouvrage rassemble des textes issus de deux communautés scientifiques : les sciences de la vie et les sciences de l'homme et de la société. Pour la première, « biodiversité » est un terme sous lequel les chercheurs ont pu assez naturellement resituer des champs de recherche et des questions actuelles ou plus anciennes. Pour la seconde, la biodiversité a un autre statut : c'est une notion nouvelle, élaborée dans un contexte particulier, et qui s'accompagne de la révision d'une politique ancienne et par la promotion de nouvelles pratiques ; à ce titre elle constitue un objet susceptible de mettre à l'épreuve l'architecture conceptuelle et le corps d'hypothèses des différentes disciplines. Ce décalage n'est sans doute pas à négliger dans l'évaluation des pratiques interdisciplinaires.

Dans les chapitres qui suivent, on livre ainsi côte à côte les réflexions sur la biodiversité issues du champ des sciences de la vie et de celui des sciences humaines et sociales. Le livre est découpé en quatre parties qui correspondent chacune à un type d'interrogation sur la biodiversité. Qu'est-ce que la biodiversité ? Pourquoi la préserver ? Avec quelle ingénierie ? Avec quelles politiques et institutions ?

Quelles biodiversités ?

La première partie de l'ouvrage est consacrée à l'analyse des notions que résume et embrasse, parfois de manière floue, le terme de biodiversité. Celui-ci est d'abord un concept scientifique. Jacques Blondel définit ainsi ce qu'est la biodiversité du point de vue des biologistes : diversité des taxons mais également des niveaux d'organisation, des stratégies, des formes et des comportements des êtres vivants face aux *« mille embûches d'une nature fondamentalement violente »*. Soumise au temps long de l'évolution comme au temps court des interactions écologiques, spatialement structurée dans des mosaïques d'habitats, elle fait aujourd'hui l'objet d'une érosion comparable avec les niveaux des grandes crises d'extinction qui ont scandé les temps géologiques. Après avoir exposé les questions que la conservation de la biodiversité pose à l'écologie scientifique, et souligné l'intérêt de la génétique des populations, J. Blondel conclut en rappelant le caractère inégalitaire du mode de développement actuel, ses conséquences directes néfastes pour la biodiversité et l'urgence qu'il y a à trouver des voies pour « une durabilité globale à l'échelle de la planète ».

Cette perte de diversité biologique est parfaitement illustrée par Serge Bahuchet et Doyle McKey qui traitent du monde tropical, un ensemble de régions de la planète où la question de la destruction des habitats naturels a très tôt été posée en ces termes. Il s'agit, en effet, de milieux où le nombre de taxons connus est le plus important, où les interactions entre organismes sont les plus spectaculaires et où l'érosion du nombre d'espèces est la plus inquiétante. Les auteurs rappellent les spécificités des milieux naturels tropicaux mais montrent qu'ils ont été fortement modifiés et utilisés par les sociétés, avant et après la mise en place des économies de traite. Dans ces régions, longtemps considérées comme contenant les archétypes de la nature vierge et sauvage, les questions de conservation ne sont pas dissociables des questions économiques et sociales. Les auteurs en concluent que, dans la pratique scientifique, des relations plus étroites entre sciences humaines et sciences de la vie sont nécessaires.

Le terme biodiversité a d'autres sens et connotations, ainsi que le montre André Micoud. À côté du registre conceptuel qui se forge dans le débat et la controverse scientifique, on peut repérer un registre institutionnel, qui renvoie aux différentes actions menées en faveur de la diversité biologique, et un registre rhétorique : la diversité est aussi une figure de style, un ensemble d'images parlantes (des dessins, des photos, des logos…) qui touchent à la sensibilité humaine. En jouant simultanément sur ces trois registres, A. Micoud considère moins le mot biodiversité comme « l'énoncé d'une chose qui existe » que comme le marqueur de l'émergence d'un problème ou d'une inquiétude. Il relève ainsi la coïncidence troublante entre l'intérêt porté à la diversité biologique et l'affirmation de l'unité du vivant, dans le fil des avancées de la biologie moléculaire et de la génétique. La coexistence de ces deux notions (unité et diversité) est symptomatique d'un moment de l'histoire humaine où la relation à la nature est bouleversée par l'objectivation des êtres vivants que permet l'essor de sciences biologiques. D'où l'importance du regard culturel, et non pas seulement utilitariste, sur la biodiversité comme mémoire de l'humain.

Cette dimension culturelle de la biodiversité est aussi soulignée par Paul Arnould. Ce dernier rappelle comment, de la tradition biblique aux représentations picturales de l'Occident en passant par la science gréco-romaine ou de la Chine ancienne, l'histoire intellectuelle de l'humanité devant la diversité du vivant a produit des mythes, des bestiaires et des inventaires et des typologies. Cette « mise en scène et en lois » de la biodiversité comporte des hiérarchisations explicites ou implicites : on peut ainsi opposer les espèces parias, « nuisibles », aux « bonnes » espèces, patrimoniales, emblématiques ou menacées, les espèces discrètes et peu visibles aux espèces de grandes tailles, les espèces sauvages et naturelles aux espèces inféodées à l'homme.

Les enjeux de la conservation de la diversité biologique

Les contenus divers quant à ce que l'on entend et projette quand il est question de biodiversité resurgissent inévitablement dans les débats concernant les motifs de sa conservation, auxquels est consacrée la deuxième partie de l'ouvrage. Les raisons invoquées pour protéger la diversité biologique sont de plusieurs ordres. Un premier ensemble de propositions sont issues de la science écologique.

Jacques Lepart fait un bilan sur une question lancinante de l'écologie : la fonction écologique de la diversité. Le lien entre nombre d'espèces et fonctionnement de l'écosystème fait l'objet de vifs débats en écologie, que Jacques Lepart soumet à un examen critique. Il montre que les espèces ont des effets très différents sur le fonctionnement des écosystèmes, en fonction de la taille de leur population, de leur place dans les réseaux trophiques… Cette question du rôle fonctionnel de la diversité spécifique fait également resurgir des interrogations anciennes sur la structuration des communautés d'être vivants, sur leur caractère contingent ou bien, au contraire, sur leurs relations d'interdépendance. Il propose, après d'autres, d'inverser la problématique et d'analyser les effets de la structuration et du fonctionnement des paysages sur la diversité.

Frédéric Médail traite de la mise en place et de l'évolution des flores des milieux méditerranéens du globe en soulignant l'imbrication de plusieurs temporalités : celle de l'histoire évolutive, celle de l'évolution du climat et celle des sociétés humaines. Il souligne ainsi que les caractéristiques biologiques des arbres et arbustes méditerranéens ne sont pas seulement des adaptations aux « pressions environnementales fortes induites par la méditerranéité » (le feu, par exemple), mais qu'elles peuvent relever de contraintes phylogénétiques datant de périodes précédant la mise en place du climat méditerranéen. Il insiste également sur les zones refuges et leur rôle durant les phases de glaciation. Enfin, le texte, après avoir souligné l'ampleur et la rapidité des changements induits par les activités humaines, rappelle la contribution de la Méditerranée à la biodiversité planétaire à travers les 10 *hotspots* identifiés et leurs 5 500 végétaux endémiques.

Le chapitre rédigé par Wilfried Thuiller aborde également la biodiversité sous l'angle de la biogéographie mais en présentant les apports de la modélisation empirique à l'analyse des conséquences des changements globaux sur la diversité. Il montre comment les modèles basés sur la répartition actuelle des espèces permettent de tester leur sensibilité aux changements globaux. Ces modèles informent sur les changements les plus probables. W. Thuiller insiste sur l'intérêt des projections basées sur les notions de niche potentielle et de niche réalisée, mais rappelle que ces résultats doivent être interprétés en tenant compte des incertitudes liées aux scénarios de changements climatiques, aux techniques employées, ainsi qu'à la complexité des réponses des espèces aux changements globaux.

Des considérations économiques sont aussi souvent invoquées : ce sont des richesses potentielles qui disparaissent avec la perte de biodiversité ; une rhétorique du « trésor » s'est ainsi développée depuis les années 80, du fait des espoirs suscités par le développement du génie génétique. Dans un contexte de diminution des fonds publics et de l'aide au développement, l'idée sous-jacente à bon nombre de discours sur l'évaluation économique de la biodiversité est de suggérer que les mécanismes marchands sont susceptibles de contribuer à la protection de celle-ci. C'est une idée qui structure aussi en grande partie la Convention sur la diversité biologique signée à Rio. Le problème, comme le montre Franck-Dominique Vivien, est que la démonstration théorique d'une telle proposition n'est pas avérée et que les exemples concrets censés l'illustrer ne sont guère probants. Rares sont les études de cas qui portent effectivement sur l'évaluation économique de la biodiversité. Le plus souvent, c'est l'intérêt économique d'une espèce, d'une ressource ou d'une activité économique, qui doit être démontré. Ces considérations économiques sont marquées par une éthique anthropocentrée, l'utilitarisme restant l'assise philosophique de la théorie économique dominante.

Le génie écologique et la gestion de la biodiversité

Les connaissances acquises par l'écologie scientifique fournissent des références pour des opérations de gestion de la biodiversité. Toutefois, les actions de conservation de la biodiversité n'intègrent pas toujours les connaissances scientifiques. La conservation demande-t-elle des connaissances spécifiques trop longues à obtenir par la recherche alors que l'action se déroule dans le temps de l'urgence d'intervention ? Ou bien les connaissances sont-elles suffisantes mais insuffisamment diffusées et partagées entre science et action ? Les chapitres suivants contribuent à la réflexion sur l'articulation science/action.

Le chapitre rédigé par Hervé Fritz s'appuie sur des exemples concrets de mise en place de mesures pour conserver des espèces considérées comme prioritaires : les oies et canards dans les marais atlantiques, les grands mammifères dans les parcs nationaux d'Afrique australe. La connaissance de l'écologie des espèces cibles par les gestionnaires est une condition nécessaire pour bien adapter les mesures. Les interactions entre espèces (compétition, prédation) et la diversité des modes d'acquisition des ressources, même pour des espèces proches, posent problème pour le choix de modes de gestion adéquats. H. Fritz montre que des décalages importants peuvent survenir entre les objectifs et leur réalisation. Il insiste, en conclusion, sur le fait que bien souvent les connaissances sur l'écologie des espèces à protéger existent mais qu'elles sont inégalement mobilisées par les gestionnaires pour des raisons variées : idéologiques, politiques, économiques. Le chapitre se ferme sur un appel au décloisonnement des univers gestionnaire et scientifique.

Lorsqu'on se trouve face à des situations d'extinction locale de populations, les programmes de réintroduction ou de renforcement d'espèces sont un dernier recours. François Sarrazin prend l'exemple des programmes de réintroduction de vautours dans le sud de la France pour montrer les bénéfices réciproques du partage des connaissances entre scientifiques et protecteurs. Ces échanges permettent de mieux comprendre trois éléments clefs des programmes de réintroduction : le stade de réintroduction à proprement parler, l'évaluation des programmes, l'environnement socio-économique des opérations. Il montre comment la dynamique et la génétique des populations, la modélisation et les sciences sociales (économie, anthropologie) peuvent contribuer à la réussite des opérations de réintroduction.

Bien évidemment, le développement de ces travaux en biologie de la conservation s'accompagne d'une interrogation sur l'éthique. Pour nous en faire saisir la teneur, Raphaël Larrère a suivi, entre 1995 et 2002, l'évolution des propositions des écologues ayant participé au programme « Recréer la nature » du ministère de l'Aménagement du territoire et de l'Environnement (MATE). Si, dans un premier temps, les considérations éthiques étaient explicites dans les propos des écologues, elles ont disparu par la suite, probablement du fait des changements advenus dans les référentiels théoriques sur lesquels s'appuient ces recherches. Il faut y voir aussi les conséquences de l'essor du génie écologique, défini ici comme l'ensemble des opérations de pilotage des processus naturels. Pour autant, les questions de déontologie des écologues n'ont pas disparu. Bien que cela ne soit pas la seule envisageable, c'est bien la figure de l'ingénieur qui l'emporte dans leurs écrits. Cela amène R. Larrère à poser une question de fond : l'obligation de résultat, que cette éthique professionnelle sous-entend, est-elle bien adaptée à la situation concrète de pilotage des trajectoires naturelles ? Concernant la légitimation du souci de la biodiversité, R. Larrère rappelle qu'il existe des éthiques concurrentes à l'utilitarisme (même élargi aux générations futures et à l'intérêt commun) qui mettent l'accent sur d'autres valeurs morales. Selon l'éthique biocentrique, tout spécimen du vivant peut être considéré comme une fin en soi, puisqu'il tend à se maintenir dans l'existence. On doit donc lui reconnaître une valeur indépendante de son éventuelle utilité. D'un autre côté, l'éthique écocentrique met l'accent sur l'appartenance des êtres vivants à des communautés de vie. Il convient donc de ce point de vue que les activités humaines respectent les autres membres de ces communautés biotiques. Chacune de ces trois éthiques donnent de bonnes raisons de préserver la biodiversité. La préservation de la biodiversité peut donc constituer, selon Raphaël Larrère, un compromis entre ces différentes éthiques.

L'interrogation sur le pilotage des systèmes naturels trouve des prolongements dans les réflexions de Pascal Marty qui portent sur la volonté de protéger les « paysages culturels ». Au-delà de l'obligation qui est faite, là encore, de sortir des dichotomies simplistes opposant la « nature » et la « culture », une des difficultés majeures de cette entreprise de protection des paysages culturels, comme le souligne P. Marty, est qu'elle s'appuie sur des actions et pratiques intentionnelles, alors que nombre de traits des milieux concernés ont été forgés de manière non intentionnelle au cours de l'histoire des systèmes agraires. D'où la nécessité, si l'on veut y répondre correctement, de prendre en compte tous les éléments explicatifs de la dynamique des paysages et surtout d'en comprendre les temporalités afin d'éviter d'attribuer mécaniquement des structures de paysage à des formes d'organisation socio-économiques qui leur sont contemporaines.

Les politiques publiques et institutions de protection de la biodiversité

La quatrième partie de cet ouvrage est consacrée aux politiques publiques et aux institutions de protection de la biodiversité. Il en va de la diversité biologique comme des autres éléments de l'environnement, les politiques publiques qui leur sont consacrées s'internationalisent de plus en plus.

Sandrine Maljean-Dubois fait ainsi le point sur les avancées de la Convention sur la diversité biologique (CDB), signée à Rio de Janeiro en 1992. Celle-ci se donnait un triple objectif : définir et appliquer des mesures incitatives pour la conservation et l'utilisation durable de la biodiversité ; favoriser les instruments et actions allant dans le sens d'une utilisation durable de la biodiversité ; mettre en place des mécanismes et des instruments permettant l'accès aux ressources génétiques et le partage « juste et équitable » des avantages qui en sont retirés. S. Maljean-Dubois pointe les fragilités de ce cadre juridique qui apparaît à la fois ambitieux mais aussi ambigu, tant sur le plan de l'objet « biodiversité », des objectifs qui sont fixés, que sur celui des moyens mis en œuvre pour les atteindre. On retrouve dans ce texte la difficulté à cerner ce que recouvre la notion de biodiversité et une certaine idéologie économique. Ajoutons à cela que la concurrence institutionnelle de la CDB avec d'autres instances et scènes de négociations est rude tandis que la question des financements demeure récurrente. Ainsi, force est de constater que, en dépit de l'activité diplomatique déployée, la CDB n'a pas produit les résultats escomptés.

Ce mouvement d'internationalisation des politiques publiques conduit, en effet, à une diversité de négociations et de transactions locales. L'étude de la mise en œuvre de la directive européenne Habitats, présentée par Pierre Alphandéry et Agnès Fortier, en est une bonne illustration. Cette politique apparaît comme un tournant dans les politiques de la nature puisqu'elle cherche à promouvoir la conservation de la diversité biologique à l'échelle du territoire européen en rompant avec la logique de sanctuaires qui a prévalu jusqu'alors. Les activités humaines ne sont plus considérées comme une entrave à la biodiversité, mais comme une condition de sa production. Mais, ce faisant, les politiques de la nature sont confrontées à d'autres types de légitimités et de préoccupations économiques, sociales et culturelles. La vive controverse et l'action de lobbying de nouvelles catégories d'acteurs (chasseurs, forestiers, représentants du monde agricole), qui estimaient avoir une légitimité dans la définition et la gestion des espaces concernés par la directive, ont amené les pouvoirs publics français à infléchir la dynamique institutionnelle prévue initialement. Cela a nécessité de mettre en œuvre, au niveau local, des « bricolages » institutionnels qui, par le truchement de dispositifs transversaux (création de forums, de comités, de programmes…), ont permis soit l'acceptation des objectifs de la directive avec la participation des opposants aux structures de négociation, soit l'élaboration de nouvelles normes communes. Ce processus complexe a conduit à une diversité d'arrangements institutionnels, tant au niveau des opérateurs qu'à celui des objectifs et des moyens mis en œuvre.

On retrouve cette idée de recomposition des rôles, des identités et des liens que les acteurs entretiennent les uns avec les autres dans l'étude menée par Adel Selmi sur les savoirs naturalistes scientifiques développés dans le cadre de la participation de différents réseaux de chercheurs et de militants au comité scientifique du Parc national de la Vanoise entre 1963 et 1990. Par là même, ce sont aussi des différences dans la définition de la biodiversité et des méthodologies et outils nécessaires à sa connaissance qui sont repérables.

Les réflexions menées dans le cadre des quatre thématiques choisies montrent que, de manière générale, on assiste à un travail de réorganisation du social et de la nature, au travers des catégories qui leur sont associées et des institutions qui leur sont dévolues. Une preuve est certainement le fait que la plupart des auteurs de ces textes souhaitent un traitement scientifique des problèmes de biodiversité non cloisonné entre sciences de l'homme et de la société et sciences de la vie. Certes les auteurs que ce livre fait dialoguer ont en commun un intérêt, à tout le moins une curiosité active, pour les échanges entre sciences de la vie et sciences humaines. Les coordonnateurs de l'ouvrage n'y voient pas un biais – assumé au demeurant – mais bien un indice supplémentaire de l'intérêt qu'il y avait à rassembler leurs contributions.

Raphaël LARRÈRE, Jacques LEPART,
Pascal MARTY, Franck-Dominique VIVIEN

Première partie

Quelles biodiversités ?

Biodiversité et sciences de la nature

L'ÉMERGENCE D'UN CONCEPT

Le concept de biodiversité, avec tous les enjeux et défis qu'il véhicule sur les plans scientifique, sociologique, économique et politique, est directement lié à la crise de l'environnement. Cette crise, dont l'ampleur apparaît chaque jour plus sérieuse et menaçante pour l'avenir des sociétés, s'est peu à peu cristallisée dans le monde scientifique et politique ainsi qu'auprès du grand public au point de devenir aujourd'hui un problème majeur de société. Longtemps confinée dans la seule sphère des sciences de la nature, la biodiversité pénétra le champ des sciences de l'homme et de la société lors de la Convention sur la diversité biologique (CDB) de la conférence de Rio (1992) sur l'environnement et le développement, ce qui étendit considérablement son sens et explique qu'on lui ait donné plus d'une centaine de définitions. Ce saut épistémologique explique qu'à partir de cette date, et plus encore à la suite du sommet mondial de Johannesburg sur le développement durable d'août 2002, la biodiversité n'est plus seulement une déclinaison d'entités biologiques et de relations entre ces entités, elle est tout autant ce en quoi ces entités concernent les sociétés humaines.

Bien qu'indiscutablement légitime et nécessaire, cette appropriation du concept par les sciences humaines nécessite de préciser et de positionner le sens qu'on donne à l'écologie, discipline la plus directement concernée par la biodiversité, par rapport à l'écologisme. L'écologie est une science qui naquit à la fin du XIXe siècle ; elle est dotée d'un corpus théorique bien structuré qui répond aux exigences de la démarche scientifique telles qu'elles furent précisées au cours du XXe siècle par les philosophes des sciences comme Thomas Kuhn (1962) et Karl Popper (1973). L'écologisme, quant à lui, est un mouvement d'opinion né de la conscience populaire d'une dégradation continue de la nature. Né dans le courant du XXe siècle aux États-Unis, notamment sous l'impulsion d'Aldo Leopold (1949), qui est souvent considéré comme le père des mouvements de conservation de la nature, l'écologisme se développa dans les années 60 à la suite de cris d'alarme populaires comme le fameux « *Silent Spring* » de Rachel Carson (1962) dénonçant l'utilisation massive d'un nouveau pesticide, le DDT, mortel pour les oiseaux mais aussi, selon elle, pour les hommes. Face à la dévastation de l'environnement, l'émergence d'un militantisme écologiste s'est exprimée dès les années 60 à travers de multiples mouvements dont un caractère assez général est de voir la biodiversité comme un concept abstrait et total désignant la « variété de la vie » envisagée de manière globale et indifférenciée. Il s'agit là d'une vision holistique et généraliste, irréductible à la connaissance scientifique, souvent biocentrique et fondamentaliste, par exemple dans le cadre du mouvement de l'« écologie profonde » (*Deep Ecology*) dont les fondements philosophiques ont été précisés par Naess (1989). À ses origines, cet écologisme militant apparaissait comme une conception conviviale et généreuse mais politiquement inoffensive des relations entre sociétés et environnement naturel. Un archétype de cette école de pensée est l'hypothèse Gaïa de Lovelock (1979) qui conçoit la planète dans son entièreté comme un tout vivant, la survie de chacun de ses constituants étant moins importante que celle de la Terre dans son intégrité. Écologisme et écologie ne s'opposent pas si on prend garde de ne pas mélanger les genres car ce sont deux manières distinctes, complémentaires et légitimes de regarder la nature et ce que l'homme en fait. Il n'en reste pas moins que l'écologisme a fait du tort à l'écologie à cause d'un amalgame trop souvent fait entre scientifiques et « verts » (Raven, 2002).

Quant à la troisième conception de la biodiversité qui sort de l'objet de ce chapitre, elle correspond à une construction sociale, économique, juridique et politique dont les enjeux relèvent de ses interactions avec les sociétés humaines. Il s'agit alors d'analyser les modes d'accès à la biodiversité, les usages qu'en font les sociétés, les savoirs développés pour y accéder, les bénéfices qu'on en retire, la manière dont ces bénéfices doivent être partagés, sa gestion et sa durabilité (*cf.* par exemple Weber, 2002, et plusieurs chapitres de cet ouvrage).

La légitimité de ces trois visions de la biodiversité fait que personne ne peut prétendre embrasser tout ce que véhicule le concept et le réduire à son propre domaine d'intérêt et de compétence car aucune variable ne peut englober tous ses aspects. Vue comme la variété de la vie, la biodiversité a une signification intuitive certaine et universelle, mais le champ est si vaste qu'elle est irréductible à la connaissance scientifique (Gaston, 1996).

La biodiversité des biologistes

Quelques ouvrages fondateurs, notamment celui de Wilson & Peter (1988) puis l'essai plus médiatique de Wilson (1992), sont de vibrants et convaincants plaidoyers sur ce qu'est la diversité biologique, sa fabuleuse profusion de formes, de couleurs, d'odeurs, de comportements, de plans d'organisation, de stratégies de conquête des milieux et des ressources que l'évolution a inventés pour que, malgré les mille embûches d'une nature fondamentalement violente, les organismes parviennent à rester dans le jeu de la vie. Au-delà de l'évocation de cet incroyable florilège qui avait peut-être pour but de rendre le propos encore plus percutant, l'objectif de ces auteurs était de stigmatiser l'érosion croissante de cette diversité biologique et de dénoncer la responsabilité de l'homme dans cette tragédie. Ces textes sont pour une large part à l'origine de la prise de conscience qui s'est faite lors du sommet de la Terre de Rio de Janeiro, et de la promulgation de la Convention sur la diversité biologique qui, avec les conventions sur les forêts et le climat, est l'un des trois textes majeurs de la conférence, même si ces conventions ne sont pas contraignantes pour les États qui les ont ratifiées.

Pour les biologistes, la diversité de la vie s'exprime à travers ces entités hiérarchisées que sont les gènes, populations, espèces et niveaux d'intégration biologique de rang supérieur (écosystèmes, paysages etc.). De manière assez conventionnelle mais efficace d'un point de vue opérationnel, le biologiste reconnaît habituellement trois grands niveaux d'approche de la biodiversité : diversité génétique, diversité taxinomique et diversité écosystémique (Solbrig, 1991 ; Heywood & Watson, 1995) qu'on peut aussi appeler diversité *génétique*, *organismique* et *écologique*. Pour de nombreuses raisons essentiellement pratiques, en particulier parce que des mesures de conservation efficaces ont besoin d'un appui du public et que le public identifie plus facilement des entités tangibles que sont les espèces que des « abstractions » comme les gènes ou les écosystèmes, l'espèce est le niveau taxinomique privilégié. Mais l'*ultima ratio* de la diversité biologique, qui détermine son histoire passée et future, est l'information génétique que contient chaque unité élémentaire de diversité, qu'il s'agisse d'un individu, d'une population ou d'une espèce. C'est ce que souligne Harper quand il écrit : « *I suspect that at the heart of any useful concept of biodiversity is the range of genetic information present – a new species added to biodiversity by the extent to which it adds new genetic information* » (in Schulze & Mooney, 1993, p. 504). L'ampleur et la distribution de la variation génétique au sein des espèces sont d'une importance fondamentale pour leur potentiel évolutif et déterminent leurs chances de survie (Holsinger & Gottlieb, 1998). Les mesures de la variation génétique sont par conséquent d'une importance capitale pour le développement de stratégies de conservation. Cette approche a conduit à définir des « unités évolutivement significatives » (ESUs) que l'on peut définir comme un ensemble historiquement isolé et monophylétique (pour l'ADNmt) de populations, montrant une divergence significative des fréquences alléliques à des loci nucléaires (Moritz, 1994 ; voir également Médail dans cet ouvrage).

La biodiversité est une hiérarchie d'entités objectives, donc identifiables et mesurables par la méthode scientifique. Ces entités sont organisées en systèmes en perpétuelle évolution (dimension du temps générateur de diversité biologique) et animées d'une dynamique (dimension de l'espace régulateur de cette diversité). Le fonctionnement de ces systèmes et les services qu'ils rendent sont assurés par toute une série de processus qui n'ont de sens que si on les met en perspective par rapport au temps et à l'espace.

Situer la biodiversité dans la flèche du temps nécessite de distinguer plusieurs échelles auxquelles opèrent les processus évolutifs et écologiques qui la génèrent et la régulent. Bien que la dichotomie entre évolution et écologie n'ait de sens que didactique car l'une ne va pas sans l'autre, le temps long, dit « évolutif », est générateur de biodiversité à travers la différenciation des populations, espèces et taxons de rang supérieur, tandis que le temps court, dit « écologique », est régulateur de cette diversité à travers les processus qui maintiennent l'hétérogénéité de l'environnement. Cette hétérogénéité est entretenue par toutes sortes de perturbations, qu'elles soient d'origine abiotique comme les aléas géomorphologiques ou climatiques, ou biotiques comme l'action d'autres espèces, « ingénieurs écologiques » (Jones *et al.*, 1994), pathogènes ou parasites. Les perturbations spontanées sont le moteur du fonctionnement des écosystèmes et de la dynamique des paysages naturels (Sousa, 1984 ; Pickett & White, 1985). Elles garantissent le maintien de la diversité biologique à l'échelle des paysages au sein d'une mosaïque d'habitats que Blondel (1987, 1995) a appelée le métaclimax, défini comme l'ensemble des habitats nécessaires à la pérennité de la diversité biologique léguée par l'histoire à l'échelle du rayon de dispersion des organismes.

Quant à l'espace, d'importantes avancées ont récemment été réalisées à l'échelle macroécologique pour comprendre les processus de différenciation et de mise en place des flores et des faunes au cours du temps, mais aussi, à très petite échelle, dans le cadre de la théorie des métapopulations (Hanski & Gilpin, 1997), pour comprendre les processus de dispersion et de connexion entre populations isolées. Un facteur particulièrement important, mais dont la forme et les mécanismes causaux sont encore loin d'être connus, est la relation entre la richesse spécifique d'un territoire et la quantité d'énergie qui le caractérise. Au moins dans les régions tempérées et polaires et à de vastes échelles d'espace, il existe une relation positive et monotone entre la richesse spécifique et l'énergie mesurée indirectement sous la forme d'évapotranspiration potentielle (Gaston, 2000). Une plus grande quantité d'énergie est supposée pouvoir entretenir une biomasse plus élevée, ce qui, en retour, permet à davantage d'organismes et donc à davantage d'espèces de coexister. C'est dans ce contexte que peut s'expliquer la découverte récente et *a priori* inattendue d'une relation positive entre la diversité biologique de plusieurs groupes végétaux et animaux et la densité des populations humaines (Balmford *et al.*, 2001 ; Araujo, 2003).

Organisées en systèmes en perpétuelle évolution et animées d'une dynamique qui les organise dans l'espace, les entités de biodiversité, des gènes aux paysages, assurent des fonctions, à commencer par celles de faire fonctionner les écosystèmes, c'est-à-dire assurer le fonctionnement des cycles biogéochimiques, la régulation des nutriments, ou la réalisation de processus essentiels comme la pollinisation ou la dispersion des diaspores végétales (*cf.* Loreau *et al.*, 2001). L'*écodiversité*, pourrait-on dire, est ce réseau d'interactions par lesquelles les systèmes écologiques se structurent à travers des fonctions multiples qui commencent par l'assimilation chlorophylienne et se poursuivent par toutes sortes d'actions réciproques entre espèces telles que la prédation, la compétition, le parasitisme, les mutualismes et les symbioses, bref tout ce qui contribue à l'anabolisme puis au catabolisme du vivant. Parmi les écueils qui compliquent l'étude de la diversité du vivant, le premier est qu'elle est encore très mal connue. On estime que le nombre total d'espèces vivant actuellement sur la planète est de l'ordre de 5 à 10 millions dont 1,5 million seulement sont connues et décrites (May, 1992). Au rythme où les espèces s'éteignent, une grande partie d'entre elles ne seront donc jamais inventoriées.

Le déclin de la biodiversité dû aux activités humaines n'est pas un phénomène nouveau car des périodes d'extinction massive eurent lieu dans un passé déjà lointain. Dès la fin des temps glaciaires, il y a une dizaine de milliers d'années, l'homme contribua, selon l'« *overkill hypothesis* » de Martin (1984), à l'extinction de splendides faunes de grands mammifères – plus de trente espèces en Europe dont l'aurochs, plusieurs antilopes, le cheval, plusieurs grands félins – qui peuplaient l'hémisphère Nord à cette époque et dont le témoignage orne les grottes préhistoriques de Lascaux, Chauvet et Cosquer parmi tant d'autres. C'est aussi l'homme qui fut l'auteur de l'hécatombe de la « mégananofaune » des îles méditerranéennes, ces extraordinaires assemblages de mammifères qui comprenaient des éléphants et des hippopotames que l'évolution en milieu insulaire avait réduits à la taille de chiens et de cochons (Diamond, 1992 ; Vigne, 1992), et de plus de 2 000 espèces endémiques d'oiseaux, soit 20 % de l'avifaune mondiale, dans les archipels du Pacifique lorsqu'il les envahit entre 1000 avant J.-C. et 1000 après J.-C. (Steadman, 1995). Que ces faits aient eu lieu dans un lointain passé n'est ni une consolation ni une excuse d'autant qu'au taux de 5 % de la diversité mondiale par décennie, le rythme actuel d'extinction des espèces reste tout aussi soutenu (Wilson, 1992 ; Lawton & May, 1995 ; Balmford *et al.*, 2003). La question qui se pose est de savoir comment seraient et fonctionneraient les écosystèmes actuels si tous les animaux et végétaux déjà éteints existaient encore et quelles seront les conséquences des extinctions en cours. La question est évidemment vaine pour les extinctions qui eurent lieu dans un lointain passé, mais le fait même de la poser souligne l'incertitude dans laquelle nous sommes des conséquences de cette crise majeure. Au cours du Cénozoïque (les 65 derniers millions d'années qui suivirent la dernière grande crise d'extinction de la fin du Crétacé), le taux naturel d'extinction était de l'ordre d'une espèce par million et par an, alors qu'on estime à partir d'extrapolations basées sur les relations espèces-surfaces, qu'il s'élève aujourd'hui à quelque mille espèces par million d'espèces et par an (Raven, 2002). Il se pourrait qu'à ce rythme, les deux tiers de toutes les espèces de la Terre disparaissent avant la fin du XXIe siècle.

Quant aux tendances actuelles, elles se caractérisent par une aggravation du déclin de la biodiversité comme le montrent les travaux menés à partir de longues séries temporelles sur de nombreux groupes animaux et végétaux (Balmford *et al.*, 2003). La perte de biodiversité des forêts tropicales est de l'ordre de 0,8 % de leurs populations animales par an (Hugues *et al.*, 1997). Certains groupes comme les oiseaux, les papillons et les batraciens ont été l'objet de recherches approfondies, tant sur l'état de leurs populations que sur leur réponse aux changements climatiques (Burton, 1995 ; Berthold *et al.*, 1998 ; Hugues, 2000 ; Parmesan *et al.*, 1999 ; Chamberlain *et al.*, 2000). De manière globale, différents types de mesures concourent à estimer que, dans l'ensemble, la planète perd de 0,5 à 1,5 % de sa nature sauvage chaque année (Balmford *et al.*, 2003). Les causes immédiates du déclin sont souvent difficiles à analyser et réservent parfois des surprises. C'est ainsi par exemple qu'une méta-analyse de la réponse des populations d'oiseaux au réchauffement climatique, portant sur une quinzaine de populations distribuées du nord de l'Europe à la région méditerranéenne, a montré une grande variation des réponses en fonction de la saison à laquelle le changement climatique a lieu et de l'ampleur de ce changement (Visser *et al.*, 2003). Il est probable que les modifications du climat vont entraîner des ruptures dans les interactions interspécifiques comme le montrent certains travaux qui font état de désynchronisations dans la phénologie des différents composants des chaînes trophiques, induisant des risques de maladaptation pouvant avoir des conséquences négatives sur la fitness de certaines populations (Buse *et al.*, 1999 ; Harrington *et al.*, 1999 ; Visser & Holleman, 2001). Un exemple spectaculaire des ravages que peuvent causer des ruptures d'associations entre espèces a été donné par Price (2001) à propos des relations entre un papillon défoliateur des forêts boréales (*Choristoneura fumiferana*) qui détruit annuellement le feuillage de près de 2,3 millions d'hectares de forêts de sapins (*Abies balsamea*) au Canada et ses prédateurs naturels.

Les chantiers à ouvrir

L'ampleur et l'urgence des défis que soulève la crise de l'environnement telle qu'elle s'exprime à travers ce qu'on nomme les changements globaux justifient une mobilisation massive des organismes de recherche. La situation actuelle est en réalité une gigantesque expérience pour étudier le tempo et le mode de l'évolution. Dans le champ de la biodiversité, qui n'est qu'une des composantes des changements globaux (Vitousek, 1994), la mobilisation de la communauté scientifique se déploie dans huit axes principaux qui n'épuisent d'ailleurs pas le sujet : 1) Comment accélérer l'inventaire des entités de biodiversité le long des hiérarchies, à commencer par celui des espèces qui constituent la « monnaie » de biodiversité la plus couramment utilisée ? 2) Quels sont l'ampleur et le rythme de la crise d'extinction ? Comment développer des outils adéquats pour mesurer et suivre le processus d'extinction ? 3) Comment se distribue la diversité biologique, comment se génère-t-elle à l'échelle du temps évolutif et se régule-t-elle à l'échelle du temps écologique ? 4) Comment et à quelle vitesse les pertes se cicatrisent-elles ? 5) Quel est le rôle des espèces dans le fonctionnement des écosystèmes ? 6) Comment la diversité biologique répond-elle aux bouleversements climatiques en cours et qui vont s'accélérer dans les décennies qui viennent ? 7) Comment répondre aux différentes formes d'invasions biologiques, espèces envahissantes, gènes indésirables échappant au contrôle, agents pathogènes étendant leur aire de répartition à la faveur du réchauffement climatique et risquant d'introduire de nouvelles pathologies ? 8) Comment gérer les écosystèmes pour garantir la pérennité des ressources qu'ils procurent et des services qu'ils rendent dans une perspective de développement durable ?

Une série d'approches se dessine ou se perfectionne actuellement pour améliorer nos connaissances sur la distribution et la dynamique de la diversité biologique (Gaston, 2000). Ces nouveaux outils, dont beaucoup relèvent de la macroécologie (Brown, 1995 ; Blackburn & Gaston, 2003), ont pour but de préciser les patrons globaux de biodiversité tels que les « points chauds » et « points froids » de diversité biologique, les variations de diversité en fonction des échelles d'espace (relations aire-espèces, relations entre richesse locale et richesse régionale), ou le long de gradients de conditions environnementales (latitude, longitude, altitude, profondeur en milieu aquatique, péninsules, baies et golfes, isolement spatial, productivité/énergie, aridité). Alors qu'il existe déjà de nombreux travaux sur la variation latitudinale de diversité biologique à l'échelle des espèces, on connaît malheureusement encore peu de chose sur la variation de la diversité à l'échelle des gènes, des individus et des populations le long de gradients de latitude. Une meilleure connaissance de cette variation est pourtant importante dès lors qu'il s'agit de choisir l'origine des populations qui doivent être l'objet d'une attention particulière, soit qu'elles posent des problèmes de survie, soit qu'elles soient appelées à fournir des individus pour des opérations de réintroduction ou de renforcement de populations (Moritz, 1994 ; Moritz & Faith, 1998 ; Sarrazin & Barbault, 1996). Les outils moléculaires, dont l'usage s'est considérablement répandu au cours des dernières années dans le cadre de recherches en phylogéographie, apportent une lumière nouvelle sur la structuration génétique des populations dans l'espace et se révèlent particulièrement utiles en biologie de la conservation (Taberlet *et al.*, 1998 ; Avise, 2000).

Parmi les objectifs prioritaires, le problème de l'espace, thème central en macroécologie, mérite une attention particulière pour au moins deux raisons. La première est que l'une des composantes les plus problématiques du changement global est la fragmentation des habitats. Outre le fait que de nombreuses espèces naturellement rares ont besoin de vastes espaces pour entretenir des populations viables, la fragmentation pose de redoutables problèmes de dispersion, beaucoup de populations isolées devenant vulnérables à l'extinction du fait de l'absence d'échanges de propagules avec d'autres populations du voisinage. La seconde raison est que le déplacement en latitude et en altitude de nombreux types d'habitats en réponse au réchauffement du climat risque de disloquer la structure des paysages et la configuration géographique des habitats, affectant cette composante majeure qu'est la connectivité entre ces derniers. Outre le fait que la mobilité spatiale des paysages en réponse au changement climatique posera de sérieux problèmes de gestion de l'espace, notamment des espaces protégés, cette mobilité perturbera considérablement les réseaux de relations entre systèmes écologiques. Il s'agit d'un problème particulièrement ardu pour les espèces endémiques souvent très localisées et dont la plupart sont actuellement situées en dehors des parcs et des réserves comme l'ont montré Rosenzweig (1995), Gaston (2000) et Blackburn & Gaston (2003), entre autres.

Dans la mesure où la biodiversité immédiate n'est qu'un instantané sur la flèche du temps, la dimension évolutive est une composante essentielle de toute recherche sur la diversité biologique. À l'échelle du temps dit géologique, celui qui a construit la diversité actuelle, toute une série de recherches, dans des domaines aussi variés que la paléontologie, la phylogéographie, les phylogénies moléculaires, certaines approches macroécologiques, s'appliquent à déterminer les conditions de mise en place de l'héritage, c'est-à-dire la diversité du vivant qui fut construite par l'histoire. À l'échelle actuelle du maintien de cet héritage, la question est de savoir comment les organismes s'ajustent à un environnement qui change en permanence. La réponse à cette question fondamentale relève de l'écologie évolutive qui connaît depuis quelques décennies un succès considérable, notamment grâce à l'émergence de concepts, de méthodes et d'outils nouveaux qui nous permettent de pénétrer dans l'intimité du vivant (Roff, 1992 ; Stearns, 1992). Ces technologies, qu'elles relèvent de la modélisation ou des biostatistiques (systèmes d'information géographique, dynamique des populations, théorie des métapopulations, théorie des jeux, etc.) ou de la miniaturisation d'outils techniques non invasifs (transpondeurs, radiotransmetteurs, isotopes stables) s'appliquent fondamentalement à la recherche des mécanismes qui façonnent les traits des organismes au cours de leur histoire. L'approche est fondée sur une boucle de rétroaction permanente entre l'écologie et l'évolution. L'environnement étant toujours hétérogène et changeant, il transforme en permanence sa relation à l'individu. La démarche s'organise fondamentalement autour des mécanismes impliqués dans l'adaptation du phénotype à son environnement, que cette adaptation soit contingente (liée aux conditions de développement) ou adaptative (résultant de pressions de sélection) (Stearns, 1989 ; Garland & Adolph, 1991). L'écologie évolutive est une étude des compromis écologiques et évolutifs mis en place par la sélection pour affronter les contraintes de l'environnement qui sont liées aux ressources (habitats, nourriture) ainsi qu'aux interactions avec d'autres espèces, prédateurs, compétiteurs et parasites. Les implications de l'écologie évolutive sont essentielles pour comprendre les modalités du maintien de l'héritage qui nous a été légué par l'histoire, mais elles prennent une dimension nouvelle en raison des conséquences largement imprévisibles, mais qui seront de toute façon considérables, de toutes les composantes du changement global. Les interactions avec les espèces envahissantes et organismes génétiquement modifiés (OGM) en particulier, tout comme la manière dont les populations et les espèces répondront au réchauffement climatique font partie, avec les conséquences possibles en termes de santé publique (émergence de nouvelles pathologies, extension vers le Nord de l'aire de distribution de certains pathogènes), des défis qui se posent d'ores et déjà à la communauté scientifique.

Les thèmes de recherche se rapportant aux changements globaux sont donc appelés à se multiplier car quelle que soit l'ampleur des changements à venir, ils seront de toute façon de grande ampleur et auront des conséquences dont beaucoup sont encore imprévisibles sur : 1) l'enveloppe géographique des aires de distribution ; 2) la structuration géographique et génétique de populations qui seront de plus en plus fragmentées ; et 3) les interactions entre espèces avec les risques de rupture de relations dans les coactions interspécifiques (relations de compétition, de prédation, de parasitisme, de pollinisation etc...). Les prévisions qu'on peut faire sur les conséquences des changements climatiques en cours pourraient être éclairées par l'analyse des conséquences des fluctuations climatiques du Quaternaire tant il est vrai que la connaissance du passé contribue à la compréhension du présent et fournit des outils de prédiction pour le futur.

En France, un des organes de programmation de la recherche en biodiversité est l'Institut français de la biodiversité (www.gis-ifb.org) créé en 2000 pour que la France respecte ses engagements après sa signature de la Convention sur la biodiversité de la conférence de Rio. Ayant vocation à asseoir les fondements d'une politique efficace de développement durable et de partage des bénéfices à l'échelle des individus, des sociétés et des États, sa démarche associe étroitement les sciences de la nature et les sciences de l'homme et de la société dans la construction de nouveaux rapports entre l'homme et la biodiversité qui le fait vivre. Quelques principes fondateurs guident son action : loin d'être une simple agence de financement de la recherche, sa mission est d'être une instance de concertation, de fédération, de proposition et de coordination de la recherche dans un contexte de développement durable, s'efforçant de donner sens à ce concept qui se cherche encore (IFB, 2003). La biodiversité n'est pas une nouvelle discipline de recherche, mais une nouvelle manière d'aborder des champs de recherche traditionnels comme la biogéographie, l'écologie, la systématique et la génétique pour ce qui est du champ des sciences de la nature. Elle s'intéresse aux acteurs que sont les entités biologiques le long des hiérarchies biologiques, des gènes aux paysages, mais aussi à leurs fonctions sociales et aux services qu'ils rendent.

BIODIVERSITÉ ET BIOLOGIE DE LA CONSERVATION

Le champ biologique étant devenu consubstantiel du champ sociétal dans la construction du concept de biodiversité, le glissement sémantique observé à la suite de Rio donna progressivement consistance à la notion de développement durable qui fut proposée pour la première fois en 1980 dans la *Stratégie mondiale de la conservation*, publiée par l'Union internationale pour la conservation de la nature (UICN), le Fonds mondial pour la nature (WWF) et le Programme des Nations unies pour l'environnement (PNUE). Ce concept de développement durable sera ensuite développé et popularisé par le rapport *Notre avenir à tous* (rapport Bruntland) publié en 1987 par la Commission des Nations unies sur l'environnement et le développement. La notion de développement durable est inséparable de celle de naturalité dans une optique de gestion valorisante et participative de la diversité biologique. Dans la perspective des changements qui se profilent, il est certainement beaucoup plus important de sauvegarder la capacité des organismes à répondre à ces changements, donc à privilégier leur diversité génétique, que de maximiser les nombres d'espèces à protéger. Dans cet esprit, une bonne stratégie est de préserver les gradients d'habitats puisque la diversité des habitats, donc des régimes locaux de sélection, est génératrice de diversité génétique. Les stratégies de conservation basées sur les réserves statiques pourraient donc bien ne pas suffire pour résoudre les problèmes majeurs de conservation dans un monde qui change très rapidement. Pour pallier les conséquences des changements, qui comportent une large part d'imprévisible, il est nécessaire d'intégrer la biodiversité dans tous les types de gestion des paysages, valorisant ainsi la notion de développement durable dans les « paysages ordinaires ». Le fait d'associer explicitement l'homme et la biodiversité dans une même construction visant à instaurer une gestion durable de cette dernière devrait avoir des conséquences sur la philosophie même de la conservation de la nature. Alors que traditionnellement, la plus grande partie des efforts en matière de conservation a porté sur la définition et la gestion d'espaces protégés, ainsi que sur la conservation d'espèces rares ou menacées, un nouveau regard est porté aujourd'hui sur ce qu'on peut nommer la nature ordinaire, celle de notre environnement quotidien. Mené à son terme, le raisonnement conduit à réfuter l'antagonisme traditionnel entre activités humaines et conservation de la nature, antagonisme à l'origine de la création des parcs et réserves : on crée des réserves pour protéger la nature *contre* l'homme alors que le projet qui se dessine est de la protéger *pour* l'homme. Ainsi disparaîtrait le revers de la médaille des espaces protégés – dont il ne faut au demeurant nullement minimiser le rôle bénéfique et l'importance – à savoir de laisser croire qu'on peut faire n'importe quoi hors des réserves puisque ces dernières remplissent parfaitement leur rôle d'arche de Noé. D'où la tendance actuelle de substituer au paradigme des espaces protégés une conception plus ouverte élargissant délibérément le champ des préoccupations de conservation et de gestion à la nature ordinaire telle qu'elle existe dans les espaces habités et exploités. À cet égard, les parcs naturels régionaux de France et l'ensemble des réserves de biosphère sont, ou devraient être, des laboratoires de mise en œuvre du développement durable. À côté des problématiques classiques de conservation, se dessinent de plus en plus des approches intégrées et pluralistes qu'atteste par exemple un courant très actif de recherche sur une conservation de la biodiversité davantage centrée sur les implications des communautés humaines locales (Brown, 2003). Toute une gamme d'approches et de pratiques réalisées dans certains pays depuis les années 80 donnent consistance à ce nouveau paradigme de la conservation, à savoir la mise sur pied de projets intégrés de conservation et de développement basés sur une gestion communautaire des ressources et une exploitation raisonnée de la vie sauvage dans une perspective de développement durable (Brown, 2003). La conservation devient alors un processus social et politique aussi bien qu'écologique et environnemental.

CONCLUSION

Le préambule d'Action 21, l'agenda préparé par la conférence de Rio pour lancer des programmes d'action, annonce que « l'humanité est à un moment crucial de son histoire en raison de la perpétuation des disparités entre nations, et à l'intérieur des nations, de l'aggravation de la pauvreté, de la faim, de l'état de santé, de l'analphabétisme et de la détérioration continue des écosystèmes ». C'est dire l'urgence d'une prise de conscience de la gravité de la situation. Malgré son inévitable lenteur, qu'expliquent leur nouveauté et leur complexité, une prise de conscience des grands enjeux environnementaux se fait jour sur le fait que le désastre scandaleux de la pauvreté tient en partie à ce qu'« il n'y pas d'un côté, un environnement changeant avec une tendance lourde à la dégradation et, d'un autre côté, des humains, des gouvernements, des sociétés et des économies : dynamiques sociales et dynamiques naturelles évoluent en interaction, et les phénomènes globaux [...] sont le produit de ces interactions » (Weber, 2002). Dire cela, c'est donner le ton de ce qui attend ceux qui veulent se mobiliser pour relever le défi de ce scandale : on ne guérira le mal-être humain que si, en même temps, on soigne son environnement naturel. Les enjeux et objectifs qui en découlent s'inscrivent comme des priorités pour les gouvernements qui ont ratifié la Convention sur la diversité biologique. Le chantier qui s'ouvre consiste à créer une culture partagée entre sciences de la nature et sciences sociales pour asseoir les fondements d'une politique de développement qui implique, outre la durabilité des ressources offertes par la biodiversité, leur partage équitable à l'échelle des individus, des sociétés et des États.

Un monde où 20 % de gens contrôlent 80 % des ressources ne pourra perdurer sans générer des troubles dont les événements des 11 septembre 2001 à New York, 11 mars 2004 à Madrid et 7 juillet 2005 à Londres pourraient bien n'être que des signes avant-coureurs. Les racines des maux dont le monde est affligé résident fondamentalement dans un mode de pensée et d'action socio-économique qui demeure inchangé malgré la démonstration qu'il est à l'origine des dysfonctionnements que l'on constate. Le problème est de substituer à ce mode de pensée et d'action une approche intégrée et multidimensionnelle qui soit capable de générer une durabilité globale à l'échelle de la planète (Raven, 2002). L'un des aspects les plus désolants parce qu'irréversible de la crise contemporaine de l'environnement est la perte de biodiversité avec un taux d'extinction mille fois plus élevé que le taux naturel. Souhaitons, car il en va de notre survie, que les efforts actuels pour construire une science de la durabilité qui soit accessible et véritablement intégrée soient couronnés de succès et réussissent cette transition globale tant attendue sans nécessiter des technologies miraculeuses ou des transformations radicales des sociétés humaines (Anon, 1999).

Jacques BLONDEL

BIBLIOGRAPHIE

ANONYMOUS,1999, *Our Common Journey : A transition towards sustainability*, Board on Sustainable Development, National Research Council, National Academy Press, Washington, Washington DC.

ARAUJO, M.B., 2003, « The coincidence of people and biodiversity in Europe », *Global Ecol. Biogeogr.*, 12, p. 5-12.

AVISE, J.-C., 2000, *Phylogeography*, Chapman and Hall, London.

BALMFORD, A., MOORE, J.L., BROOKS, T., BURGESS, N., HANSEN, L.A., LOVETT, J.C., TOKUMINE, S., WILLIAMS, P., WOODWARD, F.I. & RAHBEK, C., 2001, « People and biodiversity in Europe - response », *Science*, 203, p. 1591-1592.

BALMFORD, A., GREEN, R.E. & JENKINS, M., 2003, « Measuring the changing state of nature », *Trends Ecol. Evol.*, 18, p. 326-330.

BERTHOLD, P., FIEDLER, W., SCHLENKER, R. & QUERNER, U., 1998, « 25-year study of the population development of Central European songbirds : a general decline, most evident in long-distance migrants », *Naturwiss.*, 85, p. 350-353.

BLACKBURN, T.M. & GASTON, K.J., 2003, *Macroecology : concepts and consequences*, Blackwell Science, Oxford.

BLONDEL, J., 1987, « From biogeography to life history theory : a multithematic approach », *J. Biogeogr.*, 14, p. 405-422.

—, 1995, *Biogéographie. Approche écologique et évolutive*, Masson, Paris.

BROWN, J.H., 1995, *Macroecology*, Chicago Univ. Press, Chicago.

BROWN, K., 2003, « Three challenges for a real people-centred conservation », *Global Ecology & Biogeogr.*, 12, p. 89-92.

BURTON, J.F., 1995, *Birds and Climate Change*, Christopher Helm, London.

BUSE, A., DRURY, S.J., WOODBURN, R.J.W., PERRINS, C.M. & GOOD, J.E.G., 1999, « Effects of elevated temperature on multi-species interactions : the case of Pedunculate Oak, Winter moth and Tits », *Funct. Ecol.*, 13, p. 74-82.

CARSON, R., 1962, *Silent Spring Penguin* (reprinted in 1982), Harmondsworth.

CHAMBERLAIN, D.E., FULLER, J.-L., BUNCE, R.G.H., DUCWORTH, J.C. & SHRUBB, M., 2000, « Changes in the abundance of farmland birds in relation to the timing of agricultural intensification in England and Wales », *J. Appl. Ecol.*, 37, p. 771-788.

DIAMOND, J.M., 1992, « Twilight of the pygmy hippos », *Nature*, 359, p. 15.

GARLAND, T., Jr. & ADOLPH, S.C., 1991, « Physiological differentiation of vertebrate populations », *Annu. Rev. Ecol. Syst.*, 22, p. 193-228.

GASTON, K.J. (ed.), 1996, *Biodiversity. A biology of numbers and difference*, Blackwell, Oxford.

GASTON, K.J., 2000, « Global patterns in biodiversity », *Nature*, 405, p. 220-227.

HANSKI, I.A. & GILPIN, M.E., 1997, *Metapopulation Biology : Ecology, Genetics and Evolution*, Academic Press, New York.

HARRINGTON, R., WOIWOD, I. & SPARKS, T., 1999, « Climate change and trophic interactions », *Trends Ecol. Evol.*, 14, p. 146-150.

HEYWOOD, V.A. & WATSON, R.T., 1995, *Global Diversity Assessment*, United Nations Environmental Programme, Cambridge, U.K.

HOLSINGER, K.E. & GOTTLIEB, L.D., 1991, « Conservation of rare and endangered plants : principles and prospects », in D.A. Falk & K.E. Holsinger (eds) *Genetics and Conservation of Rare Plants*, p. 195-223. Oxford Univ. Press, Oxford.

HUGHES, L., 2000, « Biological consequences of global warming : is the signal already apparent ? », *Trends Ecol. Evol.*, 15, p. 56-61.

HUGUES, J.B. *et al.*, 1997, « Population diversity : its extent and extinction », *Science*, 278, p. 689-691.

I.F.B., 2003, *Rapport de conjoncture 2002*, IFB, Paris

JONES, C.G., LAWTON, J.H. & SHCHAK, M., 1994, « Organisms as ecosystem engineers », *Oikos*, 69, p. 373-386.

KUHN, T.S., 1962, *The Structure of Scientific Revolutions*, The University of Chicago Press, Chicago.

LAWTON, J.H. & MAY, R.M., 1995, *Extinction rates*, Oxford Univ. Press, Oxford.

LEOPOLD, A., 1949, *A Sand County Almanac, and Sketches Here and There*, Oxford Univ. Press, New York.

LOREAU, M. & *et al.*, 2001, « Biodiversity and ecosystem functioning : current knowledge and future challenges », *Science*, 294, p. 804-808.

LOVELOCK, J.E., 1979, *Gaïa : A New Look at Life on Earth*, Oxford Univ. Press, Oxford.

MARTIN, P.S., 1984, « Prehistoric overkill : the global model », in *Quaternary Extinctions*, P.S. Martin & R.G. Klein (eds), Univ. Arizona Press, Tucson, p. 354-403.

MAY, R.M., 1992, « How many species inhabit the Earth », *Scientific American*, 267, p. 42-48.

MORITZ, C., 1994, « Applications of mitochondrial DNA analysis in conservation : a critical review », *Mol. Ecol.*, 3, p. 401-411.

MORITZ, C. & FAITH, D.P., 1998, « Comparative phylogeography and the identification of genetically divergent areas for conservation », *Mol. Ecol.*, 7, p. 419-429.

NAESS, A., 1989, *Ecology, Community and Lifestyle*, Cambridge Univ. Press, Cambridge.

PARMESAN, C., RYRHOLM, N., STEFANESCU, C., HILL, J.K., THOMAS, C.D., DESCIMON, H., HUNTLEY, B., KAILA, L., KULLBERG, J., TAMMARU, T., TENNENT, W.J., THOMAS, J.A., & WARREN, M., 1999, « Polewards shifts in geographical ranges of butterfly species associated with regional warming », *Nature*, 399, p. 579-583.

PICKETT, S.T.A. & WHITE, P.S., 1985, *The Ecology of Natural Disturbance and Patch Dynamics*, Academic Press, New York.

POPPER, K., 1973, *La Logique de la découverte scientifique*, Payot, Paris.

PRICE, J., 2001, « Climate change, warblers and Spruce Burworms », in R. Green, M. Harley, M. Spalding and C. Zöckler (eds), *Impacts of Climate Change on Wildlife*, The RSPB.

RAVEN, P.H., 2002, « Science, sustainability and the human prospect », *Science*, 9, August 2002, p. 954.
ROFF, D.A., 1992, *The Evolution of Life Histories*, Chapman & Hall, New York.
ROSENZWEIG, M.L., 1995, *Species Diversity in Space and Time*, Cambridge Univ. Press, Cambridge.
SARRAZIN, F. & BARBAULT, R., 1996, « Reintroduction : challenge and lessons for basic ecology », *Trends Ecol. Evol.*, 11, p. 474-478.
SCHULZE, E.D. & MOONEY, H.A., 1993, *Biodiversity and Ecosystem Function*, Springer-Verlag, Berlin.
SOLBRIG, O.T., 1991, *From genes to ecosystems : A Research Agenda for Biodiversity*, IUBS-SCOPE-UNESCO, Cambridge, Mass.
SOUSA, W.P., 1984, « The role of disturbance in natural communities », *Annu. Rev. Ecol. Syst.*, 15, p. 353-391.
STEADMAN, D.W., 1995, « Prehistoric extinctions of Pacific island Birds : Biodiversity meets zooarcheology », *Science*, 267, p. 1123-1131.
STEARNS, S.C., 1989, « Trade-offs in life-history evolution », *Funct. Ecol.*, 3, p. 259-268.
—, 1992, *The Evolution of Life Histories*, Oxford Univ. Press, Oxford.
TABERLET, P., FUMAGALI, L., WUST-SAUCY, A.-G. & COSSON, J.-F., 1998, « Comparative phylogeography and postglacial colonization routes in Europe », *Molecular Ecology*, 6, p. 289-301.
VIGNE, J.-D., 1992, « Zooarchaeology and the biogeographical history of the mammals of Corsica and Sardinia since the last ice age », *Mammal Rev.*, p. 22, 87-96.
VISSER, M.E., ADRIAENSEN, F., VAN BALEN, J.H., BLONDEL, J., DHONDT, A.A., VAN DONGEN, S., DU FEU, C., IVANKINA, E.V., KERIMOV, A.B., DE LAET, J., MATTHYSEN, E., MCCLEERY, R., ORELL, M. & THOMSON, D.L., 2003, « Variable responses to large-scale climate change in European *Parus* populations », *Proc. Roy. Soc.*, London B, 270, p. 367-372.
VISSER, M.E. & HOLLEMAN, J.M., 2001, « Warmer springs disrupt the synchrony of oak and winter moth phenology », *Proc. Roy. Soc. Lond. Ser. B*, 266, p. 289-294.
VITOUSEK, P.M., 1994, « Beyond global warming : ecology and global change », *Ecology*, 75, p. 1861-1876.
WEBER, J., 2002, « Enjeux économiques et sociaux du développement durable », in *Johannesburg. Sommet du Développement Durable 2002. Quels enjeux ? Quelle contribution des scientifiques ?*, MAE, Paris, p. 13-44.
WILSON, E.O. & PETER, F.M., 1988, *Biodiversity*, National Academy Press, Washington D.C.
WILSON, E.O., 1992, *The Diversity of Life Allen Lane*, The Penguin Press.

L'homme et la biodiversité tropicale

Dans toute discussion sur la biodiversité, la région intertropicale devrait occuper une place centrale, pour deux raisons. Premièrement, c'est dans la ceinture intertropicale que la diversité biologique est la plus élevée. Bien que la description du gradient latitudinal de la diversité biologique soit la plus ancienne des généralisations produites par les écologues, les raisons de cette répartition inégale de la biodiversité sur la planète sont encore le sujet de controverses (Willig *et al.*, 2003 ; Hillebrand, 2004). Deuxièmement, c'est dans cette région, qui comprend la grande majorité des pays dits en voie de développement, que la conservation de la biodiversité est confrontée aux problèmes institutionnels et économiques les plus pesants et les plus épineux (Du Toit *et al.*, 2004). À cause de l'interaction de ces gradients naturels et socio-économiques, la biodiversité tropicale constitue une problématique spécifique.

Le nombre d'espèces est la composante de la biodiversité la plus fréquemment mise en avant. Cela se justifie de plusieurs points de vue. Selon le concept évolutif de l'espèce, chacune est une entité qui suit sa trajectoire évolutive propre, son destin évolutif singulier. En quelque sorte, chaque espèce peut être considérée comme « un individu », ce qui justifie du point de vue éthique sa place privilégiée.

Suivant la même argumentation, les régions contenant le plus grand nombre d'espèces – et en particulier, les plus grandes concentrations d'espèces endémiques (c'est-à-dire à répartition géographique très restreinte) – devraient être prioritaires dans les efforts de conservation. Bien que la délimitation des *hotspots*, ou « points chauds », de diversité et d'endémisme (Myers *et al.*, 2000) soit aussi floue que celle de catégories comme « écosystème », il est évident que la plupart des « points chauds » se trouvent dans les régions intertropicales, mais aussi que la biodiversité est répartie de façon très inégale, même à l'intérieur de la ceinture intertropicale. Si l'objectif est de conserver le plus grand nombre d'espèces, certaines régions sont donc plus importantes que d'autres. La focalisation sur le nombre d'espèces comme composante de la biodiversité peut donc définir une stratégie particulière de conservation.

Un autre objectif de la conservation est le maintien de l'intégrité fonctionnelle des systèmes écologiques. Pour conserver le fonctionnement des écosystèmes, faut-il nécessairement conserver toutes les espèces ? Deux choses sont claires sur la relation entre biodiversité et fonctionnement des écosystèmes (voir Lepart, dans cet ouvrage) : il existe un niveau considérable de redondance fonctionnelle entre espèces, et certaines espèces jouent des rôles plus importants que d'autres. Cet objectif attache donc moins d'importance au nombre d'espèces et aux « points chauds », et plus d'importance au maintien des « *life support systems* » de l'homme. En effet, pour de nombreuses sociétés vivant dans les forêts tropicales, les besoins d'une économie diversifiée demandent la persistance d'une grande diversité de ressources végétales et animales sauvages. Mesurée par le coût monétaire qu'impliquerait le remplacement de ces ressources sauvages par des produits achetés, la contribution de cette « *hidden harvest* » de la biodiversité est capitale (Guijt *et al.*, 1995). De plus, de nombreuses espèces sauvages portent des valeurs symboliques ou identitaires qui les rendent tout aussi irremplaçables. Dans une grande mesure, il ne s'agit donc pas d'un conflit inévitable entre les besoins des hommes et le maintien de la biodiversité, mais d'une relation de dépendance mutuelle. Il serait imprudent dans l'état de nos connaissances de croire que deux espèces soient redondantes pour *toutes* les fonctions écologiques dans tous les milieux actuels et futurs. Les jeux d'informations adaptatives que nous appelons « espèces » sont à la base du fonctionnement des systèmes écologiques. Il est possible de restaurer une communauté ou un écosystème dégradé, si on en a gardé tous les morceaux (les espèces), mais il est impossible de restaurer une espèce qui a disparu.

La biodiversité au niveau spécifique n'est pas indépendante de la biodiversité à d'autres niveaux d'organisation. En effet, la biodiversité tropicale représente une richesse à plusieurs échelles. Les différentes facettes de la diversité tropicale seront considérées dans une première partie de cet essai. On verra qu'une focalisation sur différentes composantes de la diversité conduit à l'élaboration de différentes stratégies de conservation.

L'homme est considéré par les biologistes comme le grand facteur de perturbation, responsable des extinctions (Wilson, 1993). Cependant, parler de « l'Homme » relève de l'abstraction, car c'est faire fi de sa plasticité écologique et des variations culturelles correspondantes. Considérant la biodiversité, les perturbations observées dans les milieux tropicaux ne sont pas le fait de n'importe quels hommes, ni de l'espèce humaine dans son ensemble. Elles résultent d'entreprises d'exploitation dont l'histoire est connue, issues de la civilisation et de l'économie des Occidentaux. La deuxième partie de ce chapitre tracera les grandes lignes de l'histoire des hommes en zone tropicale et les conséquences pour leurs relations actuelles avec la biodiversité.

La troisième partie considérera l'importance de la biodiversité tropicale pour les hommes. Ensuite, nous discuterons le rôle parfois supposé de l'homme comme « créateur » de biodiversité dans les régions tropicales, avant de terminer avec quelques réflexions sur la place de l'homme dans la nature.

La biodiversité tropicale : richesse à de multiples échelles

Il est remarquable que le gradient latitudinal de diversité s'observe à plusieurs échelles. Du nombre d'espèces coexistant à l'échelle locale, jusqu'à la concentration d'espèces étroitement endémiques, la ceinture intertropicale renferme des richesses extrêmes (Willig *et al.*, 2003). En termes évolutifs, cette plus grande diversité tropicale semble en partie reposer sur une différence entre régions tempérées et tropicales dans la structure spatio-temporelle de la variation du milieu (Janzen, 1967). Par exemple, pour un site donné dans la région tempérée, la température montre d'importantes variations au cours de l'année. Une espèce tempérée doit donc obligatoirement posséder une tolérance large par rapport à ce facteur, ce qui la prédispose à occuper une plus grande gamme d'habitats et une plus grande aire géographique (Stevens, 1989). En revanche, pour un site donné dans la région tropicale, la température montre peu de variation saisonnière, et les tolérances des espèces par rapport à ce facteur sont étroites, ce qui limitera leur extension géographique. Il en résulte, pour des espèces tropicales, une plus forte différenciation géographique entre populations et, à l'échelle évolutive, un plus grand taux de génération de nouvelles espèces (Martin & McKay, 2004).

La structure de variation non seulement de la température, mais aussi de nombreux autres facteurs du milieu – des facteurs abiotiques, comme l'humidité et la qualité du sol, jusqu'aux facteurs biotiques tels les herbivores – a conduit à la spécialisation extrême qui caractérise souvent les organismes tropicaux (Fine *et al.*, 2004). Dans des conditions favorables toute l'année à l'activité biologique, les interactions coévolutives entre organismes – parasites et hôtes, plantes et herbivores, prédateurs et proies, mais aussi partenaires dans des interactions mutualistes – se déroulent de façon effrénée. Parce que la coévolution, cette « reine rouge » (van Valen, 1973) de la biologie évolutive, est l'un des principaux moteurs de l'évolution tout court, cette plus grande intensité d'interactions biotiques a certainement contribué, elle aussi, aux plus forts taux évolutifs dans les milieux tropicaux. De plus, au cours des temps géologiques, les régions intertropicales ont été moins affectées par les grandes variations climatiques (glaciation…) que les régions tempérées. Bien que ces événements aient laissé des traces dans les écosystèmes tropicaux, ces derniers ont vécu des taux d'extinction moins importants que ceux des régions extratropicales (Colinvaux *et al.*, 2000, Jansson, 2003). Pour toutes ces raisons, il n'est donc pas surprenant que la grande majorité des « *hotspots* » se trouve dans la ceinture intertropicale (Myers *et al.*, 2000). C'est donc à de nombreuses échelles, de la diversité génétique intraspécifique jusqu'à la contribution à la diversité globale de la planète, que la région intertropicale héberge des richesses – en termes de produits de l'évolution mais aussi en ce qui concerne le potentiel évolutif – qui dépassent de loin celles des régions tempérées.

L'INSTALLATION DES HOMMES EN ZONE TROPICALE

Colonisation des continents et des milieux par *Homo sapiens*

Homo sapiens est une espèce tropicale, apparue en Afrique il y a près de 150 000 ans (Stringer, 2002), et son installation dans les autres régions tropicales est très ancienne : Australie, 50 000 ans ; Asie (Thaïlande, Bornéo), 40 000 ans ; Amérique tropicale, au moins 20 000, voire 30 000 ans. On remarquera que les dates de peuplement des milieux tropicaux sont similaires à celles des zones tempérées. Par exemple les plus anciennes dates fiables pour les fossiles d'hommes anatomiquement modernes sont : France 40 000 ans, Chine et Mongolie avant 30 000 ans (Jobling *et al.*, 2004).

L'ancienneté du peuplement est aussi nette pour les forêts équatoriales, et les dates préhistoriques n'y sont pas très différentes de celles des autres paysages. On relève en nombre croissant, sur tous les continents, des sites préhistoriques avec des habitats plus ou moins continus sur de longues périodes (Cooke & Piperno, 1996 ; Lanfranchi & Schwartz, 1990 ; Chazine, 2000 ; Froment & Guffroy, 2003).

Développement et diffusion de l'agriculture

Les zones tropicales à forte biodiversité ont permis la domestication de plantes d'importance : plusieurs centres d'origine de plantes cultivées, y compris pour des arbres, y sont localisés. Des basses terres d'Amérique du Sud proviennent le manioc, certains piments (*Capsicum frutescens*), une courge (*Cucurbita moschata*), le macabo (*Xanthosoma*), une igname (*Dioscorea trifida*), la patate douce (*Ipomoea*), l'arachide, le cacaoyer et certains palmiers (*Bactris gasipaes*) (Piperno & Pearsall, 1998). En Océanie, et tout particulièrement en Nouvelle-Guinée, ont été domestiqués les bananiers, l'arbre à pain, la canne à sucre, le taro (*Colocasia*), la grande igname (*Dioscorea alata*)… (Barrau, 1962). L'Afrique forestière et ses marges ont fourni le palmier à huile et les ignames épineuses (*Dioscorea rotundata-cayennensis*). L'immense diversité des variétés cultivées, sur l'ensemble de la zone intertropicale, témoigne aussi d'un certain type de création de biodiversité.

Le succès de la plupart de ces plantes est prouvé par leur diffusion mondiale, et très ancienne, à travers l'ensemble de la ceinture intertropicale d'un continent à l'autre (bananes, manioc, ignames, taro et macabo sont encore aujourd'hui les aliments de base de ces régions), ainsi que dans d'autres zones climatiques (arachide, courges et même canne à sucre). Cette diffusion est le témoin de contacts de populations et de processus de déplacement qui restent encore très mystérieux. Ainsi, la diffusion des bananiers de leur région d'origine malayo-océanienne vers l'Afrique et l'Amérique reste inconnue : on vient de mettre en évidence la présence de phytolithes de bananier au sud du Cameroun datée de 1000 ans avant J.-C., soit mille ans de plus que les dates estimées jusqu'à maintenant, et sans que l'on sache par quelle route cette plante est arrivée là (Mbida *et al.*, 2000). Symétriquement, la patate douce originaire d'Amérique du Sud a gagné le Pacifique, et sa diffusion en Nouvelle-Guinée, jusque dans les hautes terres, a été une véritable révolution économique permettant un accroissement très sensible de la population (Wiessner & Tumu, 1998).

L'ensemble de ces activités, que ce soit le prélèvement sélectif des plantes spontanées et leur protection, ou la pratique de l'agriculture de subsistance, a conduit sur tous les continents à une modification de la structure de la végétation des écosystèmes forestiers, qui ne sont plus « vierges » depuis des milliers d'années (Bahuchet, 1994 ; Balée, 1994 ; Willis *et al.*, 2004). On relèvera notamment que les forêts équatoriales ont persisté sur le long terme jusqu'à nos jours en dépit de (ou plus exactement avec) la pratique de l'agriculture itinérante sur brûlis tant décriée actuellement, qui se révèle là une véritable gestion durable avant la lettre, montrant que cette technique n'est pas incompatible avec le maintien de couverts boisés, tout au moins dans le contexte de faibles densités de population.

Développement du commerce mondial et pressions sur les ressources

L'attrait des pays tempérés pour les ressources de la biodiversité tropicale est fort ancien. Dans l'Antiquité, l'ivoire d'éléphant est présent en Mésopotamie et en Égypte, ainsi que l'ébène, témoignant de routes commerciales reliant les régions tropicales. Ces réseaux de commerce à longue distance se développent à travers les siècles : ils relient au moins à partir du Ve siècle le continent chinois aux îles d'Asie tropicale, l'approvisionnant en ivoire, rotin, copal et damar. Le voyageur chinois Tcheou Ta Kouan rapporte en 1296 que les populations des forêts du Cambodge fournissaient au Céleste Empire graines de cardamome, laque et cornes de rhinocéros (Pelliot, 1951). De l'Antiquité au Moyen Âge, l'Extrême-Orient approvisionne l'Europe en épices par voie terrestre comme maritime (Boulnois, 1986).

L'ampleur des prélèvements change d'échelle à partir du XVe siècle, lorsque les Européens se dotent des moyens techniques leur permettant d'aller chercher eux-mêmes les produits qui les intéressent.

L'expansion coloniale

Puis la stratégie européenne s'infléchit, avec des implantations coloniales et le développement des cultures d'exportation. Cela commence assez tôt (XVe siècle) sur les îles africaines (Madère, Canaries, São Tomé) où l'on plante de la canne à sucre avec de la main-d'œuvre esclave (Braudel, 1979 ; Wolf, 1982).

Du point de vue des populations humaines, cette nouvelle politique aura des conséquences dramatiques : en Afrique, une immense saignée par la traite des esclaves vers les Caraïbes et les Amériques (on évalue à au moins 10 millions le nombre d'esclaves déportés en plus de trois siècles ; Wolf, 1982). En Amérique, les Amérindiens sont décimés par un important choc microbien dû à l'introduction, par les conquérants espagnols ou par leurs esclaves, de la grippe (1493), de la variole (1518), de la rougeole (1530), de la peste bubonique (1540) et du typhus (1545 ?) (Cook & Lovell, 2001). En affaiblissant les populations locales, ces épidémies vont grandement faciliter la conquête espagnole (Crosby, 2003).

Au point de vue environnemental, le développement des cultures de rente destinées à l'exportation entraîne d'importants défrichements agricoles, dans les systèmes agricoles des populations locales comme dans les plantations coloniales avec esclaves. Les conséquences sur les structures sociales et économiques locales, sur les agrosystèmes et l'environnement sont très profondes.

Les Européens importent les produits américains comme le cacao du Mexique à partir de 1520, mais rapidement ils transplantent dans d'autres régions les plantes utiles : le cacao est introduit et cultivé largement à São Tomé au XVIIe siècle ; la canne à sucre (océanienne) est plantée au Brésil en 1520 ; le tabac (d'origine américaine) est introduit aux Philippines en 1575, puis à Java et Sumatra en 1601. Le café éthiopien est planté à Java à partir de 1712.

Au XIXe siècle, la révolution industrielle et la mécanisation augmentent les capacités de transformation des pays européens ; la demande sur les régions productrices s'accroît. C'est une époque de grande expansion des cultures d'exportation, qui entraîne des transformations majeures des paysages tropicaux : implantation du thé à Java en 1827, à Ceylan en 1877 ; développement de la culture intensive du riz en Asie du Sud-Est (Birmanie, Thaïlande), à partir de 1855 ; industrie caféière au Brésil (seconde moitié du XIXe siècle) ; extension de la culture du palmier à huile en Afrique de l'Ouest à partir de 1860 ; cultures extensives des bananes en Amérique centrale, à partir de 1870 ; plantations d'hévéa en Malaisie à partir de 1880... (Braudel, 1979 ; Wolf, 1982 ; Furtado, 1998). L'insertion des cultures de rente dans les systèmes agraires locaux a produit des types de végétation particuliers, les *agroforêts*, très remarquables en Indonésie (Foresta & Michon, 1996).

Ajoutons que ces commerces d'exportation s'accompagnent de la diffusion d'outils européens, qui transforment les capacités techniques locales d'action sur le milieu, et cet outillage en fer circule aisément dans les circuits d'échanges interethniques (*cf.* Godelier, 1973, pour la Nouvelle-Guinée).

Le contexte actuel

En dépit de l'exploitation croissante des ressources destinées à l'exportation, les pays tropicaux, riches en biodiversité, sont paradoxalement parmi les plus pauvres du monde actuel. La plupart de ces pays figurent dans les deux tiers inférieurs en termes de PIB et surtout en termes d'indicateur de développement humain (IDH[1]). Cette situation conditionne l'efficacité des programmes de conservation, tant à cause des choix politiques et économiques des pouvoirs publics qu'à cause des besoins ordinaires des populations locales.

Cette augmentation de la population, couplée à une très forte émigration rurale, a évidemment une influence sur l'occupation des terres, mais surtout sur l'agrandissement spectaculaire des villes : le taux d'accroissement des agglomérations urbaines en Afrique subsaharienne a ainsi été de 4,7 % par an entre 1990 et 1995 (contre 1,4 % pour la population rurale) (Trefon, 2000).

Pour mieux prendre en compte l'impact des villes sur les écosystèmes tropicaux, la notion d'empreinte écologique a été forgée, afin de déterminer l'impact des flux d'énergie et de matières nécessaires à l'approvisionnement d'une population concentrée et de ses industries, non pas seulement sur les environs immédiats mais aussi sur les aires influencées à plus large distance (Rees, 1997 ; Wackernagel & Rees, 1997 ; Folke *et al.*, 1997).

La richesse de la biodiversité se marque aussi, malheureusement, à travers les agents pathogènes : les pays tropicaux subissent une forte prévalence de maladies endémiques (paludisme...), de la pandémie de sida, et connaissent les maladies émergentes comme les fièvres hémorragiques en Afrique (Ebola), les maladies respiratoires en Asie (SRAS)...

La plupart des pays tropicaux à riche biodiversité montrent des faiblesses nettes de leur système politique, qui se concrétisent par une certaine instabilité, voire par des crises, des troubles civils, ou des formes de corruption. Tout cela tend à limiter la sincérité et l'efficacité des programmes de conservation et même de développement durable. Les conclusions d'une étude récente sur la bonne gouvernance sont accablantes : Smith *et al.* (2003) montrent que « les pays riches en espèces et identifiés comme ayant des aires de conservation prioritaires ont des scores de gouvernance plus bas que les autres nations ». Autrement dit, la « bonne gouvernance » n'est pas réellement présente dans les régions où les besoins de conservation sont les plus pressants. En relation avec ces constatations, on relève une tendance forte de la part des organismes internationaux bailleurs de fonds à privilégier les actions d'ONG plutôt que celles des services de l'État et, de ce fait, à contribuer à l'affaiblissement du fonctionnement civil.

Le dernier trait caractéristique des pays tropicaux riches en biodiversité, c'est l'extrême dépendance économique, commerciale et sociale vis-à-vis des pays du Nord. Les choix politiques, et surtout économiques, sont opérés sous l'influence des mêmes pays du Nord à travers le système d'aide financière (Banque mondiale et Fonds monétaire international) et par les prix des denrées et matières premières qui sont déterminés dans les Bourses des pays occidentaux. La politique de conser-

1. L'IDH, établi par le PNUD, combine l'espérance de vie à la naissance, le produit intérieur brut par habitant et le niveau d'instruction ; il a été conçu pour que l'état de développement d'un pays ne soit pas seulement considéré du seul point de vue économique (*cf.* PELTRE, 2003, p. 20).

vation de la biodiversité elle-même résulte souvent des conseils (ou des pressions) des ONG mondiales (WWF, UICN…) et des projets internationaux. Or ces politiques sont fondées sur une philosophie de la nature propre aux civilisations européennes.

Importance de la biodiversité tropicale pour l'homme

Support de vie quotidienne

En premier lieu, les ressources d'origine biologique sont les supports de l'existence ordinaire des populations rurales de ces régions : énergie domestique (bois de feu), matériaux ordinaires (habitation, ustensiles, outils…), approvisionnement alimentaire (apport de protéines par la pêche et la chasse), soins de santé (plantes médicinales), substrat pour l'agriculture itinérante. Tous ces produits sont obtenus par le seul travail quotidien hors de toute activité commerciale, et de ce fait coûteraient aux usagers s'ils devaient les remplacer. C'est l'un des problèmes mal évalués que pose la création d'une aire protégée, qui va limiter l'accès aux ressources spontanées (Bahuchet, 2000a ; Garine, 2000 ; McKey, 2000).

Bénéfices monétaires

Ces usages ordinaires s'étendent aux populations urbaines, car une partie de l'approvisionnement des villes provient, par le commerce régional, des zones non urbanisées aux alentours (bois de feu, gibier et poisson, matières premières, par exemple rotin…). Lorsque ce commerce devient excessif par son volume, notamment celui de la viande de brousse, il menace les stocks et les espèces (Milner-Gulland & Bennett, 2003) ; mais la difficulté de le réguler tient notamment à la complexité des réseaux commerciaux et à l'intérêt des revenus, qui ne sont pas nécessairement élevés, mais néanmoins suffisent à permettre la survie quotidienne des familles impliquées (Bahuchet & Ioveva-Baillon, 1999 ; Bahuchet, 2000b).

Au niveau macro-économique, l'importance de la biodiversité pour l'économie des pays tropicaux est bien connue ; elle se marque essentiellement par la production et l'exportation de bois d'œuvre ainsi que par l'importance croissante du commerce des animaux morts (peaux et fourrures, plumes, insectes de collection…) ou vivants (poissons d'aquarium, oiseaux d'agrément et NAC « nouveaux animaux de compagnie » : reptiles, insectes et autres araignées), générateur de grands profits, que ce soit par l'exportation officielle ou par l'économie informelle (*cf.* Robinson & Redford, 1991, ainsi que par exemple Monteiro-Neto *et al.*, 2003 pour les poissons d'aquarium ; González, 2003 pour les oiseaux).

Enfin, la production de molécules chimiques à usage pharmaceutique tirées des plantes tropicales, pour réelle qu'elle soit, relève plus du potentiel, ce qui entretient l'espoir (ou le rêve !) des pays à biodiversité élevée, et renforce toutes les craintes de la « biopiraterie ». En effet la possibilité pour des compagnies privées internationales de déposer des brevets sur des molécules extraites d'espèces tropicales fait craindre une appropriation abusive de ressources d'intérêt collectif (Aubertin & Vivien, 1998).

Services écosystémiques

Les activités paysannes s'inscrivent dans le cycle naturel des systèmes tropicaux. On comprend de mieux en mieux le fonctionnement de l'agriculture itinérante sur brûlis qui « domestique » la dynamique de régénération cyclique de la végétation forestière (Carrière, 2003).

La complexité des écosystèmes tropicaux, et tout particulièrement celle du cycle hydrologique, devrait rendre très prudent quant aux conséquences de la déforestation sur des systèmes agaires auto-entretenus et que l'on ne sait pas comment remplacer. Par exemple, les paysans Ifugao des Philippines maintiennent des îlots forestiers sur toutes les crêtes des montagnes, garantissant ainsi un régime hydrographique leur permettant une riziculture extrêmement sophistiquée (Conklin, 1980). La survie de nombreuses sociétés dépend du bon fonctionnement d'un système complexe. Le fait qu'une déforestation partielle peut conduire à la destruction d'un cycle hydrologique et à la perte nette d'eau en circulation dans le système provoquera une diminution de pluviométrie à l'échelle régionale (Salati, 1987).

Éthique et esthétique

Pour les communautés vivant dans les régions tropicales, la valeur religieuse de la biodiversité est indéniable. Les espèces vivantes sont porteuses de sens symbolique et de valeurs morales, et elles sont fréquemment liées aux puissances surnaturelles (divinités, esprits…) soit en elles-mêmes, soit en leur procurant des habitats (des « niches écologiques surnaturelles » !).

Sur un autre plan, la biodiversité entre très fréquemment dans les relations sociales : systèmes d'échange et de partage des produits de la pêche ou de la chasse, propriété des territoires liée à la structuration sociale de la communauté, espèces emblématiques dans les systèmes de pouvoir, espèces identitaires de la communauté ou des sections de celle-ci (« totems »), éléments du paysage porteurs de sens mythologique…

Enfin, la diversité biologique des régions tropicales exerce un fort attrait sur les habitants des pays du Nord. L'imaginaire occidental est riche en ce qui concerne les tropiques : « la forêt vierge », « les bêtes fauves », les animaux géants (de l'éléphant à la mygale) et « les Sauvages » sont autant de mythes qui influencent les choix des « écotouristes » mais aussi ceux des protecteurs de la nature.

Écotourisme

Pour toutes ces raisons idéelles, l'attraction opérée par les grands mammifères emblématiques (anthropoïdes, éléphants…) et les vertébrés marins sur les côtes (baleines, tortues…) est prise en compte par les promoteurs des aires protégées, à travers le concept d'« espèces-phares ». Les visiteurs des pays du Nord génèrent ainsi des ressources économiques pour les régions concernées. Les paysages forestiers et les aires protégées sont l'objet de visites touristiques, même si l'écotourisme reste peu développé et nettement inférieur à ce qui serait nécessaire pour autofinancer les programmes de conservation. Toutefois la possible confusion entre écotourisme et « ethnotourisme » peut provoquer l'hostilité des populations locales (de Maret & Bouly de Lesdain, 2000 ; Fleury, 1998 pour le projet de Parc national de la Guyane). Plus lucrative semble l'activité cynégétique de type safari, consacrée à quelques espèces de grands ongulés (notamment en Afrique centrale, Wilkie & Carpenter, 1999).

Discussion

Relation entre diversité culturelle et biodiversité

La richesse du monde tropical en espèces vivantes trouve son symétrique dans la diversité des cultures humaines qui y vivent (ou y vivaient naguère). Les relations entre diversité culturelle, ou linguistique, et biodiversité semblent plus fondées sur une analogie que sur des hypothèses convaincantes de mécanismes. Depuis longtemps il a été reconnu que le nombre des langues augmente lorsque l'on s'approche de l'équateur (*cf.* par exemple, Nichols, 1992). La corrélation entre la diversité culturelle et les grands paramètres environnementaux (latitude et climat) est avérée (Collard & Foley, 2002). La prise de conscience de la disparition des petites langues locales, notamment dans la région intertropicale, a été mise en relation avec la perte de la biodiversité (*cf.* par exemple Sutherland, 2003). Il a été aussi mis en superposition, dans une cartographie quelque peu globalisante, le nombre de langues par pays avec le nombre de vertébrés endémiques (*in* Maffi, 2001, p. 9). On parle alors de « diversité bioculturelle » (*ibid.*). Une certaine confusion est entretenue dans ce dernier ouvrage, où l'on traite à la fois de la diversité des langues, de la richesse d'une langue en vocabulaire lié à la biodiversité, et de l'interdépendance dans la vie quotidienne des peuples autochtones avec les ressources du milieu. Là, une autre analogie est tentée entre les trois niveaux de la biodiversité (génétique, spécifique, écosystémique) avec les niveaux culturels (mots, langue, aires linguistiques).

En réalité, les recherches détaillées achoppent sur plusieurs problèmes (quels paramètres prendre en compte ? quelle unité géographique ? quelle unité linguistique ?), et peinent à aboutir à des résultats convaincants : « [...] il semble apparent que les liens entre diversité biologique et diversité culturelle (incluant diversité linguistique) sont embrouillés, impliquant des facteurs autant sociaux et politiques qu'environnementaux » (Smith, 2001, p. 11, notre traduction). Pour l'Afrique, Moore *et al.* arrivent à une conclusion similaire : « [...] le fait que les facteurs environnementaux considérés ici expliquent moins de la moitié de la variation en richesse linguistique indique que d'autres facteurs, beaucoup d'entre eux étant probablement historiques ou sociaux, influencent aussi la distribution des langues » (2002, p. 1645).

Nettle (1996, 1998), d'abord pour l'Afrique de l'Ouest, puis pour l'ensemble du monde, met en relation le nombre et la taille des groupes ethnolinguistiques avec les saisons agricoles et plus globalement la variabilité de l'approvisionnement alimentaire. Il montre ainsi que là où le climat permet une production continue de nourriture toute l'année, de petits groupes peuvent être autosuffisants et les populations se fragmentent en un grand nombre de petites langues. Là où la variabilité du climat est plus grande, la taille des réseaux sociaux nécessaires pour assurer la subsistance est plus grande et ainsi les langues tendent à être plus largement réparties. Pour l'heure, ce raisonnement reste celui qui explique le mieux l'apparente homologie entre biodiversité et diversité culturelle.

Cependant, ce type de lien entre géographie et diversité culturelle a été embrouillé par un autre. Diamond (1997) montre que la grande extension est-ouest de l'Eurasie a facilité la diffusion de plantes et d'animaux domestiqués (chacun étant adapté à une ceinture latitudinale donnée). Ce même facteur géographique a aussi facilité la naissance, et l'expansion, de sociétés devenues puissantes grâce aux avantages procurés par leur maîtrise de ces innovations. Cette expansion, dont la cause ultime était en quelque sorte une « gamma-diversité » climatique réduite de l'Eurasie, a « brouillé les cartes » de la diversité culturelle et linguistique antérieure. Quelle était la diversité linguistique de l'Europe avant l'arrivée de l'est de peuples conquérants ? Combien de langues ont disparu, laissant comme seul vestige le basque ? Quelle était la diversité linguistique de la Chine avant son unification il y a plus de deux mille ans ? L'expansion des cultures de l'Eurasie continue. La corrélation actuelle entre diversité culturelle et biodiversité est en partie explicable par un simple fait : ces deux diversités persistent là où elles n'ont pas (encore) été anéanties par le rouleau compresseur.

La place de l'homme dans la nature

Du fait de la dégradation élevée des écosystèmes dans les régions tropicales, les efforts de conservation de la biodiversité se multiplient. Ils sont cependant toujours fondés sur une conception particulière de l'humanité : l'homme est-il un perturbateur ? Une « mauvaise herbe » (Gartlan, 1998) ? Ou au contraire une composante-clé du système[2] (O'Neill & Kahn, 2000) ? L'espèce humaine, une espèce vivante apparue par évolution à partir d'espèces préexistantes, peut-elle être considérée comme hors de « la nature », en dépit de ses centaines de milliers d'années d'existence ?

Depuis plusieurs siècles, dans la pensée des Occidentaux, « la nature se caractérise par l'absence de l'homme, et l'homme par ce qu'il a su surmonter de naturel en lui », alors que pour la plupart des autres sociétés du monde, « la nature n'existe pas comme une sphère de réalités autonome » (Descola, 2001, p. 14-15)[3]. En effet, « dans les sociétés non modernes, [...] le statut d'un être vivant dépend des relations que l'on établit avec lui. Tout être, y compris l'humain, est façonné par le réseau de relations dans lequel il est inséré. [...] ce sont les hommes qui appartiennent à la terre et non l'inverse » (Friedberg, 2002, p. 166).

Pour justifier la conservation de la biodiversité, il a été fréquemment procédé à l'évaluation des services que la nature rend à l'humanité (Costanza, 1997, et F.-D. Vivien dans cet ouvrage). Même si cet exercice s'adresse d'abord aux responsables politiques soucieux de ne pas gaspiller les ressources de leurs États, on ne peut manquer de s'interroger sur cette démarche : faut-il vraiment justifier en termes économiques l'existence de la vie ? Quelle philosophie sous-tend cette évaluation économique ? Quels services sont mesurés ; y a-t-il une place pour les fonctions non monétaires, non commerciales, idéologiques, philosophiques, esthétiques, religieuses ? L'économie doit-elle faire partie de l'écologie (Naveh, 2000) ? La Convention sur la diversité biologique (Rio, 1992) n'en est-elle pas une conséquence, qui a essentiellement transféré aux États-nations la propriété et la responsabilité de la biodiversité, naguère « bien commun de l'humanité » ? Est-ce à cause d'une interprétation littérale de la théorie de la « tragédie des communs » (Hardin, 1968) ? Au contraire, d'autres proposent de chercher dans la gestion des communs des mécanismes collectifs pour la gestion et la conservation de la biodiversité (Ostrom *et al.*, 1999).

Mesurer l'état de la nature

Les taux d'extinction sont difficiles à mesurer et, à cause de cela, sont devenus le sujet de controverses, voire de polémiques. Balmford *et al.* (2003) suggèrent d'autres indicateurs de l'état des populations constituant la biodiversité. Bien avant son extinction globale, par exemple, une espèce subit une extinction écologique,

---

2. « *Homo economus* as a keystone species : a keystone species controls the environment and thereby determines the other species that can survive in its presence » (O'Neill & Kahn, 2000, p. 333).

3. « La nature n'existe pas comme une sphère de réalités autonome pour tous les peuples et ce doit être la tâche de l'anthropologie que de comprendre pourquoi et comment tant de gens rangent dans l'humanité bien des êtres que nous appelons naturels, mais aussi pourquoi et comment il nous a paru nécessaire à nous d'exclure ces entités de notre destinée commune » (Descola, 2001, p. 15).

c'est-à-dire qu'elle devient si rare, ou son aire devient si réduite, qu'elle ne participe plus au fonctionnement des écosystèmes dont elle faisait jadis partie. La distinction entre « extinction » et « extinction écologique » nous ramène à la question fondamentale de l'objectif de la conservation : doit-on sauver les espèces, ou les « *life support systems* » et le potentiel évolutif des organismes qui les constituent ?

L'homme destructeur ou créateur de biodiversité ?

La conception dominante parmi les écologues est, comme on l'a vu amplement, que l'homme est essentiellement un destructeur des autres espèces vivantes. *A contrario*, le développement de l'« écologie historique » dans les deux dernières décennies a fourni plusieurs exemples de paysages tropicaux – forêts et savanes – que l'on pensait « vierges », mais qui ne le sont pas, ayant été habités par l'homme et exploités de façon apparemment durable, depuis des siècles (Balée, 1998). Dans ces cas, l'homme est loin du rôle destructeur de diversité qui lui est couramment accordé (Fairhead & Leach, 1996). Est-il pour autant créateur de biodiversité ? S'agissant de la biodiversité globale, l'espèce humaine est arrivée beaucoup trop tardivement à l'échelle géologique pour être une force *créatrice* importante. À part les mutualistes (espèces domestiquées) et parasites spécialistes de l'homme et de ses cultures, quasiment toutes les espèces végétales et animales, et les interactions qui les structurent en communautés, ont précédé l'homme. La forêt vierge tropicale n'est *pas* un mythe, car elle a existé pendant des millions d'années et, dans un certain sens, vit encore dans les adaptations des organismes. Façonnées dans la longue histoire avant l'homme, et souvent compréhensibles seulement par référence à ce monde révolu, ces adaptations continuent à faire fonctionner les écosystèmes.

L'idée de l'homme créateur de biodiversité concerne une augmentation de diversité spécifique à l'échelle locale, liée à la création de paysages hétérogènes et donc d'une diversité d'habitats. Appliquées à outrance, les perturbations anthropiques sont capables de simplifier et d'appauvrir les paysages. Mais appliquées à des fréquences et intensités modérées, ces actions ont souvent un effet positif sur la diversité locale (Connell, 1978). Dans des paysages anthropiques hétérogènes, un grand nombre de types d'habitats à l'échelle locale conduit à la présence d'un plus grand nombre d'espèces. De plus, pour certaines espèces, c'est la présence d'habitats complémentaires qui leur permet d'exister.

Cependant, une augmentation de la diversité à un niveau peut être accompagnée d'une perte à un autre niveau (Sax & Gaines, 2003 ; Olden *et al.*, 2004). La création d'un paysage hétérogène résulte de la formation de nombreux patchs d'habitats, chacun à petite aire et donc à faibles effectifs, au moins en ce qui concerne les espèces restreintes à un seul type d'habitat. La réduction d'effectif peut fragiliser les populations, par plusieurs mécanismes. Une réduction sévère d'effectif peut conduire à la perte de diversité génétique par des effets aléatoires (la dérive génétique), suivie d'une augmentation de la consanguinité. La fragmentation peut aussi diminuer la migration entre taches, réduisant les flux géniques restaurateurs de diversité, ainsi que la probabilité de recolonisation d'une tache ayant subi des extinctions locales. La fragmentation peut agir en synergie avec le changement climatique, détruisant les couloirs de migration nécessaires pour le maintien des populations dans la zone bioclimatique appropriée (Peters, 1988). Finalement, en augmentant la proportion de chaque habitat qui est en contact avec d'autres, la fragmentation augmente les effets de lisière, avec des impacts positifs sur certaines espèces et négatifs sur d'autres. Les prédateurs en bout de chaîne trophique sont particulièrement vulnérables à ces dynamiques en habitats fragmentés : ils ont besoin d'une grande aire pour maintenir une population viable. Ces prédateurs jouant souvent un rôle de régulateur des populations d'herbivores, leur disparition peut avoir des conséquences importantes pour le fonctionnement des réseaux trophiques (Terborgh *et al.*, 2001). Les effets au niveau du paysage peuvent donc avoir des effets en cascade à tous les autres niveaux de la biodiversité, de la diversité génétique intraspécifique jusqu'à la diversité spécifique globale. L'homme, par ses remaniements du paysage, peut plus ou moins maintenir la diversité existante, ou la détruire, mais il ne « crée » pas grand-chose.

Quelle conservation ?

Les biologistes s'affrontent, par exemple, entre conservation sur de larges zones (*wilderness areas*, Mittermeier *et al.*, 2003) ou concentrée dans les *hotspots*, c'est-à-dire dans les zones d'endémisme (Myers *et al.*, 2000 ; Myers, 2003), au risque de sauver des espèces mais pas des systèmes en fonctionnement (Jepson & Canney, 2001), alors que 20 % de la population mondiale vivent dans ces *hotspots* (Cincotta *et al.*, 2000)...

La liaison entre conservation et développement durable a conduit à la création des projets intégrés (*Integrated Conservation and Development Projects*, ICDP). Il s'agit d'« une stratégie qui non seulement va assurer la viabilité à long terme d'espèces et d'écosystèmes mais encore sera politiquement et économiquement acceptable par les communautés locales et les gouvernements » (Newmark & Hough, 2000, p. 585, notre traduction). Toutefois son efficacité est contestée, tant pour la conservation que pour le développement.

À côté des aires protégées, zones considérées comme naturelles dont les hommes sont en principe exclus, on préconise de plus en plus d'étendre la conservation aux écosystèmes anthropisés à l'échelle des « paysages », y compris les zones agricoles, en favorisant des activités compatibles avec la biodiversité (James *et al.*, 2001).

Cette extension du champ de la biodiversité conduit à de nouveaux concepts, écologie de la restauration (pour les milieux dégradés), écologie de la réconciliation (désignant le fait « d'inventer [...] de nouveaux habitats pour conserver la diversité des espèces dans des lieux où les gens vivent, travaillent ou jouent » [Rosenzweig, cité par Daily, 2003, p. 1508], notre traduction).

Si l'homme veut survivre, il faudra bien qu'il se considère enfin comme partie de l'écosystème, et non pas comme une perturbation ! Peut-être doit-il s'appliquer à lui-même le concept qu'il a inventé pour les termites et les vers de terre, celui d'« ingénieur-écologue » (*ecosystem engineer*) !

Comme d'autres chercheurs, nous sommes convaincus que la solution au problème de la préservation de la diversité biologique n'est pas d'ordre écologique ou technique, mais bien politique, social et surtout philosophique. Les biologistes comme Wilson tentent de démontrer la *biophilia*, les acteurs de la conservation comme Callicott *et al.* (1999) proposent une « philosophie unifiée de la conservation » ; les anthropologues comme Descola (1996) interpellent les certitudes occidentales par les philosophies amérindiennes, selon lesquelles l'homme est de même essence que les autres êtres de nature…

Il est temps aussi que les chercheurs spécialistes des écosystèmes et ceux spécialistes des sociétés humaines se parlent et travaillent ensemble, avec les acteurs des divers métiers de la conservation et du développement. Nul ne trouvera seul les mécanismes fort complexes pour assurer aux hommes des tropiques et à leurs enfants une vie meilleure dans une nature encore riche.

Serge BAHUCHET et Doyle MCKEY

BIBLIOGRAPHIE

AUBERTIN, C. & Vivien F.-D., 1998, *Les Enjeux de la biodiversité*, Paris, Economica, 112 p.

BAHUCHET, S. (éd.), 1994, *Situation des populations indigènes des forêts denses et humides*, Bruxelles, Commission européenne (ISBN 92-826-7875-X), 512 p. + Atlas de 13 cartes.

BAHUCHET, S., 2000a, « La forêt-matière », *in* Bahuchet, S. (éd.), *Les Peuples des forêts tropicales aujourd'hui*, vol. II, Bruxelles, APFT/Commission européenne, p. 135-156.

—, 2000b, La filière « viande de brousse », *in* Bahuchet, S. (éd.), *Les Peuples des forêts tropicales aujourd'hui*, Bruxelles, APFT, Commission européenne, p. 331-363.

BAHUCHET, S. & IOVEVA-BAILLON K., 1999, « De la forêt au marché : le commerce de gibier au sud du Cameroun », *in* Bahuchet, S., *et al.* (éd.), *L'Homme et la Forêt tropicale*, Éd. du Bergier, Travaux de la Société d'écologie humaine, p. 533-558.

BALÉE, W., 1994, *Footprints of the Forest*, New York, Columbia University Press, 396 p.

BALÉE, W. (ed.), 1998, *Advances in Historical Ecology*, Columbia University Press, 429 p.

BALMFORD, A., GREEN, R.E., & JENKINS, M., 2003, « Measuring the changing state of nature », *Trends in Ecology and Evolution*, 18, p. 326-330.

BARRAU, J., 1962, *Les Plantes alimentaires de l'Océanie. Origines, distribution et usages*, Marseille, Faculté des sciences, *Annales du musée colonial*, 276 p.

BRAUDEL, F., 1979, *Civilisation matérielle, économie et capitalisme, XVe-XVIIIe siècle*, Paris, Armand Colin, 3 vol., 544 p., 600 p., 608 p.

BOULNOIS, L., 1986, *La Route de la soie*, Genève, Olizane, 350 p.

CALLICOTT, J.B., CROWDE, L.B. & MUMFORD, K., 1999, « Current normative concepts in conservation », *Conservation Biology*, 13(1), p. 22-35

CARRIÈRE, S., 2003, *Les Orphelins de la forêt. Pratiques paysannes et écologie forestière (Les Ntumu du Sud-Cameroun)*, Paris, IRD Éditions, 374 p.

CHAZINE, J.-M., 2000, « Découverte de peintures rupestres à Bornéo », *L'Anthropologie*, 104(3), p. 459-471.

CINCOTTA, R.P., *et al.*, 2000, « Human population in the biodiversity hotspots », *Nature*, 404, 6781, p. 990-992.

COLINVAUX, P.A., *et al.*, 2000, « Amazonian and neotropical plant communities on glacial time-scales : the failure of the aridity and refuge hypotheses », *Quaternary Science Reviews*, 19, p. 141-169.

COLLARD, I.F. & FOLEY, R.A., 2002, « Latitudinal patterns and environmental determinants of recent human cultural diversity : do humans follow biogeographical rules ? », *Evolutionary Ecology Research*, 4, p. 371-383.

CONKLIN, H.C., 1980, *Ethnographic Atlas of Ifugao. A study of environment, culture and society in Northern Luzon*, New Haven, Yale University Press, 116 p.

CONNELL, J.H., 1978, « Diversity in tropical rain forests and coral reefs », *Science*, 199, p. 1302-1310.

COOK, N.D. & LOVELL, W.G. (ed.), 2001 (1992), *« Secret judgments of God », Old World Disease in Colonial Spanish America*, Norman, University of Oklahoma Press / Red River, 286 p.

COOKE, R. & PIPERNO, D.R., 1996, « Le peuplement de l'Amérique centrale et de l'Amérique du sud et les adaptations aux forêts tropicales avant la colonisation européenne », *in* Hladik, C.M. *et al.* (éd.), *L'Alimentation en forêt tropicale*, Paris, Unesco, p. 77-96.

COSTANZA, R. *et al.*, 1997, « The value of the world's ecosystem services and natural capital », *Nature*, 387, 6630, p. 253-260.

CROSBY Jr., A. W., 2003, *The Columbian exchange. Biological and cultural consequences of 1492 (30th anniversary edition)*, Westport/London, Praeger, 286 p.

DAILY, G.C., 2003, « Time to rethink conservation strategy », *Science*, 300, p. 1508-1509.

DESCOLA, P., 1996, « Constructing natures. Symbolic ecology and social practice », *in* Descola, P. & Pálsson, G. (ed.), *Nature and society*, London, Routledge, p. 82-102.

—, 2001, *Chaire d'anthropologie de la nature ; leçon inaugurale*, Paris, Collège de France, 36 p.

DIAMOND, J., 1997, *Guns, germs and steel*, London, Jonathan Cape, 480 p.

DU TOIT, J.T., *et al.*, 2004, « Conserving tropical nature : current challenges for ecologists », *Trends in Ecology and Evolution*, 19(1), p. 12-17.

FAIRHEAD, J. & LEACH, M., 1996, *Misreading the African landscape. Society and ecology in a forest-savanna mosaic*, Cambridge, Cambridge University Press, 356 p.

FINE, P.V.A., MESONES, I. & COLEY, P.D., 2004, « Herbivores promote habitat specialization by trees in Amazonian forests », *Science*, 305, p. 663-665.

FLEURY, M., 1998, « Les populations du Haut Maroni et le projet de Parc national de la Guyane », *J. agric. trad. bot. appl.*, 40(1-2), p. 577-610.

FOLKE, C., JANSSON, Å., LARSSON, J. & COSTANZA, R., 1997, « Ecosystem appropriation of cities », *Ambio*, 26(3), p. 167-172.

FORESTA, H. d. & MICHON, G., 1996, « Établissement et gestion des agroforêts paysannes en Indonésie », *in* Hladik, C.M. *et al.* (éd.), *L'Alimentation en forêt tropicale*, Paris, Unesco, p. 1081-1101.

FRIEDBERG, C., 2002, « L'anthropologie face à la question de l'appropriation de la biodiversité : la biodiversité est-elle appropriable ? », *in* Vivien, F.-D. (éd.), *Biodiversité et appropriation : les droits de propriété en question*, Paris, Elsevier, p. 163-176.

FROMENT, A. & GUFFROY, J. (éd.), 2003, *Peuplements anciens et actuels des forêts tropicales*, Paris, IRD Éditions, 358 p.

FURTADO, C., 1998, *La Formation économique du Brésil, de l'époque coloniale aux temps modernes*, Paris, Publisud, 218 p.

GARINE, I. DE, 2000, « Se nourrir en forêt », *in* Bahuchet, S. (éd.), *Les Peuples des forêts tropicales aujourd'hui*, vol. II, Bruxelles, APFT, p. 157-176.

GARTLAN, S., 1998, « Chacun pour soi et Dieu contre tous : l'histoire, les sciences sociales et la conservation de la nature », *in* Eves, H.E. *et al.* (éd.), *Utilisation des ressources naturelles dans la région trinationale du fleuve Sangha en Afrique équatoriale*, New Haven, Yale School of Forestry Bulletin n° 102, p. 234-246.

GODELIER, M., 1973, « Outils de pierre, outils d'acier chez les Baruya de Nouvelle-Guinée », *L'Homme*, 13(3), p. 187-220.

GONZÁLEZ, J.A., 2003, « Harvesting, local trade, and conservation of parrots in the Northeastern Peruvian Amazon », *Biological Conservation*, 114, p. 437-446.

GUIJT, I., HINCHCLIFFE F. & MELNYK M., 1995, *The Hidden Harvest : The Value of Wild Resources in Agricultural Systems*, London, IIED.

HARDIN, G., 1968, « The Tragedy of the Commons », *Science*, 162, p. 1243-1248.

HILLEBRAND, H., 2004, « On the generality of the latitudinal diversity gradient », *American Naturalist*, 163, p. 192-211.

JAMES, A., GASTON, K.J. & BALMFORD, A., 2001, « Can We Afford to Conserve Biodiversity ? », *BioScience*, 51(1), p. 43-52.

JANSSON, R., 2003, « Global patterns in endemism explained by past climatic change », *Proceedings of the Royal Society of London*, B, 270, p. 583-590.

JANZEN, D.H., 1967, « Why mountain passes are higher in the tropics », *American Naturalist*, 101, p. 233-249.

JEPSON, P. & CANNEY, S., 2001, « Biodiversity hotspots : hot for what ? », *Global Ecology and Biogeography*, 10, p. 225-227.

JOBLING, M. A., HURLES M. & TYLER-SMITH C., 2004, *Human Evolutionary Genetics. Origins, peoples and disease*, New York, Garland Science, 524 p.

LANFRANCHI, R. & SCHWARTZ, D. (éd.), 1990, *Paysages quaternaires de l'Afrique centrale atlantique*, Paris, ORSTOM, 536 p.

MAFFI, L. (ed.), 2001, *On Biocultural Diversity. Linking Language, Knowledge and the Environment,* Washington, Smithsonian Institution Press, 578 p.

MARET, P. DE & BOULY DE LESDAIN, S., 2000, « L'aventure, la nature... et la culture en plus ? De l'écotourisme à l'ethnotourisme », *in* Bahuchet, S. (éd.), *Les Peuples des forêts tropicales aujourd'hui*, vol. II, Bruxelles, APFT, p. 573-600.

MARTIN, P.R. & MCKAY, J.K., 2004, « Latitudinal variation in genetic divergence of populations and the potential for future speciation », *Evolution*, 58, p. 938-945.

MBIDA, C., VAN NEER, W., DOUTRELEPONT, H. & VRYDAGHS, L., 2000, « Evidence for banana cultivation and animal husbandry during the first millennium BC in the forest of southern Cameroon », *Journal of Archaeological Science*, 27, p. 151-162.

McKey, D.B., 2000, « Tropical forest peoples and biodiversity », *in* Bahuchet, S. (éd.), *Les Peuples des forêts tropicales aujourd'hui*, vol. II, Bruxelles, APFT, p. 12-32.

Milner-Gulland, E.J. & Bennett, E.L., 2003, « Wild meat : the bigger picture », *Trends in Ecology & Evolution*, 18(7), p. 351-357.

Mittermeier, R.A., Mittermeier, C.G., Brooks, T.M., Pilgrim J.D., Konstant W.R., da Fonseca G.A.B. & Kormos C., 2003, « Wilderness and biodiversity conservation », *PNAS*, USA, 100(18), p. 10309-10313.

Monteiro-Neto, C., De Andrade Cunha, F.E., Carvalho Nottingham, M., *et al.*, 2003, « Analysis of the marine ornamental fish trade at Ceara State, northeast Brazil », *Biodiversity and conservation*, 12(6), p. 1287-1295.

Moore, J.L., Manne L., Brooks T., *et al.*, 2002, « The distribution of cultural and biological diversity in Africa », *Proc. R. Soc. Lond. B*, 269, p. 1645–1653.

Myers, N., 2003, « Biodiversity hotspots revisited », *BioScience*, 53, p. 916-917.

Myers, N., Mittermeier, R.A., Mittermeier, C.G., da Fonseca, G.A. & Kent, J., 2000, « Biodiversity hotspots for conservation priorities », *Nature*, 403, p. 853-858.

Naveh, Z., 2000, « The Total Human Ecosystem : Integrating ecology and economics », *BioScience*, 50(4), p. 357-361.

Nettle, D., 1996, « Language diversity in West Africa : an ecological approach », *Journal of Anthropological Archaeology*, 15, p. 403–438.

—, 1998, « Explaining global patterns of language diversity », *Journal of Anthropological Archaeology*, 17, p. 354–374.

Newmark, W.D. & Hough, J.L., 2000, « Conserving wildlife in Africa : integrated conservation and development projects and beyond », *BioScience*, 50(7), p. 585-592.

Nichols, J., 1992, *Linguistic Diversity in Space and Time*, Chicago, University of Chicago Press, 374 p.

O'Neill, R.V. & Kahn, J.R., 2000, « *Homo economus* as a keystone species », *BioScience*, 50(4), p. 333-337.

Olden, J.D, LeRoy Poff, N., Douglas M.R., Douglas M.E. & Fausch K.D., 2004, « Ecological and evolutionary consequences of biotic homogenization », *Trends in Ecology and Evolution*, 19, p. 18-24.

Ostrom, E., Burger J., Field, C.B., Norgaard, R.B. & Policansky, D., 1999, « Revisiting the Commons: local lessons, global challenges », *Science*, 284, p. 278-282.

Pelliot, P., 1951, *Mémoires sur les coutumes du Cambodge de Tcheou Ta-Kouan*, Paris, Adrien-Maisonneuve, 178 p.

Peltre, P., 2003, *Population et développement durable. Des cartes pour voir...*, Paris, IRD, 32 p. + CD-Rom.

Peters II, R.L., 1988, « The effect of global climatic change on natural communities », *in* E.O. Wilson (ed.), *Biodiversity*, National Academy Press, Washington, D.C.

Piperno, D.R. & Pearsall, D.M., 1998, *The Origins of Agriculture in the Lowland Neotropics*, San Diego, Academics Press, 400 p.

Rees, W.E., 1997, « Urban ecosystems : the human dimension », *Urban Ecosystems*, 1, p. 63–75.

Robinson, J.G. & Redford, K.H. (ed.), 1991, *Neotropical Wildlife Use and Conservation*, Chicago, University of Chicago Press, 520 p.

Salati, E., 1987, « The forest and the hydrological cycle », *in* R. Dickinson (ed.), *The Geophysiology of Amazonia*, Wiley, New York, p. 273-296.

SAX, D.F. & GAINES, S.D., 2003, « Species diversity : from global decreases to local increases », *Trends in Ecology and Evolution*, 18, p. 561-566.

SMITH, E.A., 2001, « On the coevolution of cultural, linguistic, and biological diversity », *in* Maffi, L. (ed.), *On biocultural diversity*, Washington, Smithsonian Institution Press, p. 95-117.

SMITH, R.J., MUIR, R.D.J., WALPOLE, M.J., BALMFORD, A. & LEADER-WILLIAMS, N., 2003, « Governance and the loss of biodiversity », *Nature*, 426, p. 67-70.

STEVENS, G.C., 1989, « The latitudinal gradient in geographic range : how many species coexist in the tropics », *American Naturalist*, 133, p. 240-256.

STRINGER, C., 2002, « Modern human origins : progress and prospects », *Philosophical transactions Royal Society : biological sciences*, 357 : 563–579.

SUTHERLAND, W. J., 2003, « Parallel extinction risk and global distribution of languages and species », *Nature*, 423, p. 276-279.

TERBORGH, J., LOPEZ, L., NUÑEZ, V.P., RAO, M. *et al.*, 2001, « Ecological meltdown in predator-free forest fragments », *Science*, 294, p. 1923-1926.

TREFON, T., 2000, « Forest-city relations », *in* Bahuchet, S. (éd.), *Les Peuples des forêts tropicales aujourd'hui*, vol. II, Bruxelles, APFT/Commission européenne, p. 305-330.

VAN VALEN, L., 1973, « A new evolutionary law », *Evolutionary Theory*, 1, p. 1-30.

WACKERNAGEL, M. & REES, W.E., 1997, « Perceptual and structural barriers to investing in natural capital : Economics from an ecological footprint perspective », *Ecological Economics*, 20(1), p. 3-24.

WIESSNER, P. & TUMU, A., 1998, *Historical Vines. Enga Networks of Exchange, Ritual, and Warfare in Papua New Guinea*, Washington, Smithsonian Institution, 494 p.

WILKIE, D.S. & Carpenter, J., 1999, « The potential role of safari hunting as a source of revenue for protected areas in the Congo Basin », *Oryx*, 33(4), p. 340-345.

WILLIG, M.R., KAUFMAN, D.M. & STEVENS R.D., 2003, « Latitudinal gradients of biodiversity : pattern, process, scale, and synthesis », *Annual Review of Ecology, Evolution and Systematics*, 34, p. 273-309.

WILLIS, K.J., GILLSON, L. & BRNCIC, T.M., 2004, « How "virgin" Is virgin rainforest ? », *Science*, 304(5669), p. 402-403.

WILSON, E.O., 1993, *La Diversité de la vie*. Paris, Odile Jacob, 496 p.

Wolf, E.R., 1982, *Europe and the People Without History*, Berkeley, University of California Press, 508 p.

Comment, en sociologue, tenter de rendre compte de l'émergence du thème de la *biodiversité* ?

Il est du ressort des sciences de l'homme et de la société de tenter de rendre compte des œuvres humaines. C'est donc à ce titre que j'essayerai d'expliquer ce que j'ai désigné comme étant l'émergence d'un thème, mais que j'aurais pu aussi bien qualifier comme étant l'émergence d'un mot, ou d'une expression, ou d'un signifiant, comme cela peut se voir dans la signalisation typographique de mon titre : j'ai mis le mot *biodiversité* en italique.

Dans le sens commun, je veux dire dans la façon habituelle que nous avons d'utiliser les mots et qui, Dieu merci, permet de se comprendre, il va presque toujours de soi que ceux-ci renvoient à un référent, c'est-à-dire à quelque chose dans le réel. Telle est la théorie pratique, pourrait-on dire, qui veut qu'à chaque substantif dans l'ordre de la langue corresponde un équivalent dans l'ordre du monde. Toutefois, si cette théorie pratique permet de se comprendre pour ce qui est du régime des choses de la vie quotidienne, elle est aussi à l'origine de bien des méprises et bien des malentendus dès lors que l'on s'en va vers des contrées où cette expérience partagée et accumulée fait défaut. Tel est le cas des situations de rencontre entre des cultures différentes par exemple pour lesquelles, comme on le sait, il ne suffit pas d'apprendre la langue. Tel est aussi le cas, qui va nous retenir ici, où un terme nouveau apparaît pour désigner quelque chose qui n'existait pas auparavant. Malentendu et méprise ? Oui, puisque disant cela (« qui n'existait pas auparavant »), j'entends déjà le contradicteur s'élever pour soutenir que la biodiversité a toujours existé, et que si l'on a dû inventer un mot – aux alentours du milieu des années 1980 (Takacs, 1996, p. 34-40) –, c'est seulement parce que le problème venait d'apparaître avec la révélation de la mise en cause de sa perpétuation par le mode de développement des sociétés industrielles… Nous y voilà donc d'entrée de jeu ! Ainsi que cela s'atteste dans cette argumentation, la biodiversité est moins à considérer comme l'énoncé d'une chose qui existe (à preuve la difficulté pour la définir), mais bien plutôt comme l'indice de l'émergence d'un problème, ou de sa

« prise de conscience ». À preuve, pourra-t-on continuer en réponse à ce contradicteur fictif, la reconnaissance sociale de son importance par les plus hautes instances qui ont en charge la régulation de la vie sur la planète et qui, pour cela, l'ont ajoutée à la liste des objets de négociations entre les diverses puissances, par exemple, lors du sommet de la Terre à Rio en 1992 (Vivien, 2002).

Les trois manières d'interpréter la « biodiversité »

Permettez-moi maintenant de redire autrement ce que je viens de dire, de façon à faire apparaître les trois dimensions de ce que j'ai appelé le thème de la *biodiversité*.

1) En l'écrivant en italique, et donc en mettant l'accent sur cette chose qu'est un mot, et même un « néologisme » (Blondel, 2002), j'ai voulu mettre en exergue sa dimension rhétorique. La « *biodiversité* » est un signifiant, un objet linguistique, forgé à dessein, et dont l'analyse ressort à cette branche des sciences humaines qu'est la linguistique dans toutes ses ramifications. J'y reviendrai plus loin.

2) Par la controverse – que je n'ai fait qu'esquisser à travers la mise en scène d'un contradicteur fictif et portant sur le point de savoir si la biodiversité a existé comme telle avant le mot – et qui va faire s'affronter les définitions de ce à quoi elle renvoie, ou de ce qu'elle désigne (biodiversité génétique, spécifique ou écosystémique), ce signifiant « biodiversité » change de statut pour devenir une manière d'essayer de rendre compte d'un phénomène. Le mot est intéressant ici en tant qu'il est disputé. Et aussi parce que, comme on le verra, n'importe qui n'est pas également appareillé pour entrer dans la dispute qui semble, au premier abord, concerner davantage les multiples spécialistes des sciences de la vie. En bref, la biodiversité est ici une pièce au sein d'un débat conceptuel entre savants.

3) Enfin, par la reconnaissance institutionnelle qui fait que ce terme figure aujourd'hui dans des textes juridiques (ou quasi juridiques selon les écoles du droit), il acquiert une troisième dimension. Au même titre que les « droits de l'homme » ou que « le patrimoine de l'humanité », la biodiversité est une catégorie juridique et/ou juridico-politique dont débattent les négociateurs de toute sorte : les diplomates des États, des grandes firmes ou des ONG.

Par chacune de ces trois dimensions, le thème de la biodiversité nous sollicite donc, « nous », c'est-à-dire les récepteurs de sa mise en circulation (catégorie extensible à l'ensemble des participants aux jeux de langage que ce thème génère), et cela de trois façons très différentes.

Figure rhétorique, la biodiversité nous touche du fait que nous sommes des êtres sensibles (au sens propre, sensibles à la musique des mots). Concept, elle nous sollicite en tant qu'êtres rationnels qui veulent chercher à comprendre. Catégorie juridique, elle nous mobilise comme être sociaux ou encore comme citoyens prêts éventuellement à nous engager pour sa défense. Développons un peu ces trois dimensions pour voir à quel point elles sont inextricables.

TROIS DIMENSIONS INEXTRICABLES LES UNES DES AUTRES

Je tiens, en effet, à l'encontre des discours cartésiens qui prêchent toujours pour le découpage et la distinction, que c'est bien à cause de la co-présence de ces trois dimensions, que ce mot, ce concept et cette catégorie (les trois dimensions étant toujours articulées entre elles) ont pu émerger et se diffuser – ou se propager – avec le succès que l'on sait. Que l'on ne compte donc pas sur moi pour dire de quoi il s'agit puisque telle n'est pas ma compétence. Mon propos consistera plutôt, dans un premier temps, à montrer comment ces trois dimensions se renforcent mutuellement puisque aussi bien, chacun de nous, en tant que récepteur potentiel, est toujours, à la fois et en même temps, être vivant sensible, être rationnel et individu social.

Sur le premier registre, celui de la rhétorique, dorénavant je ne parlerai plus de mot mais de *figure*, qui est la désignation la mieux adaptée pour parler de cette figure de rhétorique précisément qu'est ce mot composé, dont j'ai dit qu'il s'adressait à l'homme sensible. Comme il en est de toutes les figures de rhétorique, son pouvoir est celui de séduire, de jeter un charme, d'emporter l'adhésion sans qu'il soit nécessaire de faire le détour par la raison. Jacques Blondel (2002), dans le rapport de conjoncture pour l'Institut français de la biodiversité (IFB), a très bien défini ce pouvoir : « signification intuitive certaine et universelle [et] dont le champ est si vaste qu'il sera toujours irréductible à la connaissance scientifique ». La figure rhétorique, comme son nom l'indique, a le pouvoir de faire voir ce dont elle parle (J. Blondel parle d'une « vision holistique »). Et ici, par la juxtaposition des deux parties du mot composé « bio » et « diversité », de faire voir – ou plutôt de faire entendre en l'occurrence – la belle et bonne prolificité de la vie vivante. Avec, soit dit en passant, le recours au grec qui vous donne toujours un petit air de science. Soit la diversité : qui, en effet, pourrait nier que le propre de la vie – ce qui est signifié par ce redoublement – soit d'être extraordinairement diverse ? Généralement d'ailleurs, à ce plan de l'analyse, la figure rhétorique est accompagnée d'images (de figures iconiques), à destination du grand public, pour sa « sensibilisation », comme on dit, « images parlantes » qui exhibent les emblèmes canoniques de cette diversité. Il n'est que de voir, par exemple, la spirale qui sert d'emblème aux Parcs nationaux français. C'est donc le plus souvent par « écriture et portraiture jointes ensemble » (qui est une vieille définition de l'emblème), que la biodiversité est donnée à voir, et à entendre, à la multitude.

En tant qu'elle est un concept, la biodiversité est alors ce qui consiste à prendre cette diversité du vivant comme un objet de connaissance en tant que tel. Située dans ce type particulier de jeux de langage, la biodiversité, celle dont vont débattre les spécialistes du vivant, est alors une représentation abstraite du dit phénomène, une tentative de modélisation ou de schématisation. D'où les multiples controverses autour de ladite représentation du réel puisque aussi bien les uns, disons les écologistes, trouveront que celle des autres (des généticiens, par exemple) est par trop réductrice ; et vice versa bien entendu. D'où les débats interminables – mais dont le

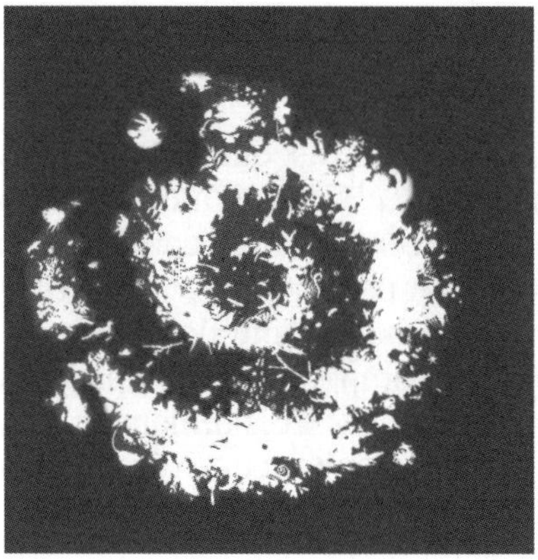

Figure 1. Emblème des Parcs nationaux français.
(Atelier de création graphique / GRAPUS 90.)

principal effet est de faire être, de manière performative, la réalité de la chose – entre les différentes approches à son sujet, qu'elles soient génétiques, spécifiques, écologiques, etc. Ainsi, ce qui n'était qu'une figure pour rendre sensible un sentiment, et qui comme telle relève à proprement parler de l'activité esthétique, à être appropriée par les jeux de langage constituant de la communauté scientifique, gagne en quelque sorte en naturalité. Peu importe au fond que l'on se dispute sur le point de savoir comment la connaître et la mesurer, le seul fait de sa reprise suffit à lui conférer ce statut d'existence. Sauf que, si les sciences s'en mêlent, c'est que ce statut d'existence n'est plus celui d'une simple phénoménalité offerte à la contemplation. Pourquoi dire « biodiversité » quand les expressions sont légion qui disent l'abondance, l'exubérance ou la prolificité de la vie ? La reprise de la figure rhétorique par les jeux de langage scientifiques atteste bien au contraire d'un déplacement des enjeux. Et fait se demander – quitte à remettre en question le mot de « reprise » – si l'ordre, logique, de notre exposition, n'est pas inverse de celui de la chronologie historique : ce serait plutôt parce que la maîtrise du vivant était en train de devenir un enjeu entre des groupements humains que la figure aurait été socialement inventée comme première forme de son énoncé publiquement recevable et que ce ne soit qu'ensuite qu'il ait fallu lui donner un contenu. Tel semble bien être le point de vue partagé par la plupart des auteurs que j'ai pu consulter. Ce n'est qu'après « qu'il soit resté longtemps confiné dans la sphère des sciences de la vie et de la nature [...] que les économistes et les sociologues et le monde médiatique se le sont approprié » (Blondel, 2002, p. 2).

Oui, je sais, on pourrait encore proposer un autre ordre du déroulement des choses. La biodiversité (mais désignée alors par le vocable « diversité biologique ») aurait été depuis longtemps un proto-concept de la science écologique, laquelle, pour gagner en légitimité sociale au moment où l'on ne savait pas bien à qui on avait affaire, des écolos, des écologues ou des écologistes, en aurait fait une sorte de porte-drapeau. Tiens, tiens ! Écolos, écologues, écologistes, n'est-ce pas, là aussi, parce que ces trois registres ont été étroitement entremêlés dans leur émergence qu'ils ont pu connaître cette si rapide propagation dans les jeux du langage social ? Que l'on se rassure, s'agissant de la « science » qui est la mienne, déjà entre les utopistes sociaux, les sociologues scientifiques et les socialistes politiques, les choses ont été fortement entremêlées au moment de sa naissance (et pour que cette naissance ait pu avoir lieu et qu'un objet désigné comme étant « le social » devienne l'objet d'un savoir autonome).

J'en ai assez dit sur ce premier point : la biodiversité est à la fois une figure, un concept et une catégorie, et c'est parce qu'elle est tout cela à la fois que tout le monde peut croire s'entendre à son sujet... parce que tout le monde, quand il emploie cette figure, joue toujours sur les trois tableaux à la fois. Sauf qu'il faut encore d'autres conditions, et qui tiennent à mon avis directement à l'efficace de la figure : il s'agit d'une figure extrêmement bien formée.

La force de deux figures rhétoriques

À y regarder de plus près, en effet, force est de dire – et c'est bien de cette *force* dont il faut rendre compte – force est de dire, donc, que les deux termes sont comme des synonymes : dire la vie, c'est *ipso facto* dire la diversité. Cette expression, en fait, énonce une identité : la vie, c'est la variété ou la diversité de la vie. Et l'usage du grec est sans doute pour quelque chose dans cette force, qui renvoie à une autorité scientifique. Sauf que, quand il est question pratiquement de la biodiversité, c'est-à-dire quand le mot est inventé pour faire son effet, c'est bien plutôt pour dire, que dis-je, pour alerter que là où la diversité de la vie diminue, c'est la vie elle-même qui s'étiole. D'où il ressort comme automatiquement que protéger la vie ne se peut pas autrement qu'en protégeant la diversité de la vie[1]. On peut alors se demander ce qui a pu justifier cette accolade de deux mots synonymes pour former une telle expression redondante, pléonastique. À moins que, davantage qu'au redoublement ou au pléonasme, ce soit à la tautologie que l'on ait affaire, c'est-à-dire à cette forme suprême du discours instituant (la forme dogmatique) qui dit : ce qui est est ce qui est. C'est là, à mon avis, une excellente illustration de la définition du discours idéologique selon Claude Lefort (1973, p. 82) : « discours second qui suit les lignes du discours instituant, lequel ne se connaît pas, et, sous son effet, tente de simuler un savoir sur le réel comme tel ». Discours idéologique ne veut pas dire discours faux – comme quand, en marxiste sommaire, on opposait l'idéologie dominante à la science prolétarienne véridique. Discours idéologique veut dire : discours

1. Pour de plus amples développements sur ce point, *cf.* nos contributions (A. Micoud, 1997, p. 137-151 ; A. Micoud, 2005).

posant comme étant incontournable le cadre institué au sein duquel peuvent se déployer les différents jeux de langage d'un groupement humain donné à un moment donné. Ainsi donc aurions-nous à faire à un discours instituant qui ne se connaît pas comme tel ? Et sur lequel se grefferait un discours second tentant de simuler un savoir sur le réel comme tel ? Autour de la vie comme diversité ? De quoi est-il question ?

Pour essayer d'aller plus avant dans la réponse à cette question, je propose de rapprocher cette figure de la biodiversité d'une autre qui lui est pratiquement contemporaine. Non pas seulement parce qu'il s'agit dans les deux cas de figures rhétoriques (quoique…), mais parce que, comme j'espère pouvoir le montrer, elles forment à elles deux un couple tout à fait remarquable : je veux parler de « l'unité du vivant ». Diversité d'un côté, unité de l'autre ; d'une part, un mot grec pour dire la vie, d'autre part, un substantif présent qui dit « le vivant ». Alors, qui convient-il de croire ? Les généticiens qui, dans leur labo, ont indéniablement démontré l'identité des quatre bases à partir desquelles existent toutes les combinaisons possibles à l'origine de tous les organismes composant le vivant ? Ou les écologues au sens large qui, *in vivo*, vont répétant que la diversité de ces combinaisons telles qu'elles ont pu exister jusqu'à nos jours est la condition même de la perpétuation de la vie en tant qu'elle est vivante, c'est-à-dire en tant qu'elle possède par elle-même la capacité de se perpétuer en se diversifiant ? La question, bien sûr, n'est pas à poser en ces termes. Il ne s'agit pas de « croire » les uns plus que les autres. Comme on peut le lire dans le hall d'accueil du Conservatoire botanique national de Porquerolles sous un panneau illustré à trois étages figurant en bas « la biodiversité génétique », au milieu « les espèces » et en haut « les écosystèmes » : « La biodiversité » : « les niveaux d'organisation de la vie (qui) sont interactifs ». Depuis leurs points de vue respectifs, les uns et les autres ont sans doute raison. Non, le plus important à mes yeux est que les uns et les autres, dans le fait même de cette juxtaposition de points de vue ainsi rhétoriquement mis en scène, encadrent toutes les représentations possibles et, de ce fait, instituent (au sens que C. Lefort donne à ce verbe, *cf.* citation *supra*) la manière de parler de ce dont il est question. Bien loin que d'être opposés, les deux points de vue – de l'unité et de la diversité – sont de fait secrètement complémentaires. Et d'ailleurs, pourquoi voit-on les écologues employer indifféremment les deux mots pour se désigner : biologistes ou écologues ? Sinon parce que les uns et les autres – quoi qu'il en soit de leurs différences – participent de fait du développement d'un même paradigme.

L'IMMANENCE DU MOMENT THÉORIQUE AU MOMENT PRATIQUE

C'est ainsi que j'en arrive à la dernière partie de mon propos, celle dans laquelle je voudrais essayer de me faire comprendre quand je dis « immanence du moment théorique au moment pratique ». Le vieux barbu, Karl Marx, l'avait dit d'une autre manière : « Les sociétés ne se posent jamais que les problèmes – c'est le moment théorique – qu'elles peuvent résoudre – c'est le moment pratique. » Mais là encore, de quoi s'agit-il ?

D'abord un résumé du point où nous en sommes. À partir de la biodiversité comme figure rhétorique, j'ai d'abord opéré son rapprochement avec cette autre figure « l'unité du vivant ». Puis j'ai noté que la première, « la diversité biologique », désigne plutôt l'objet-concept des écologues, ou des naturalistes, ou des systématiciens, au lieu que la première, « l'unité du vivant », est au fondement des pratiques des biologistes, et plus encore des biotechniciens. Ce qui m'a fait dire que « la diversité biologique » serait plutôt *in vivo*, du domaine des sciences de plein air (celles dans lesquelles sont présents et nécessaires les nombreux amateurs, militants, amoureux de la nature, mais aussi les observatoires, les inventaires et toutes sortes d'autres équipements *ad hoc*), au lieu que « l'unité du vivant » concernerait plutôt *in labo,* le domaine des sciences et techniques opérant dans des enceintes confinées, par les méthodes du séquençage selon la métaphore du Lego, mais d'un Lego bien particulier auquel n'ont pas accès les gens ordinaires...

Autrement dit, tandis que la biodiversité semble indexée à l'observation de la vie comme elle va, ou plutôt comme elle évolue, dans son infinie prolificité, « l'unité du vivant », au contraire, plus proche en cela des canons de la recherche analytique (et réductionniste ?) moderne, ressort davantage à la compréhension des mécanismes internes du vivant. Or, de fait, c'est bien la conjonction de ces deux approches dans la troisième dimension, celle de nature juridico-politique, qui s'exprime dans les développements de la « brevetabilité du vivant », transformant et « le Vivant » et « la Biodiversité » en un nouveau champ de pratiques unifiées subsumant toutes les divisions, aussi bien les divisions disciplinaires (les écologues, comme on l'a dit, se nommant de plus en plus biologistes) que les divisions du travail telles qu'elles se sont établies depuis fort longtemps. Et voilà que, comme un symptôme de ce dépassement des frontières, apparaît toute une série d'autres mots composés pour dire ces nouvelles activités hybrides que sont les industries agro-alimentaires, l'agriculture biologique, les biotechnologies, le génie génétique, le génie écologique, la gestion environnementale, la bionique..., soit tous ces savoir-faire s'appliquant à la vie vivante et ainsi appelés à supplanter ceux qui – connus sous le vocable d'industrie – se sont développés sur la base de la double exploitation du travail humain et du vivant fossile.

Et d'ailleurs, l'opposition que je brossais plus haut n'est-elle pas, elle aussi, en train d'être mise à mal ? En effet, avec le génie écologique, la renaturation, la gestion environnementale, l'écozootechnie, etc., les tenants de la biodiversité ne se rapprochent-ils pas de plus en plus des techniciens ou des ingénieurs en se faisant de plus en plus spécialistes de l'action *in vivo*, tandis que les seconds, quant à eux, sont déjà bien sortis de leur labos avec les nouveaux « objets vivants construits » qui commencent à faire parler d'eux à partir du moment où ils ne sont plus confinés comme des prototypes (Micoud, 2002).

Ainsi, de mon point de vue, aussi bien « la biodiversité » que l'« unité du vivant », en tant que figures rhétoriques, peuvent-elles être interprétées *ensemble* comme des figures préfiguratrices, indicatrices de façon symptomale, de l'avènement d'un moment théorique : soit d'un moment dans lequel s'inventent simultanément des figures, des concepts et des catégories à même de rendre compte – de permettre de se représenter – toute une série d'expériences pratiques nouvelles (qui sont en train de changer radicalement notre rapport à ce qu'on appelle la vie), quand bien même les vieux mots d'agriculture, d'industrie, de médecine, de pharmacie, etc., continuent à proposer leurs services. Parce que, rançon de notre historicité radicale, le moment pratique (ce discours instituant qui ne se connaît pas comme tel) ne saurait être connu autrement que par le truchement de l'analyse réflexive du moment théorique (c'est-à-dire de ce discours second qui simule un savoir sur le réel comme tel).

Ensuite de quoi, poursuivant le même raisonnement, je propose donc de soutenir que si ce savoir (théorique) sur le réel d'aujourd'hui en est un qui institue la Vie comme le réel fondamental, puisque c'est de son avenir que dépend notre salut, et cela jusqu'à lui mettre une majuscule pour le rendre vénérable (notre planète est reproblématisée comme une Biosphère), c'est parce que le moment pratique d'aujourd'hui immanent à ce moment théorique en est un qui *peut* faire de ce vivant son objet (en se l'appropriant). À preuve, ce moment pratique parle moins de la vie que, par l'usage du participe présent « le vivant », de quelque chose qui serait comme une substance objectivable. Pourquoi cette dernière remarque ?

Je répondrai à cette dernière question par une excursion qui me servira aussi à conclure mon propos.

D'un participe à l'autre

Michel de Certeau (1983) a montré dans son livre magnifique *L'Écriture de l'histoire* que ce que l'on appelle l'histoire non plus n'avait pas toujours existé comme on se la représente maintenant. Ce n'est qu'après que des gens qui se sont fait appeler historiens eurent commencé à considérer que le passé – le cas échéant découpé en tranches temporelles – pouvait être un objet scientifiquement connaissable, que l'on peut parler de l'Histoire. C'est-à-dire ce n'est qu'après que le participe passé du verbe passer a été substantivé en un mot « le passé », que quelque chose comme un rapport de connaissance objective a pu être pensé, en lieu et place de ce qui le précédait et qui était rapport de mémoire légitime puisque soit de la compétence des chroniqueurs (au service des puissants pour lesquels ils avaient charge de dire leurs titres de légitimité), soit de celle des notaires et généalogistes (au service des familles par le biais des actes à même de permettre d'authentifier les titres de la transmission de propriété). Or, la pensée selon laquelle le passé historique pouvait être objet d'un savoir objectif, scientifique, est une pensée dont l'apparition est contemporaine de cette autre, tellement énorme qu'on a bien du mal à la voir – sans doute parce qu'elle est au fondement même de la modernité –, autre pensée selon laquelle il est devenu évident que l'histoire était agissable (le devenir des sociétés humaines cessant d'être la réalisation d'un plan divin et devenant le seul résultat de l'action des hommes). Les sociétés modernes se définissent même par excellence autour de cette idée, dont la forme mythique a pris le nom de Progrès, par opposition aux sociétés traditionnelles (qui, elles, ne feraient que se reproduire toujours identiques à elles-mêmes).

Ces historiens, bien sûr, étaient des bourgeois. Qui savaient qu'une nouvelle société était en train d'advenir – Montesquieu, dans *L'Esprit des lois*, atteste même qu'elle est déjà là, en Angleterre – et qu'ils appelaient de leurs vœux (Manent, 1994). Nouvelle société qui allait pouvoir se construire à partir de la seule organisation du travail humain. D'où, rétrospectivement en quelque sorte, leur double manière de qualifier, et le temps d'avant l'histoire (les périodes préhistoriques se distinguant les unes des autres par la capacité du travail humain à maîtriser la pierre, puis le bronze, puis le fer... jusqu'à l'écriture) et les sociétés hors histoire comme étant sociétés de nature.

De la même manière donc, analogiquement parlant, l'unité du vivant est une expression qui substantive un participe présent. Pour elle (et pour les praticiens qui s'en recommandent), tous les vivants n'en sont pas seulement qui ont tous les mêmes bases, tous les vivants sont *objectivables* en tant qu'ils sont des contemporains (y compris des fossiles réanimables, comme dans la science-fiction de *Jurassic Park*). En tant qu'elle est l'énoncé de la possibilité d'un agir pratique, l'unité du vivant (qui réduit celui-ci à un stock d'informations disponibles) se satisfait d'avoir à sa portée les combinaisons déjà innombrables telles que la disjonction évolutive la lui fournit. La transgénèse, comme son nom l'indique, est une production d'êtres hybrides selon le temps (au sens où elle trans-gresse le temps qu'il a fallu aux différentes formes du vivant pour advenir). Aussi bien la controverse qui semble opposer les tenants de la biodiversité d'un côté, et celles de l'unité du vivant de l'autre, atteste bien l'existence de fait d'un cadre problématique commun : celui-là même dont, il y a près de trente ans, Michel Foucault (1976, p. 175-211) avait eu la prescience en l'énonçant sous une autre figure rhétorique, le bio-pouvoir. Les sociétés ont acquis un pouvoir d'agir sur le vivant, pouvoir qui, en tant que tel, pose la question de sa distribution et de sa limite. La question posée par le type de rapport qu'il convient d'avoir vis-à-vis de la biodiversité est éminemment politique.

Pour cette raison même, on ne peut que souscrire à la remarque de Patrick Blandin (1996) qui, à côté du regard utilitaire porté sur la biodiversité (si elle est utile, comment faire, techniquement, pour la conserver ?), insiste sur le regard culturel qu'il convient de toujours garder présent à l'esprit. « Il faut donner à ce dernier son sens le plus riche : la biodiversité, par le jeu des multiples rapports tissés entre les hommes et leurs environnements, est constitutive de leurs cultures ; la biodiversité, mémoire de l'évolution de la vie dont les hommes sont une des composantes, est mémoire pour l'homme lui-même. »

André MICOUD

Bibliographie

BLANDIN, P., 1996, « La biodiversité », *Encyclopaedia Universalis*, Universalia, 1996, Paris, p. 154.

BLONDEL, J., 2002, Rapport de conjoncture, Institut français de la biodiversité, Paris.

CERTEAU (DE), M., 1988, *L'Écriture de l'histoire*, Gallimard, Paris.

FOUCAULT, M., 1976, *La Volonté de savoir*, Gallimard, Paris.

LEFORT, C., 1973, « L'ère de l'idéologie », in *Encyclopaedia Universalis*, vol. 17, 1re édition, Paris.

MANENT, P., 1994, *La Cité de l'homme*, Fayard, Paris.

MICOUD, A., 1997, « En somme, cultiver tout le vivant », *in* Marie-Hélène Parizeau (éd.), *La Biodiversité : tout conserver ou tout cultiver ?*, De Boeck Université, Bruxelles, p. 137-151.

—, 2002, « Les OGM, des objets vivants construits ? », *in* Jacques Roux (coord. par), *Gilbert Simondon. Une pensée opérative*, Publications de l'Université de Saint-Étienne, p. 189-203.

—, 2005, « La biodiversité est-elle encore naturelle ? », *Écologie et Politique*, n° 30, p. 23-33.

TAKACS, D., 1996, *The Idea of Biodiversity. Philosophies of Paradise*, John Hopkins University Press, Baltimore and London.

VIVIEN F.-D., 2002, « Les négociations autour de la diversité biologique de Rio à Johannesburg », *Écologie et Politique*, n° 26, p. 35-53.

Biodiversité : quelle histoire ?

Il faut être soit bien naïf, soit avoir la mémoire bien courte pour croire que la biodiversité a été « inventée » par Edgar O. Wilson, à la fin du XXe siècle. Certes la publication de son livre *BioDiversity* (1988), précédée et suivie de moult conférences, colloques et programmes de recherches, traduit en de multiples langues (Wilson, 1993), décliné dans maints articles (Wilson, 1989), marque l'émergence puis le succès du concept. La conférence de Rio en 1992 constitue une sorte de point d'orgue pour une notion que tout un chacun s'approprie. Elle débouche surtout sur l'élaboration d'une des plus célèbres conventions internationales. Sur le plan historique, quelle place a tenu cette idée de biodiversité ? Comment cette notion, vieille comme l'humanité, a-t-elle pu connaître un succès aussi foudroyant ? Pourquoi ce subit regain d'intérêt pour une idée pas vraiment neuve ? Peut-on distinguer des temps de la biodiversité ?

Sur un autre plan, comment biodiversité est-il devenu un des mots clés des débats environnementaux de la dernière décennie du XXe siècle, alors que sa caractérisation reste entachée d'un flou étonnant ? En effet, les définitions de la biodiversité prolifèrent mais restent presque toutes au niveau de la paraphrase. La biodiversité, c'est la diversité du vivant, pour reprendre le titre de la traduction française de l'ouvrage de Wilson (1993). À défaut de définitions plus précises, beaucoup se contentent de typologies sommaires ou tronquées. Ainsi, pour d'autres chercheurs, la biodiversité est un système gigogne où, pour certains, la vraie biodiversité est d'abord génétique. Sur ce socle, certes teinté de modernité, à l'heure du triomphe de la biologie moléculaire et du génie génétique, il est possible de rajouter une biodiversité spécifique, puis une biodiversité des communautés ou des populations et, enfin, à un niveau scalaire supérieur, une biodiversité des paysages. Entre une biodiversité définie de façon floue et redondante et des biodiversités où tout un chacun peut choisir celle qui l'intéresse, il est certain que ce terme n'est pas à ranger dans la catégorie des notions à la signification très rigoureuse (Larrère, 1997). Il fait partie, comme « développement durable », de ces termes à la mode, incontournables et scientifiquement corrects, dont le flou est la caractéristique dominante, ce qui semble d'ailleurs arranger tout le monde (Miossec *et al.*, 2004).

Enfin, comment expliquer ce paradoxe et cette ambiguïté de la biodiversité, foncièrement perçue de façon sélective ? Certains êtres vivants sont associés à des images positives de la biodiversité. Ils ont droit aux qualificatifs laudatifs de remarquable, d'exceptionnel, de haut intérêt, ou bénéficient du label de rare ou encore ont droit à toutes les attentions s'ils sont considérés comme menacés (Arnould, Cieslak, 2004). D'autres sont de véritables parias qualifiés de mauvais, de nuisibles, de dangereux, de pestes. Ils doivent être éliminés, éradiqués, combattus. Pourquoi tant de jugements de valeur pour aborder la question de la biodiversité ? Derrière l'apparente neutralité de certains indices censés donner des évaluations objectives de la biodiversité, se profile le vaste domaine du symbolique, de l'imaginaire, du rêve, du désir, de l'inconscient. Une lecture biogéographique et spatiale de la notion de biodiversité permet de déceler certains des mécanismes à l'œuvre dans la mise en scène et en lois de ce grand dessein pour le XXIe siècle.

Des siècles de mise en ordre de la biodiversité

Il est possible de trouver des références à la biodiversité, ou tout au moins à l'inventaire et à la description des êtres vivants, dans tous les grands textes sacrés mais aussi dans les premiers ouvrages scientifiques dans toutes les civilisations.

Dans la tradition judéo-chrétienne, le premier recenseur des êtres vivants est Noé. Il a pour tâche d'embarquer dans son arche toutes les espèces animales et végétales menacées par le déluge. Hélas, la Bible ne fournit pas la liste précise de ces passagers dont la cohabitation suppose résolus de redoutables problèmes de logistique. Une des seules indications pratiques concerne l'embarquement systématique d'un couple de mâle et de femelle (Genèse 6, 19, 20). Parmi cette gigantesque banque du vivant, ce conservatoire *ex situ*, en milieu aquatique, un animal sort du lot, c'est la colombe lâchée pour savoir quel est l'état des surfaces continentales après le Déluge.

Au Moyen Âge et à la Renaissance, les multiples tableaux du paradis terrestre des peintres des écoles flamandes ou italiennes donnent une image stéréotypée de la diversité du vivant ; on y trouve des animaux et des végétaux qui seront constamment privilégiés en fonction de leurs rapports avec l'homme : animaux de basse-cour, d'élevage, d'agrément et plantes d'ornement. Un de ces tableaux les plus célèbres et les plus reproduits et copiés par la suite est celui de Breughel de Velours. Son bestiaire du paradis terrestre sur-représente les arbres feuillus, les mammifères et les oiseaux. La taille et la beauté des plantes et des animaux priment sur les questions de biodiversité rationnelle et quantitative. Dès cette époque, la biodiversité est chargée de valeurs différentielles. Certains êtres vivants sont privilégiés par rapport à d'autres.

Entre le texte de référence de la civilisation judéo-chrétienne et la production picturale médiévale, deux ouvrages majeurs de la civilisation gréco-romaine vont servir de bases scientifiques à propos de biodiversité, durant des siècles. Le fait que

E.O. Wilson forge le terme biodiversité sous forme d'un alliage entre une racine grecque, *bio*, et une latine, *diversitas*, est la reconnaissance explicite de l'importance de ce double héritage historique, gréco-latin, à propos de biodiversité.

Le premier ouvrage majeur est écrit par Théophraste, l'*alter ego* d'Aristote, auquel il succède à la direction du Lycée, après l'exil et la mort du précepteur d'Alexandre. Né en 372-371 avant Jésus-Christ à Eréros, petite ville la plus occidentale de l'île de Lesbos, il suit l'enseignement de Platon avant de devenir, à Athènes, le second d'Aristote, de douze ans son aîné. Il enseigne à plusieurs milliers de disciples et publie durant sa carrière près de 220 ouvrages, consacrés aussi bien à la logique qu'à la rhétorique ou encore à la politique. Dans cette production littéraire, philosophique et scientifique éclectique et prolifique, son grand ouvrage traitant de botanique date de 314-313 avant Jésus-Christ. Apparemment noyé dans la masse des écrits de Théophraste, il s'agit d'un des ouvrages précurseurs de la science botanique européenne. Son titre est imprécis, comme celui de beaucoup d'ouvrages grecs de l'époque. Il est tantôt appelé *Histoire des plantes*, tantôt *Recherches sur les plantes*. Il pourrait tout aussi bien s'intituler *Biodiversité*, si l'on ne courait le risque de l'anachronisme formel. Ces titres courts et commodes ont été proposés, *a posteriori*, pour nommer ce cours, professé au Lycée, peaufiné et amélioré plusieurs années durant. Théophraste ne se contente pas d'un simple travail d'inventaire ou de catalogage de la biodiversité. Il propose des regroupements de végétaux suivant une typologie – herbes, arbres, arbustes et arbrisseaux – qui reste encore pertinente aujourd'hui. À côté de cette typologie morphologique, il propose d'autres logiques de classement des plantes, telles que plantes aromatiques, alimentaires, médicinales, vénéneuses. Dès ces premiers travaux scientifiques, il apparaît clairement que la biodiversité n'est surtout pas une notion neutre. Elle est toujours pensée et organisée en fonction de ses potentialités et de ses usages pour l'homme. La vision utilitariste est donc omniprésente dans les questions touchant à la biodiversité. De nos jours encore, la biodiversité des naturalistes n'est pas vraiment la même que celle des économistes et les firmes agroalimentaires n'ont pas la même conception de la biodiversité que les sociétés paysannes.

L'autre apport majeur aux questions de biodiversité, dans la civilisation gréco-romaine, est dû à Pline l'Ancien. Né à Côme en 23 après Jésus-Christ, il meurt à Naples, en 79, lors de l'éruption du Vésuve, qui ensevelit Herculanum et Pompéi. Les derniers instants de sa vie sont bien connus grâce aux récits de Pline le Jeune, son fils adoptif. L'*Histoire naturelle*, en 37 volumes, publiée après sa mort, est une gigantesque compilation de toutes les connaissances naturalistes de l'époque, avec de multiples références bibliographiques, absentes dans l'œuvre de Théophraste. Sur ces 37 volumes, 6 sont consacrés à l'étude des plantes. Une grande partie des noms de plantes méditerranéennes, qui forment l'essentiel des descriptions de Pline l'Ancien, utilisés dans les nomenclatures actuelles, est fixée à cette époque. Les personnages de la mythologie gréco-latine y tiennent une place de choix, tels *Achillea, Adonis, Daphne, Narcissus, Nymphaea, Hyacinthus*… Les livres consacrés aux animaux débutent par les plus grands et les plus exotiques de ceux-ci, avec une grande place pour les animaux utilisés dans les jeux du cirque, et par tous les mammifères, poissons et oiseaux qui sont les motifs de décoration privilégiés des mosaïques des villas impériales et aristocratiques. Les premiers décrits sont ainsi les éléphants, les lions, les panthères, les hippopotames… Les oiseaux ont droit à un traitement détaillé mais les insectes ne sont pas négligés. Araignées, cigales, sauterelles, fourmis… sont traitées avec maints détails, dénotant un sens aigu de l'observation mais aussi une certaine part de naïveté, voire de superstition. Pline l'Ancien ne fait pas simplement œuvre d'inventaire de la biodiversité, il formule constamment des interrogations fonctionnelles. Ainsi à propos des insectes, il se pose des questions de physiologie qui sont autant de titres de chapitres comme « *respirent-ils* ? » ou encore « *ont-ils du sang* ? ».

Les travaux de Pline l'Ancien, après ceux de Théophraste, contribuent à fixer les connaissances sur la biodiversité du monde méditerranéen et de ses annexes septentrionales, vers la Germanie et les rivages de la mer du Nord, orientales, jusqu'au golfe du Bengale, atteint par l'expédition d'Alexandre, et méridionales, en direction du Sahara et du Soudan, grandes régions fournissant les animaux pour les ménageries et les jeux du cirque. Ils concourent aussi à figer la démarche de recensement biologique. Pourtant, tous deux ont adopté une démarche ouverte, dépassant les strictes préoccupations d'inventaire, avec des interrogations et des curiosités multiples, d'ordre tout aussi bien historique que géographique et social. Mais le mécanisme infernal de la simple énumération biologique est en marche. Il continue, en se ralentissant pendant le Moyen Âge. L'apport des savants arabes, tels Avicenne et El Biruni, est alors essentiel alors que l'Occident se contente de recopier les savoirs gréco-latins. De nouveaux noms de plantes comme *Alchémille*, *Alkanna*, sont proposés par les érudits arabes. Il faut ensuite l'invention de l'imprimerie et la découverte de l'Amérique pour donner une nouvelle impulsion aux recensements des êtres vivants.

Les grands voyages d'exploration des cinq continents, initiés à partir de 1492 par Christophe Colomb, ont souvent comme motif de recenser le capital biologique et de caractériser son intérêt pour le commanditaire de l'expédition maritime. Les plus grands arbres, par exemple, sont rapidement l'objet de tentatives d'acclimatation en Europe pour des motifs ornementaux et esthétiques, dans les parcs et jardins des manoirs et des résidences royales et nobiliaires. Ils servent aussi à des tentatives d'hybridation qui sont couronnées de succès avec les peupliers. Ils permettent enfin de fournir en bois d'œuvre les pays où la disette de bois locaux est particulièrement sensible, que ce soit en Angleterre ou en Hollande. Le teck mais aussi tous les extraordinaires bois dits des îles alimentent des filières d'exploitation et de surexploitation de ces ressources, trop souvent perçues comme inépuisables, ou conçues comme des richesses minières à exploiter sans aucun souci de durabilité.

Les connaissances actuelles sur la biodiversité sont le résultat de plusieurs millénaires de comptage des êtres vivants et d'explorations de naturalistes extraordinaires. Certains sont de véritables aventuriers, tel David Douglas parcourant les forêts de l'Ouest américain (Claire, 1999) ou Linné, auteur dans sa prime jeunesse d'un rude voyage d'exploration en Laponie. D'autres ont des profils plus sédentaires de gérants de jardins botaniques, d'arboretum, plus jardiniers qu'explorateurs, comme les Jussieu à Paris, ou Linné à Uppsala, dans la seconde partie de sa vie, organisée pour collecter et traiter les matériaux fournis par un extraordinaire réseau de correspondants (Bonnier, 1920, Le Guyader, 1998).

Le bilan chiffré de cette longue histoire des naturalistes soucieux de trouver les êtres vivants, de les décrire, de les nommer et de les classer, est celui d'une inexorable progression des chiffres mais aussi tout à la fois d'une précision illusoire et d'une approximation affolante.

Les chiffres d'êtres vivants inventoriés et nommés ont connu une spectaculaire progression, depuis les 100 espèces de plantes décrites dans l'œuvre du chinois Yen-Ti en 2300 avant Jésus-Christ, en passant par les 700 végétaux répertoriés par Dioscoride, un successeur grec de Théophraste, pour en arriver aux 9 000 espèces de plantes et d'animaux codifiées par Linné et nommées suivant le système binaire qui s'imposera mondialement (Linné, 1758).

Actuellement, le chiffre proposé par Wilson est de 1,4 million espèces vivantes identifiées. Le bilan paraît relativement bien assuré. Mais cette précision comptable est en partie illusoire. Les systématiciens, sans doute de bonne foi, mais aussi pour défendre leur profession qu'ils considèrent menacée, parlent d'une biodiversité potentielle bien supérieure aux chiffres couramment avancés. Dans cette course à l'annonce de la biodiversité restant à inventorier, les chiffres les plus fantaisistes circulent. Les spécialistes de la systématique aiment à employer la métaphore de l'iceberg pour dire que la biodiversité connue n'est qu'une faible partie, la plus visible, d'une biodiversité encore cachée. Ainsi, les chiffres proposés par divers chercheurs, pour évaluer le nombre total d'êtres vivants, vont de 3 à 100 millions (May, 1992). Certains spécialistes de la biodiversité, dans leur légitime désir de justifier la poursuite de leurs travaux d'inventaires, se déconsidèrent en proposant des estimations chiffrées mal assurées, fondées sur des extrapolations souvent hasardeuses. Comment ensuite prendre au sérieux ces scientifiques proposant des fourchettes aussi énormes qu'approximatives, lorsqu'ils vont parler de disparition d'espèces ? L'exagération sur les prévisions d'espèces restant à découvrir jette le discrédit sur les évaluations d'espèces disparues ou en voie de disparition. Est-on bien sûr que tout un chacun parle bien de biodiversité réelle et non pas de biodiversité virtuelle ? Annoncer des chiffres de disparition de 100 espèces par jour, comme n'hésite pas à le faire une publication officielle de l'Unesco, n'est absolument pas crédible. À ce rythme là, en moins de quarante ans, la vie aura disparu sur terre. Bel exemple de prévisions tellement catastrophiques qu'elles en deviennent folkloriques !

Les débats sur la biodiversité sont aussi souvent brouillés par la confusion quasi systématique faite entre flore et végétation. Il s'agit pourtant de deux notions aux sens fort différents, même si leurs degrés de recoupement sont forts.

La flore est un stock : c'est le nombre total d'espèces végétales qui peuplent un territoire donné à un moment donné comme, par exemple, la flore du Sahara ou la flore alpine. Elle s'exprime d'abord par un chiffre, puis par un catalogue floristique répertoriant toutes les espèces d'un ensemble territorial. La flore concerne la biodiversité spécifique. Elle est fondamentalement le produit d'une double histoire : d'une part, celle de l'évolution longue des êtres vivants, des créations et des disparitions d'espèces et, d'autre part, celle, courte, des dynamiques récentes de colonisation ou de recolonisation des espaces nus.

La végétation a plus de rapports avec les aspects morphologiques des végétaux, leur port, leur structure, leur physionomie, leur densité, leur dispositif spatial, telles les ceintures de végétation à la périphérie des plans d'eau ou l'étagement de la végétation en montagne. La végétation se rapporte plus à la biodiversité paysagère. Elle est avant tout l'expression des données du milieu, des contraintes et des potentialités.

Historiquement, pour qualifier les assemblages de végétaux, deux concepts sont utilisés de façon concurrentielle : celui de formation végétale et celui d'association végétale. La formation végétale, perçue intuitivement par Alexandre de Humboldt, a été définie en 1838 par Grisebach dans un ouvrage de référence : *Die Vegetation der Erde.* Elle a servi de base de description des grands paysages végétaux du globe. Elle correspond à une démarche instinctive des sociétés, éprouvant le besoin de nommer et de classer les ensembles végétaux d'après leur aspect principal et leur répartition. Forêt, prairie, lande, steppe, maquis, garrigue, toundra, savane… qualifient ainsi des formations végétales d'étendue régionale ou zonale. La notion de biodiversité spécifique y est subordonnée à celle de biodiversité paysagère. Le nom d'une ou deux espèces clés ou d'une famille de plantes est alors utilisé pour qualifier une grande structure écogéographique : forêt de chênes, de hêtres, de tecks… lande à callunes, à molinies, à genêts… steppe à armoises, à jujubiers, à alfas… maquis à oléolentisques, à arbousiers, à bruyère arborescente… garrigue à romarin, à cistes, à thym… toundra à saules nains, à éricacées… savanes à acacias, à graminées… Les tenants de la formation végétale se contentent d'une référence discrète à la biodiversité.

L'association végétale a été définie plus tardivement, à la fin du XIXe siècle. Elle est l'objet d'une nouvelle discipline, aux procédures de relevés de la flore et de traitement de l'information botanique très codifiées : la phytosociologie. Elle s'appuie donc sur des connaissances de la biodiversité végétale d'une grande finesse, tout en laissant de côté la biodiversité animale, qui reste le fait de multiples spécialistes. Le connaisseur des serpents est différent du spécialiste des chiroptères qui, lui-même, n'est pas forcément très au fait de la systématique des odonates ou des amphibiens. De virulents et stériles débats ont opposé les partisans de la notion de formation à ceux de l'association. En fait, leurs atouts sont fondamentalement distincts : ce sont deux manières complémentaires de décrire la végétation et la flore, à des échelles fort différentes. En France, depuis 1947, au CNRS, une cartographie des formations végétales, à l'échelle du 1/200 000, a coexisté et rivalisé avec une cartographie des groupements végétaux à l'échelle du 1/20 000. Actuellement, le terme de végétation est supplanté par des vocables plus précis, tel celui de ZNIEFF (zone naturelle d'intérêt écologique, faunistique et floristique) ou par des termes plus vagues comme celui d'habitat, objet d'une directive européenne fortement controversée en France (Rameau, 1997). À côté de ces conceptions statiques des structures de végétation et des inventaires floristiques, d'autres courants de recherche privilégient les successions et les dynamiques végétales.

Les biodiversités des uns et des autres

Pourquoi certains végétaux et certains animaux sont-ils les rejetés, les rebuts, les mal aimés des chantres de la biodiversité ? Une des hypothèses que nous avançons est qu'ils ont des stratégies spatiales qui les amènent à occuper d'énormes portions d'espace. Les naturalistes récusent ces êtres vivants trop nombreux, trop hégémoniques, trop banals. Ils sont pourtant les pivots des paysages par leur nombre, leur taille, leur masse, mais ils laissent souvent la portion congrue aux autres végétaux et animaux.

Ainsi, les végétaux et les animaux qui ont des stratégies expansionnistes font partie d'un premier groupe de vivants perçus comme des menaces pour la biodiversité. On y trouve les pestes végétales, les mauvaises herbes, menaces pour les cultures mais aussi pour les plantes spontanées. La biodiversité est, dans ce cas de figure, appréciée de façon sélective en fonction des menaces que certains individus font peser sur l'homme, ses cultures, ses animaux domestiques. Toute la chimie des herbicides et des pesticides repose sur la nécessaire élimination de végétaux et d'animaux jugés dangereux. Les anophèles ne suscitent pas le même attendrissement que le panda ou que le bébé tortue luth.

Un autre groupe de pestiférés de la biodiversité est constitué par ce que l'on qualifie des termes d'exotiques, d'étrangères, d'introduites ou d'acclimatées, tous lourds de sens, allant du simple constat du caractère menaçant pour la flore indigène au jugement de valeur, voire à la volonté d'exclusion ou à la tacite acceptation. La *Revue des Eaux et Forêts*, au XIXe siècle, a consacré de nombreux articles au débat des partisans et des opposants à l'introduction d'arbres exotiques dans les forêts françaises (Puyo, 1996). La controverse n'est pas totalement close, même si les introductions, parmi les arbres, du cèdre de l'Atlas (*Cedrus atlantica* (Endl.) Carr), du chêne rouge d'Amérique (*Quercus rubra* L.), du douglas (*Pseudotsuga menziesii* (Mirb.) Franco) ou du robinier (*Robinia pseudacacia* L.), en font désormais des essences considérées comme quasi indigènes (Arnould, 1992).

Une troisième catégorie ne trouve pas grâce sur l'autel de la biodiversité. Il s'agit des plantes et des animaux manipulés génétiquement. Parmi les arbres, les peupliers, à la fois hybrides et clones, portent la tare la plus lourde. Ils cumulent les handicaps d'espèces en partie étrangères, les hybrides euraméricains, entre *Populus nigra* L. européen et *Populus deltoïdes* (Bartr.) Marsh du Canada, issus de l'hybridation de deux espèces indigènes de part et d'autre de l'océan Atlantique (Arnould,

2002). Mais, historiquement, ils ont eu leur heure de gloire, symbolisée par le succès de l'hybride *Robusta* dans les plantations alluviales et par les tableaux des peintres impressionnistes, soucieux de rendre leur aspect vertical et frémissant. De nombreux poètes et romanciers ont également été séduits tout à la fois par le port élancé des peupliers, le frémissement de leur feuillage, la géométrie de leurs alignements au bord des routes et des canaux ou aréolaires dans des plantations aux espacements répondant à une métrique rigoureuse. Preuve que le discrédit jeté sur une espèce est foncièrement d'ordre culturel (Le Floch, 1999).

Il semble aussi que les campagnes de préservation de la biodiversité prennent pour emblème de gros animaux plus que des petits : la baleine et l'éléphant plus que le ver de terre ou le collembole ; les mammifères plus que les insectes. Il est vrai que bon nombre d'insectes ont mauvaise presse, à commencer dans le monde intertropical par les anophèles vecteurs du paludisme, la mouche tsé-tsé qui propage la maladie du sommeil. Les simulies qui assaillent hommes et rennes ou caribous dans les toundras de l'hémisphère Nord ne sont pas considérées comme des animaux attendrissants. L'animal petit, volant mais aussi rampant, ne lutte pas à armes égales pour appartenir au gotha des symboles de biodiversité.

Il est préférable de répondre à certains critères de beauté, de floraison pour apparaître sur les documents publicitaires du merchandising des grandes ONG environnementalistes. Les vignettes, avec adresse, représentant des animaux, envoyées par le WWF pour remercier ses plus modestes donateurs, illustrent de façon caricaturale cette prééminence du beau et du gros. Si le logo du panda, emblème de l'ONG verte, ne cède pas à cette boulimie de l'animal de belle taille, les autres animaux reprennent les stéréotypes des tableaux médiévaux privilégiant les oiseaux et les mammifères. L'éléphant est ainsi une des pièces fortes des dispositifs de communication. L'aigle, l'ours, le loup, le lynx voisinent avec la cigogne et le flamant rose. De façon plus scientifique, l'analyse des budgets, des thèmes et des espaces privilégiés par le WWF ou Greenpeace confirme le fait que la biodiversité est chargée de valeurs, d'imaginaire, de représentations (Chartier, 2002).

Le cas des résineux est aussi particulièrement étonnant et ambigu. Nous avons eu l'occasion de l'analyser, avant que Vincent Moriniaux n'en fasse l'objet de sa thèse (Arnould et Amon-Lohou, 1991 ; Moriniaux, 1999). En France, depuis les années 70, les résineux sont l'objet de violentes campagnes de dénigrement de la part des écologistes. Le premier ouvrage grand public qui ait systématiquement formulé les attaques les plus virulentes à leur égard est le pamphlet *France, ta forêt fout le camp !* (Cauwet *et al.*, 1976). Les résineux sont accusés de tous les maux : acidificateurs de sols, banaliseurs de paysages, fauteurs d'incendies, exterminateurs de faune et de flore. Dans le procès que certains leur intentent à juste titre, en raison de plantations abusives, on oublie un peu vite que ce sont des espèces en voie de disparition à l'échelle des temps géologiques : des 50 000 espèces identifiées à l'ère secondaire, il ne reste que 600 espèces vivantes à l'heure actuelle. Historiquement, les résineux ont rendu des services éminents comme essences de reboisement, dans des conditions écologiques extrêmes, sur les littoraux et en montagne. Jeter le discrédit, de façon systématique et sans nuances, sur tout un groupe d'arbres est une attitude qui ne peut pas s'expliquer par des justifications scientifiques mais qui correspond à des préventions, des jugements *a priori*, des rejets qui sont plus de l'ordre du psychologique que du rationnel.

Si les plantes et les animaux qui couvrent de la surface ne sont pas privilégiés dans les préoccupations concernant l'avenir de la biodiversité, en revanche tout ce qui ressort du ponctuel est immanquablement sur-valorisé.

Les espèces rares font partie de cette aristocratie de la biodiversité. Pourtant, Marcel Bournérias (1995) a lumineusement démontré toute l'ambiguïté de cette notion relative et subjective, mais les schémas de pensée traditionnels ont la vie dure. Le rare, tout comme le remarquable et l'exceptionnel, sont sur-valorisés en matière de biodiversité : l'exception écologique, par exemple la plante acidophile dans un milieu calcaire, suscite de l'intérêt. La marginalité chorologique de la plante aux limites de son aire ou, mieux encore, en position excentrée par rapport à l'aire principale de répartition ne laisse pas les botanistes indifférents.

Les espèces emblématiques ont également droit à un statut particulier : le cèdre du Liban, qui cumule les avantages d'une silhouette hors du commun, d'une histoire reconnue par la Bible et d'une menace de disparition, est bien placé au hit parade des espèces symboles. L'érable à sucre canadien joue sur le même registre : une feuille facilement identifiable, un arbre nourricier, pour l'instant moins menacé que le cèdre du Liban.

La catégorie des espèces en voie de disparition est celle qui mobilise toutes les attentions. Ces espèces figurent sur des listes plus ou moins cotées suivant que cette protection concerne le niveau régional ou le niveau européen. Les espèces, à la fois menacées sur le plan spatial et qui sont des témoins du passé, cumulent bien entendu les motifs de distinction.

Et lorsque le débat porte sur des milieux, le *nec plus ultra* de la biodiversité est le milieu qualifié des termes : étonnant, vierge, pristine ou encore primaire. Le terme « forêt primaire » est particulièrement prisé par certains écologistes. Pour eux, est primaire ce qui est intact, ce qui n'a pas été dévasté par l'homme. C'est pourtant un concept totalement biaisé. Les forêts n'ont pas attendu l'apparition des êtres humains pour apparaître, disparaître, se transformer. La forêt, sur le temps long de l'évolution géologique, n'a jamais cessé de changer en fonction de l'évolution des plantes, du climat et de toutes les conditions des milieux. En fait, chaque époque géologique a eu son type de forêt prétendu primaire. Les vraies forêts primaires sont-elles celles qui datent de 350 millions d'années, composées uniquement de conifères ou de pré conifères, de *Calamites* et de *Lepidodendron*, dont le *Ginkgo biloba* est un des seuls survivants actuels ? Ou alors, les véritables forêts primaires sont-elles plutôt à placer à la fin de l'ère tertiaire, il y a 10 millions d'années, avant l'apparition de l'homme, cet animal pas comme les autres ? Ou tout du moins avant qu'il ne maîtrise le feu, il y a environ 400 000 ans, ce qui va lui donner un formidable outil pour influencer les écosystèmes ? À moins que les forêts primaires ne soient celles qui couvraient la planète avant la révolution néolithique, depuis moins de 10 000 ans, avant que l'homme, agriculteur et sédentaire, n'intervienne de façon spectaculaire dans le fonctionnement de la biosphère, en défrichant, sélectionnant, éliminant, privilégiant certains végétaux et certains animaux qu'il réussit à domestiquer ?

Certains écologistes, sensibles à ces contradictions, ont abandonné ce terme piégé de primaire pour le remplacer par un vocable plus neutre. Ils parlent désormais de « forêts anciennes ». L'ancien est une valeur qui se porte bien en matière de biodiversité, même si ce concept mérite d'être discuté. Du coup, les forêts jeunes, pionnières, de reconquête, sont rangées dans une sous-catégorie, sans grand intérêt, comme disqualifiées (Arnould, 1996). Hors du vieux, du vénérable, de l'archaïque, point de salut ! L'idée sous-jacente à tous ces discours est que l'homme est le mal absolu pour les autres êtres vivants. Si des éléments nombreux, passés et actuels, permettent d'argumenter sur le rôle de l'homme comme destructeur de biodiversité, le bilan mérite d'être plus nuancé. Il est vrai que si la forêt regagne du terrain dans les pays développés de l'hémisphère Nord, elle continue à perdre des millions d'hectares par an dans les pays en voie de développement, essentiellement du Sud. Les 10 à 15 millions d'hectares de forêts tropicales défrichées annuellement posent de redoutables problèmes écologiques. Mais sous prétexte de logique écologique, peut-on interdire aux sociétés du Sud de toucher à leurs forêts ? Comment après avoir, des centaines d'années durant, exploité leurs forêts à outrance, les pays du Nord peuvent-ils se permettre de demander aux pays du Sud de conserver des portions de nature prétendue vierge ?

L'argumentation en faveur de la protection de la forêt et de sa biodiversité, qui consiste à mettre l'accent sur les réserves de gènes et de molécules contenues dans le stock d'espèces inconnues, pour des utilisations médicales ou pour les industries plus futiles des parfums, est encore une fois foncièrement « utilitariste ». Ce discours est d'ailleurs biaisé car plus de médicaments signifie, à terme, plus d'hommes, donc plus de menaces pour la biodiversité. Aux besoins immédiats de bois de chauffage et à la faim de terre agricole, principaux problèmes d'accès à la ressource dans les pays en développement, le discours des pays développés est de substituer une logique d'utilisation potentielle, pour les industries et les laboratoires des pays du Nord. Aucun discours sur la forêt primaire et la biodiversité n'est innocent. Les riches n'ont pas les mêmes intérêts vitaux que les pauvres. Penser en termes de développement durable est un objectif incontestable, mais ignorer les réalités économiques et sociales du monde actuel est une erreur stratégique majeure (Pelletier, 1993).

CONCLUSION

En définitive, de notre point de vue, aborder la biodiversité en biogéographe, impose d'avoir constamment présent à l'esprit le tripode sur lequel repose la discipline. Ces trois principes de réflexion correspondent aux trois racines qui composent le mot biogéographie (Arnould, 1994) :

– il faut en premier lieu prendre en compte le BIO, c'est-à-dire tout ce qui concerne les êtres vivants, leur nombre, certes, mais aussi leurs groupements, leurs interrelations et leurs dynamiques ;

– ensuite, il faut avoir la volonté de situer le vivant dans toutes les dimensions et à toutes les échelles du GÉO. Cela suppose l'étude classique des faits de répartition des êtres vivants à la surface du globe, de la niche écologique de l'individu au biome transcontinental, telle la forêt boréale. La question des lieux mais aussi des territoires, des flux, des réseaux, des paysages, en fait de toutes les formes d'organisation de l'espace, doit être constamment abordée ;

– enfin, il est nécessaire de s'attacher, en respectant l'étymologie, à ce qui à trait à la GRAPHIE. Cette dimension est trop souvent occultée par les biogéographes naturalistes. L'importance donnée à l'écrit, aux textes, aux discours, mais aussi au dessin et à la cartographie et à toutes les formes de représentations, de perceptions et d'expressions des faits biologiques et géographiques associés, actuels et passés, est pour nous fondamentale. Textes et images constituent deux des sources majeures de ce vaste domaine du culturel. Épistémologie et histoire des sciences doivent y tenir une place importante. La biogéographie, à la fois naturelle et culturelle (Simmons, 1979), soucieuse tout autant d'espace que de temps, doit permettre de bien construire la question de la biodiversité en y intégrant le concept plus vaste de géochronodiversité (Arnould *et al.*, 2000).

L'autre approche, qui nous semble complémentaire, est d'aborder les questions de biodiversité en les replaçant à la croisée de plusieurs systèmes (Figure 1). Cette lecture de la biodiversité en « cœur de cible », comme nous l'avons faite pour l'aménagement forestier ou le paysage, permet de bien envisager toutes les interrelations tissées autour de la biodiversité (Arnould, 2002). Elle aide aussi à formuler des hypothèses sur les rapports entre les champs disciplinaires. Elle permet par l'intermédiaire de mots clés, dont la liste n'est pas close, de percevoir la richesse des implications du terme et les dérives possibles lorsque les partisans d'une approche occultent les réalités des autres conceptions.

Paul ARNOULD

POLITICO-JURIDICO-SYSTÈME	**TECHNICO-ÉCONOMICO-SYSTÈME**	**SOCIOSYSTÈME**
Constitution	Gestion	Individus
Lois	Ingénierie écologique	Groupes sociaux
Décrets	Filière-bois	Usagers
Ordonnances	Bois d'œuvre, bois énergie	Pratiques
Code	Pensée économique	Bien public
Propriété foncière	Prix	Bien privé
Droits d'usage	Coût	Fréquentation
Coutumes	Valeur	Ruraux
Fonctionnaires, agents	Marché	Urbains
Procès	Compétition	Conflits
Accords internationaux	Écocertification	Patrimoine
JURISTES/ POLITOLOGUES	INGÉNIEURS	SOCIOLOGUES / HISTORIENS

	BIODIVERSITÉ	
ÉCOSYSTÈME	**GÉOSYSTÈME**	**PSYCHOSYSTÈME**
Flore : arbres, herbes	Territoires	Images
Faune	Paysages	Perceptions
Flux	Échelles spatiales	Représentation
Dynamiques	Massifs	Symboles
Climax	Parcelles	Modes
Bilans d'énergie, de matière	Montagnes	Désirs, peurs
Biomasse	Plaines, plateaux, collines	Mythes
Productivité	Domaines bioclimatiques	Rêves
Stations	Analyse spatiale	Imaginaire
Climat	Répartition	Manipulation
Roches en place, formation superficielle, sols	Système d'information géographique	Violence
	Maillage	Sacré
Pollution	Réseaux	Identification
NATURALISTES	GÉOGRAPHES	PSYCHOLOGUES

SYSTÈMES
Mots clés
DISCIPLINES

Figure 1. Biodiversité à la croisée des systèmes.

BIBLIOGRAPHIE

ARNAUD, D., ILBERT, H. & MONGRUEL, R., 1994, « Biodiversité, le fruit convoité ? », *Fondation pour un débat/Solagral*, n° 28, 100 p.

ARNOULD, P. & CIESLAK, C., 2004, « Mise en scène d'objets de nature à Paris et Varsovie : les arbres remarquables de deux forêts périurbaines », Paris, *Natures, Sciences, Sociétés*, 12, p. 157-171.

ARNOULD, P., 2002a, « Histoire et mémoire des aménagements forestiers », *Ingénieries*, n° spécial, p. 9-20.

—, 2002b, « Les peupleraies dans le paysage et l'économie », *in* A. Corvol (dir.), *Les sources de l'histoire de l'environnement*, t. III : *Le XXe siècle*, Paris, L'Harmattan, p. 17-31.

ARNOULD, P., HOTYAT, M. & SIMON, L., 2000a, « Biodiversity and forest management. From biodiversity to geochronodiversity », *in* Agnoletti, M. et Anderson, S. (eds), *Methods and Approaches in Forest History*, Cabi Publishing, New York, p. 251-263.

ARNOULD, P. & MIOSSEC, A., 2000b, « La diversité revisitée : milieux "naturels", perceptions, recherches et représentations en France », in *Vivre en France dans la diversité*, Historiens et géographes, n° spécial Congrès de Séoul, p. 239-252.

ARNOULD, P., 1996, « Les nouvelles forêts françaises », *L'Information géographique*, vol. 60(4), p. 141-156.

—, 1994, « La recherche française en biogéographie », *Bulletin de l'Association de géographes français*, n° 4, p. 404-413.

—, 1992, « Mode de l'arbre et arbres à la mode », *Cahiers nantais*, numéro spécial *Écoute le passé qui gémit dans les bois*, coordonné par P. Arnould et A. Miossec, en hommage à Jean Max Palierne, 38, p. 215-237.

ARNOULD, P. & AMMON LOHOU, C., 1991, « Modes et forêts », *La Forêt privée*, n° 197, p. 70-88.

AUBERTIN, C. & VIVIEN, F.-D., 1998, *Les Enjeux de la biodiversité*, Economica, Poche Environnement, Paris, 112 p.

BALMFORD, A. *et al.*, 2005, « The convention on Biological Diversity's 2010 Target », *Science*, vol. 307, p. 212-213.

BARBAULT, R., 2000, « La vie, un succès durable », *Natures Sciences Sociétés*, vol. 8, n° 1, p. 26-32.

BONNIER, J., 1920, *Le Monde végétal*, Flammarion, Paris, 392 p.

BOULLARD, B., 1984, « La fausse querelle des "exotiques" en sylviculture », *RGPSO*, t. 55, fasc. 2, p. 194-200.

BOURNÉRIAS, M., 1995, « Le concept de rareté des espèces végétales (France et Europe occidentale) », *Cahiers des naturalistes*, 51(2), p. 49-57.

CAUWET, J. *et al.*, 1976, *France, ta forêt fout le camp !*, Paris, Stock 2, coll. « Lutter », 237 p.

CHAUVET, O. & Olivier, L., 1993, *La Biodiversité : enjeu planétaire*, Éditions du Sang de la Terre, Paris, 413 p.

CHARTIER, D., 2002, *Le rôle de Greenpeace et du WWF dans la résolution des problèmes environnementaux. Quel espace politique pour quelles ONG ?*, thèse de géographie sous la direction de Jean Paul Deléage, Orléans, 415 p. + annexes.

CLAIRE, R., 1999, *David Douglas, naturaliste écossais, explorateur de l'Ouest américain*, Scheuer.

LARRÈRE, R., 1997, « Biodiversités », *in* Larrère, C. et Larrère, R. (dir.), *La Crise environnementale*, Inra Éditions, Paris, p. 145-159.
LE FLOCH, S., 1996, *Regards sur le peuplier, un arbre entre champs et forêts. Du rationnel au sensible*, thèse ENGREF sous la direction de Jean-Claude Rameau, 310p. + annexes.
LE GUYADER, H., 1998, *Théories et histoire en biologie*, Vrin, Paris, 240 p.
LEPART, J., 1997, « De la diversité spécifique à la biodiversité, les raisons d'un succès », *Forêt méditerranéenne,* t. 18, n° 1, p. 4-10.
LEPART, J. & ESCARRÉ, J. 1983, « La succession végétale, mécanismes et modèles : analyse bibliographique », *Bull. Ecol*, t. 14, n° 3, p. 133-178.
LÉVÊQUE, C., 1997, *La Biodiversité*. PUF, « Que sais-je ? », n° 3166, Paris, 128 p.
—, 1994, « Le concept de biodiversité : de nouveaux regards sur la nature », *Natures Sciences Sociétés*, vol. 2, n° 3, p. 243-254.
LINNÉ, C. VON, 1758, *Systemae Naturae*, Leyden.
MARTONNE, E. DE, 1955, *Biogéographie.* Armand Colin, Paris, t. 3 du *Traité de géographie physique*, p. 1061-1541.
MAY, R.M., 1988, « How many species are there on Earth », *Science,* vol. 241, n° 4872, p. 1441-1449.
MAY, R., 1992, « L'inventaire des espèces vivantes », *Pour la science*, n° 182, p. 30-36.
MILLIER, C., BARRE, V. & LANDEAU, S. (coordinateurs), 2004, *Programme de recherche Biodiversité et Gestion Forestière. Résultats scientifiques et actions de transfert*, Paris, GIP Ecofor.
MIOSSEC, A., ARNOULD, P. & VEYRET, Y. (éd.), 2004, *Vers une géographie du développement durable*, Paris, Historiens et Géographes, 180 p.
MORINIAUX, V., 1999, *Les Français face à l'enrésinement.* XVIe-XXe *siècles*, thèse de l'Université de Paris 4, sous la direction de Jean-Robert Pitte, 570 p. + annexes.
PELLETIER, P., 1993, *L'imposture écologique*, Géographiques Reclus, 208 p.
PLINE L'ANCIEN, 1950, *Histoire naturelle*, Budé, Les Belles Lettres, Coll. des universités de France, 37 vol., Paris.
PUYO, J.Y., 1996, *Aménagement forestier et enjeux scientifiques en France de 1820 à 1940*, Thèse Université de Pau et des pays de l'Adour, sous la direction de V. Berdoulay, 601 p.
RAMEAU, J.C., 1997, « La directive "Habitats" : analyse d'un échec, réflexions pour l'avenir », *Revue forestière française*, t. XLIX, n° 5, p. 399-416.
SIMMONS, I.G., 1979, *Biogeography : Natural and Cultural*, Arnold, Londres, 400 p.
THÉOPHRASTE, 1988, *Recherche sur les plantes*, Budé, Les Belles Lettres, 2 vol., Paris.
WILSON, E.O., 1993, *La Diversité de la vie*, Odile Jacob, Paris, 496 p.
—, 1989, « La Diversité du vivant menacée », *Pour la science*, 145.
—, 1988, *BioDiversity*, National Academy Press, Washington.

Deuxième partie

Les enjeux de la conservation de la diversité biologique

Diversité et fonctionnement des écosystèmes et des paysages

La biodiversité a été propulsée au premier plan des négociations internationales au sommet de Rio, quelques années après sa définition. Cette brusque émergence dans le champ politique, qui s'explique par l'urgence et l'importance des problèmes posés, n'a été possible que parce que la nouveauté de cette notion est toute relative et qu'elle réorganise des thèmes abordés depuis longtemps. Ainsi, les efforts pour inventorier les espèces végétales et animales qui nous entourent remontent à plus de deux mille ans et se sont organisés en Europe, il y a environ deux cent cinquante ans, autour de la nomenclature linnéenne. Le premier essai pour relier aux conditions écologiques la diversité des formes végétales date de près de deux siècles (Humboldt, 1805) et constitue l'amorce de l'écologie fonctionnelle, d'emblée située à l'échelle de vastes ensembles géographiques ; la recherche d'une relation entre le nombre d'espèces d'une communauté (sa diversité) et son fonctionnement a joué un rôle important en écologie des années 1950 à 1970 à la suite des travaux de Preston (1948), Margaleff (1957), Mac Arthur (1957, 1965), Elton, (1958) Hutchinson (1959) ou Odum (1969)...

Mais la notion de biodiversité conduit aussi à un renouvellement important de ces conceptions. Il s'agit pour les écologues de se référer à la diversité à l'échelle globale alors que leurs prédécesseurs se limitaient généralement à l'écosystème ou au paysage (voir Whittaker, 1972). Il faut donc intégrer des phénomènes qui se déroulent sur des échelles de temps et d'espace très différentes. La notion de biodiversité a aussi un caractère plus général, plus unificateur que la notion de diversité (souvent qualifiée de spécifique) : il s'agit d'étudier à la fois la diversité au niveau des gènes, des espèces ou du paysage en mettant l'accent sur les structures communes des patrons, sur les dépendances entre niveaux d'organisation et sur les complémentarités des approches. Il y a là un enrichissement considérable de la notion puisque les espèces peuvent être caractérisées par une estimation de leur divergence génétique, par leur nombre ou par leur appartenance à des groupes fonctionnels (éventuellement représentés par une seule espèce qui a alors une très grande importance pour le fonctionnement de l'écosystème).

Mais cet enrichissement a aussi abouti à une notion complexe et ambiguë. Elle est assez peu opératoire, et des points de vue très différents, voire même opposés, peuvent être avancés selon les niveaux ou les échelles de temps et d'espace privilégiées. Un exemple particulièrement clair est la façon dont la biodiversité est conçue dans deux champs disciplinaires de l'écologie.

Dans le champ de la conservation (Caughley, 1994), l'accent est mis sur les espèces endémiques, éventuellement rares et menacées, principales contributions d'un territoire à la biodiversité globale. Dans les opérations de gestion, l'attention est plus souvent focalisée sur des espèces emblématiques (prédateurs de sommet de chaîne alimentaire, grands herbivores, oiseaux, orchidées). La survie de ces espèces peut imposer une absence de dérangement ou des mesures adaptées (apport de nourriture...). Leur protection a alors un coût et sa mise en œuvre se réalise grâce à des subventions accordées aux chargés de la gestion environnementale (agriculteurs, agences publiques, associations...). Cette conception est concrètement mise en place avec le calcul des coûts de gestions de « Natura 2000 » et est reconnue au niveau international (OMC).

Dans le champ de l'écologie fonctionnelle (Schultze et Mooney, 1993), l'accent est mis sur le nombre d'espèces présentes dans un espace donné. La biodiversité est principalement étudiée en relation avec les services qu'elle peut rendre en termes d'amélioration du fonctionnement des écosystèmes. Pour des raisons expérimentales, les groupes taxonomiques concernés sont des organismes de petite taille, assez facilement manipulables. Les espèces sont par ailleurs banales, ce qui augmente leur contribution potentielle au fonctionnement des écosystèmes. La diversité est alors une ressource même s'il est généralement difficile de traduire l'amélioration du fonctionnement des écosystèmes en valeur économique et de déterminer précisément les bénéficiaires. Dans le champ de la génétique, on retrouve plus clairement encore cette notion de ressource.

Pour la société, la biodiversité serait soit une charge, soit un atout. Les deux conceptions se renforcent : c'est parce que c'est un atout à long terme qu'il faut accepter, à court et moyen terme, d'en payer le coût. La contradiction ne serait qu'apparente et, en fonction des échelles de temps considérées et de la place des parties prenantes dans l'organisation sociale, telle ou telle conception serait pertinente. Il n'est pourtant pas évident que les espèces rares aient une forte contribution au fonctionnement des systèmes écologiques, ni que les espèces importantes pour le fonctionnement des systèmes écologiques soient réellement menacées. Même si la notion de biodiversité doit continuer à servir d'emblème pour un vaste champ de recherches et d'applications, il est nécessaire de distinguer dans ce champ des éléments structurants permettant de mieux se repérer et de comprendre les raisons de positions apparemment contradictoires.

Pour le faire, nous présenterons succinctement les principales conceptions du rôle de la biodiversité et les explications de sa variabilité. Dans une discussion générale, nous essaierons de resituer ces conceptions dans un schéma simple.

Les effets de la diversité sur le fonctionnement des systèmes écologiques

Une des questions les plus débattues ces dernières années est celle des effets de la diversité sur le fonctionnement des systèmes écologiques. Le postulat généralement retenu lie la stabilité et la productivité des écosystèmes à leur biodiversité (Schultze et Mooney, 1993). Il repose sur la théorie de la niche écologique selon laquelle les espèces présentes en un même lieu ne peuvent être limitées par les mêmes ressources ; la combinaison d'espèces consommant différemment les ressources en permet une meilleure utilisation, ce qui conduit à une augmentation de la productivité de la communauté et à une amélioration du recyclage. Ce type de conception a été introduit dans le champ de la biologie de la conservation avec la métaphore du « rivet » (Ehrlich et Ehrlich, 1981). Selon celle-ci, la suppression d'espèces comme celle de rivets d'un avion aurait peu d'effets jusqu'à un seuil au-delà duquel le système s'effondrerait. Des alternative ont été construites (Lawton, 1994) faisant l'hypothèse que soit la disparition de chaque espèce diminuerait peu ou prou l'efficacité du flux d'énergie dans les chaînes trophiques, soit qu'il y aurait redondance entre espèces (existence de groupes fonctionnels, c'est-à-dire de groupes d'espèces ayant les mêmes fonctions dans l'écosystème – la disparition d'un groupe aurait des conséquences importantes sur le fonctionnement du système alors que celle d'une espèce d'un groupe bien représenté n'en aurait pas), soit que l'effet de l'addition ou de la suppression d'une espèce dépendrait pour l'essentiel de la nature de cette espèce. Selon l'hypothèse retenue, la diminution actuellement constatée de la diversité pourrait affecter de manière plus ou moins brutale le fonctionnement de la biosphère ; au moins à ce titre, elle devrait être prise en compte par les décideurs.

Pour démontrer la pertinence de ces conceptions théoriques, plusieurs approches sont possibles. On a eu ainsi recours à l'observation *in natura* en comparant le fonctionnement de systèmes écologiques de différent niveaux de biodiversité. On a aussi expérimenté en mesurant dans des microcosmes l'impact de l'addition ou de la suppression d'espèces sur ce fonctionnement. On a aussi combiné observation et expérimentation.

L'observation *in natura*

On dispose pour cette première approche de nombreuses informations assez difficiles à synthétiser. Ainsi, Waide *et al.* (1999) montrent que les relations entre productivité et richesse spécifique peuvent être très variées : unimodales, linéaires positives ou négatives et non significatives. Les résultats sont difficiles à interpréter du fait que la diversité, en un lieu donné, d'une part dépend du fonctionnement de l'écosystème et d'autre part modifie ce fonctionnement. Il est alors difficile de faire la part entre ces deux effets qui peuvent même être antagonistes. Ainsi, des micro-perturbations (herbivorie par exemple), en détruisant la végétation en place, libèrent des éléments nutritifs mais créent aussi des niches de régénération (des espaces libres où des plantules pourront s'installer), ce qui est généralement favorable à une diversité élevée. Au contraire, dans des zones non pâturées (espèce dominante non appétente), une espèce végétale peut dominer la végétation et limiter la biodiversité. Si on compare ces deux systèmes, un meilleur recyclage des éléments nutritifs pourra être observé dans la zone non pâturée (la moins diverse) parce que leur libération y est plus limitée et moins brutale, ce même si la diversité contribue effectivement dans la zone pâturée à améliorer le recyclage. Dans un archipel suédois, Wardle *et al.* (1997) montrent que les îles les plus petites sont aussi floristiquement les plus diverses. Elles ont par contre une productivité plus faible que les grandes îles. La relation négative entre productivité et diversité semble s'expliquer assez largement par la fréquence moins élevée des incendies sur les petites îles. Elle y permet la présence de stades plus avancés de la succession, dominés par des espèces moins productives à forte teneur en composés phénoliques ; cela aboutit à une décomposition plus lente de la litière, à un stockage plus important d'azote dans le sol et à une perte d'azote par lessivage plus faible. Même si les relations mises en évidence *in natura* peuvent avoir plusieurs interprétations, il semble que les caractéristiques biologiques des espèces dominantes aient généralement plus d'importance que le nombre d'espèces pour le fonctionnement des systèmes écologiques.

L'EXPÉRIMENTATION *IN NATURA*

Dans un contexte plus expérimental, Tilman et El Hadidi (1992) puis Tilman et Downing (1994) suivent pendant treize ans la production de quatre parcelles sur lesquelles neuf niveaux de fertilisation sont appliqués. Après une sécheresse majeure, ils montrent que les quadrats les plus divers sont ceux qui récupèrent le plus rapidement une biomasse importante. Cela cadre bien avec le paradigme selon lequel la biodiversité améliore le fonctionnement (en l'occurrence la stabilité) des systèmes écologiques. Mais ici le gradient de diversité dépend d'un gradient de fertilité et la stabilité plus faible des milieux les moins divers pourrait provenir de leur plus grande fertilité : les espèces qui y ont été sélectionnées répondent à cette augmentation de la fertilité par une croissance rapide et un moindre investissement racinaire qui impliqueraient que l'eau puisse devenir le facteur limitant.

L'EXPÉRIMENTATION EN MICROCOSMES : LA PRODUCTIVITÉ

Ces difficultés justifient des démarches expérimentales où les niveaux de fertilité sont contrôlés directement par l'expérimentateur ; elles consistent le plus souvent à analyser le fonctionnement de systèmes écologiques simplifiés constitués d'une ou plusieurs espèces. Ces espèces peuvent être tirées au hasard parmi un pool de *n* espèces ou choisies en tenant compte de leur appartenance à tel ou tel groupe fonctionnel. Selon les paramètres mesurés, les systèmes de suivi de l'état et du fonctionnement de la végétation peuvent être plus ou moins complexes et coûteux ; de manière générale, il s'agit d'expérimentations assez lourdes (Naeem *et al.*, 1994).

Dans les expériences analysant la productivité de communautés de végétaux autotrophes, les résultats ont généralement permis de mettre en évidence une augmentation de la production moyenne concomitante à l'augmentation du nombre d'espèces par placette (voir par exemple la synthèse de Hector *et al.*, 1999). Trois interprétations sont possibles :

– La première implique un effet de complémentarité : les espèces n'utilisent pas exactement les mêmes ressources et leur combinaison permet une utilisation plus complète de ces ressources (théorie de la niche écologique) ; il y a alors clairement un bénéfice dû à la diversité des espèces présentes.

– La seconde repose sur un effet de facilitation dans lequel la présence d'une (ou de plusieurs) espèce favorise le développement d'autres espèces. C'est un effet évident pour les légumineuses qui en fixant de l'azote mettent à la disposition des autres espèces ce nutriment en plus grande quantité : l'effet de facilitation est souvent important *in natura* dans des milieux à fortes contraintes ou des milieux pâturés où une espèce peut en protéger une autre.

– La troisième résulte d'un effet de sélection ou d'échantillonnage. Dans un mélange, toutes les espèces ne conservent pas la fréquence qui leur a été initialement attribuée, certaines disparaissent parce que le milieu n'est pas adéquat pour elles, d'autres ont un potentiel de croissance (mesuré en monoculture) très élevé. Ce sont ces espèces à fort potentiel de croissance qui déterminent la productivité de la communauté. Plus il y a d'espèces dans un mélange, plus on a de chances d'y trouver des espèces de ce type et plus on a de chances d'observer une augmentation de la productivité.

Huston (1997) a montré que l'effet d'échantillonnage était potentiellement important dans les expérimentations traitant de la liaison entre productivité et biodiversité, l'effet de facilitation pouvant aussi jouer un rôle important dans tous les mélanges où une légumineuse était présente. Cette critique a amené à rechercher un effet du nombre d'espèces qui ne soit pas un simple effet d'échantillonnage. La comparaison de la production du mélange avec la production en monoculture de chaque espèce qui le compose, pondérée par son abondance relative dans le mélange est un moyen de le faire (Garnier *et al.*, 1997). Bien que cela puisse encore être discuté, l'effet biodiversité semble dépendre plus de la nature des espèces en présence que de leur nombre. L'hypothèse idiosyncrasique (l'effet de l'ajout ou de la suppression d'une espèce ne dépend que de cette espèce) est la plus probable avec une nuance toutefois assez importante liée au fait que les espèces les plus efficaces prennent généralement dans un mélange une place importante (Leps *et al.*, 2001 ; voir Hector et Loreau, 2001 pour un avis contraire). Il n'y aurait pas d'augmentation de la production spécifiquement liée à la diversité (Spaekova et Leps, 2001).

L'effet d'échantillonnage peut cependant être lui-même interprété comme un effet de la diversité. Plus il y a d'espèces dans une communauté, plus il y a de chances pour que l'une d'entre elles soit très productive et plus la communauté peut être productive. Mais cette interprétation semble être une échappatoire que Wardle (1999) a critiquée de manière apparemment pertinente. Les espèces qui arrivent ou qui disparaissent d'une communauté ne le font pas de manière complètement aléatoire. Les espèces qui imposent leur marque à la communauté en y devenant dominantes ont une faible probabilité d'être éliminées alors que les espèces rares à faible effectif sont, toutes choses égales par ailleurs, plus sujettes à disparaître.

Enfin, selon Hogdson *et al.* (1998), le nombre d'espèces utilisées dans ces expérimentations est beaucoup plus faible que celui observé dans des communautés réelles. Même si l'on y observait une liaison diversité-productivité, elle justifierait tout au plus de conserver le tiers des espèces aujourd'hui présentes dans une station, ce qui correspond à une proportion bien plus faible des espèces existant sur des territoires plus vastes.

Des expériences plus complexes

Les recherches expérimentales sur la biodiversité butent sur la difficulté à construire en microcosme des systèmes ayant plusieurs niveaux trophiques. On sait pourtant que l'introduction d'un nouveau niveau trophique (voir les espèces clef de voûte) dans un écosystème peut fortement modifier le fonctionnement de ces systèmes.

Ce constat a amené à diversifier les groupes taxonomiques concernés, à combiner différents niveaux trophiques et à s'intéresser à d'autres fonctions que la productivité. On retrouve, dans ces expériences, une forte redondance entre espèces (Hunt et Wall, 2002 ; Liiri *et al.*, 2002a et 2002b), le rôle particulier de certaines espèces (Wolters, 2001) avec parfois des comportements imprévisibles ou complexes des systèmes étudiés (Griffiths *et al.*, 2001 *vs* Griffiths *et al.*, 2000).

Bien que plusieurs niveaux de la chaîne trophique y soient pris en compte, ce qui fournit une représentation plus réaliste de la biodiversité, il y a nécessairement des simplifications importantes. Le décalage considérable entre la complexité des microcosmes expérimentaux et celle des systèmes naturels doit amener à être prudent quant au transfert de résultats englobants ; ce sont plutôt des mécanismes qui sont analysés, leur importance dans les systèmes naturels restant à confirmer.

Le rôle d'espèces particulières : les espèces clefs de voûte

Le constat de l'importance de certaines espèces dans le fonctionnement des systèmes écologiques est relativement ancien. Ce sont, en particulier, des espèces clefs de voûte (*keystone species* de Terborgh, 1986 ; voir aussi Mills *et al.*, 1993), c'est-à-dire des espèces dont le rôle dans le fonctionnement de l'écosystème est important et dont la présence garantit celle de nombreuses autres espèces. Il s'agit initialement de prédateurs – un exemple célèbre est celui de la loutre de mer (Estes et Duggins, 1995) – mais la définition s'est élargie à des mutualismes ou à des « ingénieurs de l'écosystème » (castors). Curieusement, les espèces dominantes qui, par leur biomasse ou leur abondance, jouent un très grand rôle dans le fonctionnement de l'écosystème et servent de support pour de nombreuses espèces ne sont parfois pas considérées comme espèces clefs de voûte. Power *et al.* (1996) s'attachent à montrer que les espèces clefs de voûte ont dans le fonctionnement de l'écosystème un rôle disproportionné à leur abondance alors que celui des espèces dominantes est proportionné à cette abondance. Cette distinction, qui ne nous paraît pas pertinente, a une double origine : d'une part, une compréhension un peu biaisée du fonctionnement de l'écosystème comme système cybernétique (ayant des régulations à faible niveau d'énergie selon Odum, 1969 ; voir pour une opinion contraire, Engelberg & Boyarsky, 1979) ; d'autre part, un « biais zoologique » (la notion d'espèce clef de voûte a surtout été employée pour les animaux et celle d'espèce dominante n'a, à notre connaissance, été employée que pour les plantes).

Les travaux réalisés par les botanistes depuis le XIXe ont amplement montré la valeur indicatrice (caractéristique…) des espèces dominantes pour la composition floristique des communautés végétales (voir Whittaker, 1962) pour une histoire de la classification des communautés végétales). Cette valeur résulte pour une part de l'effet de ces espèces sur les conditions de milieu locales (lumière, disponibilité de l'eau et des éléments nutritifs, protection contre les herbivores). Elles affectent ainsi positivement ou négativement l'ensemble des autres espèces. En contribuant à trier parmi elles celles qui se maintiendront localement, elles modifient la diversité végétale. Les espèces animales qui ont un rôle dominant dans le fonctionnement d'un niveau trophique de l'écosystème ont la même importance ; c'est, par exemple, le cas des herbivores lorsqu'ils agissent sur l'espèce herbacée dominante.

La gestion des espèces clefs de voûte ouvre la possibilité d'une action forte sur la diversité. Lorsqu'elles ne sont pas dominantes, il n'est pas toujours évident de les identifier et on les découvre souvent par hasard. Une approche plus générale consisterait à identifier les processus importants pour un écosystème et à rechercher les traits des espèces et les groupes fonctionnels qui y sont reliés (Walker, 1995). Cela pourrait permettre de prévoir les conséquences des changements écologiques (mode de gestion, espèce dominante…).

Les effets du mode de fonctionnement sur la biodiversité

Les effets sur la biodiversité du fonctionnement des écosystèmes ou des paysages ont déjà été évoqués. Un élément structurant pourrait être l'existence d'une relation générale entre diversité régionale (échelle 10^4 km^2) et diversité locale (échelle km^2). La corrélation entre ces deux échelles s'expliquerait, soit par un effet du local sur le régional (effet d'agrégation), soit par un effet du régional sur le local (effet d'échantillonnage) ; comme l'effet d'agrégation impliquerait que la diversité locale varie à l'échelle régionale, c'est cette dernière échelle de variation qui est à privilégier. Les fortes variations de diversité biologique avec la latitude ont reçu trois types non exclusifs d'explication : les premières sont historiques/évolutives liées, en particulier, aux interactions entre les variations du climat global ou des phénomènes tectoniques et la diversification/migration des espèces (Ricklefs, 1987) ; les secondes sont climatiques avec une forte liaison entre la diversité de nombreux groupes taxonomiques et des paramètres comme l'évapotranspiration réelle ou potentielle (ETR ou ETP ; Currie, 1991) ; les troisièmes, plus rarement soutenues, mettent plutôt l'accent sur l'hétérogénéité des paysages et des habitats (Shmida et Wilson, 1985). Ce serait donc plutôt le régional qui affecterait le local. Malgré l'existence avérée depuis longtemps (voir Whittaker, 1962) d'une forte dépendance de la composition floristique des communautés végétales vis-à-vis des conditions environnementales locales (niveaux de ressources ou facteurs limitants), la diversité régionale paraît ainsi être marginalement liée à la diversité des habitats. Cela pourrait s'expliquer par un nombre relativement restreint d'espèces strictement liées à un habitat. Malgré leur faible contribution à la diversité-nombre d'espèces, ces espèces peuvent cependant être rares ou endémiques et avoir une forte valeur du point de vue de la conservation…

La corrélation peut s'expliquer par un véritable couplage entre le local et le régional, couplage qui est plus facile à concevoir dans le cadre d'une écologie « gleasonienne » (mettant l'accent sur les sources de variation aléatoire de la composition des communautés) que dans celui de l'écologie « clementsienne » ou de la phytosociologie qui mettent l'une et l'autre l'accent sur l'intégration des communautés. Dans ce cadre, deux mécanismes pourraient jouer un rôle prépondérant, la fréquence et la variabilité des perturbations d'une part, l'importance de la dispersion d'autre part. Ces mécanismes se combinent dans les modèles de coexistence des espèces.

Les perturbations empêchent la monopolisation des ressources et de l'espace par un petit nombre d'espèces dites dominantes ; elles peuvent aussi générer des conditions favorables à l'installation d'espèces ayant des traits d'histoire de vie particuliers. Le plus souvent, elles facilitent l'installation d'espèces rudérales ou pionnières et limitent la survie d'espèces de milieu ou de fin de succession. De ce fait, les perturbations n'ont d'effet positif sur la diversité (nombre d'espèces) que pour une gamme de fréquence intermédiaire (Connell, 1978 ; Huston, 1979). Les effets sur la présence d'espèces rares ou endémiques sont probablement assez souvent négatifs.

Le deuxième élément de couplage est lié à la possibilité de dispersion dans le paysage (voir Mouquet et Loreau, 2002). Elle peut permettre d'améliorer la diversité locale si des populations sources situées dans des conditions stationnelles favorables (ayant une nombreuse descendance) peuvent coloniser des stations moins favorables ou temporairement favorables (en déficit démographique en l'absence de recrutement externe). Dans ce contexte, un paysage fragmenté où des milieux différents sont juxtaposés est *a priori* favorable à la dispersion. Les populations temporairement favorables peuvent même y jouer un rôle de populations-sources en cas de destruction des habitats les plus favorables. Mais cette fragmentation a aussi des effets négatifs pour des espèces qui ont besoin de vastes territoires ou de conditions de milieu que l'on ne trouve que loin des lisières des habitats ou dans des zones non perturbées.

Perturbation et fragmentation tendent à favoriser un même groupe d'espèces à reproduction rapide et à forte capacité de dispersion. Des espèces comme les plantes herbacées forestières pourraient être nettement défavorisées du fait de leur reproduction principalement végétative. Plus généralement, c'est le nombre d'espèces présentes plus que la diversité patrimoniale qui est favorisé.

Discussion

La notion de biodiversité est beaucoup trop englobante pour être opérationnelle. Elle est toujours utilisée dans un sens restreint qui reste parfois implicite et peut générer des ambiguïtés. Il s'agit alors soit de dénombrer l'ensemble des espèces d'un groupe systématique présentes en un lieu donné en tenant éventuellement compte de leur fréquence, soit d'associer à certaines d'entre elles une valeur patrimoniale (espèce endémique ou nettement mieux représentée dans un territoire) ou une valeur liée à des propriétés particulières (divergence génétique ou divergence écologique avec les autres espèces présentes…).

Le dénombrement des espèces ne semble impliquer ni jugements de valeur, ni connaissances approfondies de la répartition des espèces ou de leurs caractéristiques écologiques ou génétiques. Il est plus neutre, plus facile à mettre en œuvre et, tout naturellement, les recherches conduites en écologie ont privilégié cette mesure de la biodiversité. Sur la base de cette définition, il a été possible de s'affranchir de simples approches descriptives pour mettre en place des recherches expérimentales ou des travaux théoriques. L'effet du nombre d'espèces présentes sur le fonctionnement des systèmes écologiques a souvent été étudié. Même si la question reste controversée, un consensus semble progressivement se dégager pour conclure que les effets directs du nombre d'espèces sont rares ou de faible intensité et que certaines espèces ont des effets beaucoup plus importants que les autres sur le fonctionnement des systèmes écologiques. Il s'agit d'espèces que l'on pourrait qualifier de clefs de voûte dans un sens très large du terme. Leur disparition modifie le fonctionnement et la diversité du système écologique concerné. Les caractéristiques écologiques de ces espèces (traits d'histoire de vie) permettent en principe (et généralement *a posteriori*) d'expliquer leur plus ou moins grande importance pour le fonctionnement de tel ou tel système écologique. En modifiant ce fonctionnement, elles conduisent à de véritables transformations de l'habitat et à de fortes variations de la biodiversité. L'intensité de ces effets est *a priori* liée à la taille de leurs populations ou à leur biomasse relative à la fonction réalisée. Cela conduirait, pour les plantes, à une relation directe entre leur biomasse et leur contribution aux grands cycles ou au flux de l'écosystème. Les relations sont plus complexes pour les animaux en fonction de leur taille, de leur métabolisme et de leur place dans les chaînes trophiques. La biomasse dans l'écosystème est alors loin d'être un critère déterminant. Ainsi des insectes pollinisateurs, même relativement rares et éphémères, peuvent avoir un grand rôle dans la dynamique du système. Plus généralement, des espèces occupant le sommet de chaînes alimentaires comme les grands carnivores, tout en ayant de petites populations et en étant soumis au risque d'extinction, ont un rôle important dans la dynamique et le fonctionnement des systèmes écologiques.

À petite échelle, la diversité-nombre d'espèces dépend des variations historiques du climat et de la tectonique régionale ainsi que de grands facteurs climatiques, la part des uns et des autres restant à expliciter. Au niveau local, elle est favorisée lorsque les possibilités d'échange à l'échelle du paysage sont importantes, ce qui implique un certain mode de structuration ou de fonctionnement à cette échelle : rythme de perturbations, taille des unités de mise en valeur, capacité de dispersion des espèces… Les mécanismes auxquels on se réfère sont ceux de l'écologie moderne ou gleasonienne.

Cette approche de la biodiversité aurait une valeur générale si les espèces à forte valeur patrimoniale (ou à forte divergence génétique, écologique…) avaient des patrons de répartition proches de celui de l'ensemble des espèces. Dans le cas contraire, qui nous semble vraisemblable, elle paraît insuffisante pour rendre compte de la biodiversité dans son ensemble (et en particulier de l'importance accordée à la disparition d'espèces à l'échelle globale). Une certaine banalisation (espèces cosmopolites, espèces envahissantes) peut parfois compenser, voire même accélérer la disparition d'endémiques locales comme dans les îles océaniques. Les perturbations et l'augmentation des capacités de dispersion liées à l'homme jouent alors un rôle important et négatif.

Les approches qui tiennent compte de l'endémisme ou de la rareté des espèces sont plus difficiles à mettre en œuvre ; elles imposent de réunir des bases de données importantes sur leur répartition ou leur phylogénie. La difficulté est de trouver un mode de pondération de chaque espèce par sa rareté ou son degré d'endémisme. Le plus souvent, le dénombrement des espèces est remplacé par le dénombrement des espèces ayant tel niveau de rareté ou d'endémisme. Ce n'est pas réellement satisfaisant et ce d'autant plus que la rareté a des modalités assez diverses (Rabinowitz, 1981). C'est néanmoins l'approche de la conservation quand celle-ci n'est pas axée directement sur une espèce emblématique. Une variante mettant l'accent sur les habitats (*cf.* réseau Natura 2000 et mise en œuvre de la directive européenne « Habitats ») est basée sur l'hypothèse d'une relation étroite entre composition floristique ou faunistique et conditions de milieu. Cette approche privilégie des habitats correspondant à des conditions écologiques originales, ce qui peut être pertinent, certaines espèces à forte valeur patrimoniale étant liées à ces conditions de milieu. Cela fournit aussi des possibilités d'interventions moins ciblées et plus « naturelles » : restaurer des conditions de milieu plutôt que de soutenir les populations de telle ou telle espèce. Mais la démarche s'affranchit mal d'une conception typologique étroite (phytosociologie...) et a ainsi tendance à négliger la variabilité de la composition des communautés.

La diversité patrimoniale pourrait, plus que la diversité nombre d'espèces, dépendre de la préservation de conditions d'habitats particulières, d'une relative stabilité des milieux. Cette conception se réfère assez facilement à des démarches anciennes de l'écologie : approche phytosociologique ou clementsienne.

Suivant que l'on cherche à maintenir un nombre élevé d'espèces dans un territoire ou à privilégier les espèces qui y sont fortement liées (endémiques...), on peut être amené à définir des règles de gestion différentes. Le terme biodiversité, en suggérant une cohérence, voire même une unité, est alors fallacieux. La biodiversité, ce sont des espèces, des gènes, des configurations spatiales qui ont leur propre logique de reproduction ou de fonctionnement. Les interactions entre ces niveaux peuvent être fortes mais sont aussi complexes et diverses. La biodiversité reste probablement irréductible à une théorie scientifique unifiée. On peut en traiter tel ou aspect en privilégiant une conception, un groupe d'espèces... et, sur la base de ce choix, avoir une approche objective et reproductible. Néanmoins, le choix initial repose de manière généralement implicite sur un choix de valeur, sur des conceptions éthiques ou esthétiques, sur des contraintes techniques.

Le terme biodiversité est apparu à l'interface entre le champ scientifique et le champ politique (Ghilarov, 1996 ; Lepart, 1997). À ce niveau, le constat de la perte de biodiversité vient souligner les illusions et les risques de tentatives de maîtrise totale des systèmes écologiques. La dynamique de chaque espèce ou de chaque groupe d'espèces peut avoir valeur d'indicateur d'un manque de ménagement des systèmes naturels, voire même d'erreurs de gestion. Le scientifique n'a pas de normes absolues à proposer au citoyen, mais il devrait être capable d'attirer l'attention sur des conséquences imprévues pour la biodiversité de tel ou tel choix de modèle de développement, de systèmes de gestion… Il est donc tout à fait pertinent qu'il intervienne dans ce champ à condition de bien préciser de quoi il parle et signaler les limites de son discours. Mais, plus généralement, il faut conclure que le problème de la biodiversité nous interroge sur nos relations à la nature et, à ce titre, soulève des questions d'éthique ou d'esthétique.

Jacques LEPART

BIBLIOGRAPHIE

CAUGHLEY, G., 1994, « Directions in conservation biology », *Journal of Animal Ecology*, 63, p. 215-244.

CONNELL, J.H., 1978, « Diversity in tropical rainforests and coral reefs », *Science*, 199, p. 1302-1309.

EHRLICH, P. & EHRLICH, A., 1981, *Extinction. The causes and consequences of the disappearance of species*, Random House, New York, 305 p.

ELTON, C.S., 1958, *The ecology of Invasions by Animals and Plants*, Methuen, London.

ENGELBERG, J. & BOYARSKY, L.L., 1979, « The noncybernetic nature of ecosystems », *Am. Nat.*, 114, p. 317-324.

ESTES, J.A. & DUGGINS, D.O., 1995, « Sea otters and kelp forests in Alaska : generality and variation in a community ecological paradigm », *Ecological Monographs*, 65, p. 75-100.

GARNIER, E., NAVAS, M.L., AUSTIN, M.P., LILLEY, J.M. & GIFFORD, R.M., 1997, « A problem for biodiversity productivity studies : how to compare the productivity of multispecific plant mixtures to that of monocultures ? », *Acta Oecologica*, 18, p. 657-670.

GHILAROV, A., 1996, « What biodiversity mean scientific problem or convenient myth ? », *TREE* 11, p. 304-306.

GRIFFITHS, B.S., RITZ, K., BARDGETT, R.D., COOK, R., CHRISTENSEN, S., EKELUND, F., SORENSEN, S.J., BAATH, E., BLOEM, J., DE RUITER, P.C., DOLFING, J. & Nicolardot, B., 2000, « Ecosystem response of pasture soil communities to fumigation-induced microbial diversity reductions : an examination of the biodiversity-ecosystem function relationship », *Oikos*, 90, p. 279-294

GRIFFITHS, B.S., RITZ, K., WHEATLEY, R., KUAN, H.L., BOAG, B., CHRISTENSEN, S., EKELUND, F., SORENSEN, S.J., MULLER, S. & Bloem, J., 2001, « An examination of the biodiversity-ecosystem function relationship in arable soil microbial communities », *Soil Biology and Biochemistry*, 33, p. 1713-1722

HECTOR, A., SCHMID, B., BEIERKUHNLEIN, C., CALDEIRA, M.C., DIEMER, M., DIMITRAKOPOULOS, P.G., FINN, J.A., FREITAS, H., GILLER, P.S., GOOD, J., HARRIS, R., HOGBERG, P., HUSS DANELL, K., JOSHI, J., JUMPPONEN, A., KORNER, C., LEADLEY, P.W., LOREAU, M., MINNS, A., MULDER, C.P.H, O' DONOVAN, G., OTWAY, S.J., PEREIRA, J.S., PRINZ, A., READ, D.J., SCHERER LORENZEN, M., SCHULZE, E.D.,

Siamantziouras, A.S.D., Spehn, E.M., Terry, A.C., Troumbis, A.Y., Woodward, F.I., Yachi, S. & Lawton, J.H., 1999, « Plant diversity and productivity experiments in european grasslands », *Science*, 286, p. 1123-1127.

Hogdson, J.G., Thompson, K. & Wilson, P.J., 1998, « Does biodiversity determine ecosystem function ? The ecotron experiment reconsidered », *Functionnal Ecology*, 12, p. 843-856.

Humboldt, A. von, 1805, *Essai sur la géographie des plantes ; accompagné d'un tableau physique des regions équinoxiales*, Paris, Levrault, Schoell et Cie, 155p.

Hunt, H.W. Wall, 2002, « Modelling the effects of loss of soil biodiversity on ecosystem function », *Global Change Biology*, 8, p. 33-50

Huston, M., 1997, « Hidden treatments in ecological experiments : reevaluating the ecosiystem function of biodiversity », *Oecologia*, 110, p. 449-460.

Huston, M.A., 1979, « A general hypothesis of species diversity », *Am. Nat.*, 113, p. 81 101

Hutchinson, G.E., 1959, « Hommage to Santa Rosalia, or, why are there so many kinds of animals ? », *Am. Nat.*, 93, p. 145-159.

Lawton, J., 1994, « What do species do in ecosystems », *Oikos*, 71, p. 367-374.

Lepart, J., 1997, « De la diversité spécifique à la biodiversité. Les raisons d'un succès », *Forêt méditerranéenne*, 28, p. 4-10.

Leps, J., Brown, V., Diaz Len, T.A., Gormsen, D., Hedlund, K., Kailova, J., Korthals, G.W., Mortimer, S.R., Rodriguez Barrueco, C., Roy, J., Santa Regina, I., Van Dijk, C., & Van der Putten W.H., 2001, « Separating the chance effect from other diversity effects in the functioning of plant communities », *Oikos*, 95, p. 123-134.

Liiri, M., Setala, H., Haimi, J., Pennanen, T. & Fritze, H., 2002a, « Relationship between soil microarthropod species diversity and plant growth does not change when the system is disturbed », *Oikos*, 96, p. 137-149.

—, 2002b, « Soil processes are not influenced by the functional complexity of soil decomposer food webs under disturbance. *Soil Biology and Biochemistry*, 34, p. 1009-1020.

Loreau, M. & Hector, A., 2001, « Partitionning selection and complementarity in biodiversity experiments », *Nature*, 412, p. 72-76.

Mac Arthur, R.H., 1957, « On the relative abundance of bird species », *Proc. Nat. Acad. Sci.*, USA, 45, p. 293-295.

—, 1965, « Patterns of species diversity », *Biol. Rev.*, 40, p. 510-533.

Margalef, R., 1957, « La teoria de la informacion en ecologia «, *Mem. Real. Acad. Ciencias Artes Barcelona*, 32, p. 373-449.

Mills, L.S., Soulé, M. & Doak, D.F., 1993, « The keystone species concept in ecology and conservation », *Bioscience*, 43, p. 219-224.

Mouquet, N. & Loreau, M., 2002, « Coexistence in metacommunities : the regional similarity hypothesis », *Am. Nat.*, 159, p. 420-426.

Naeem, S., Thompson L.J., Lawler, S.P., Lawton, J.H. & Woodfin, R.M., 1994. « Declining biodiversity can alter the performance of terrestrial ecosystems », *Philosophical Transactions of the Royal Society of London B*, 347, p. 249-262.

Odum, E.P., 1969, « The strategy of ecosystem development », *Science*, 164, p. 262-270.

Power, M.E., Tilman, D., Estes, J.A., Menge, B.A., Bond, W.J., Mills, L.S., Daily, G., Castilla, J.C., Lubchenco, J. & Paine, R.T., 1996, « Challenges in the quest for keystones », *Bioscience*, 46, p. 609-620.

PRESTON, F.W., 1948, « The commonness and rarity of species », *Ecology*, 29, p. 254-283.
RABINOWITZ, D., 1981, « Seven forms of rarity », *in* Synge H. (ed.), *The biological aspects of rare plants conservation*, Wiley, Chichester, p. 205-217.
SCHULZE, E.D. & Mooney, H.A., 1993, *Biodiversity and ecosystem function. Ecological Studies*, n° 99, Springer, Berlin, 525 p.
SPAEKOVA, I. & LEPS, J., 2001, « Procedure for separating the selection effect from other effects in diversity productivity relationship », *Ecology Letters*, 4, p. 585-594.
TERBORGH, J., 1986, « Keystone plant resources in the tropical forest, *in* Soulé M.E., (ed.), *Conservation Biology : the Science of Scarcity and Diversity*, Sinauer, Sunderland Ma., p. 330-344.
TILMAN, D. & EL HADIDI, A., 1992, « Drought and biodiversity in grasslands », *Oecologia*, 89, p. 257-264.
TILMAN, D. & DOWNING, J.A., 1994, « Biodiversity and stability in grasslands », *Nature*, 367, p. 363-365.
WAIDE, R.B., WILLIG, M.R., STEINER, C.F., MITTELBACH, G., GOUGH, L., DODSON, S.I., JUDAY, G.P. & PARMENTER, R., 1999, « The relation ship between productivity and species richness », *Ann. Rev. Eco Syst.*, 30, p. 257-300.
WALKER, B., 1995, « Conserving biological diversity through ecosystem resilience », *Conservation Biology*, 9, p. 747-752.
WARDLE, D.A., ZACKRISSON, O., HÖRNBERG, G. & GALLET, C., 1997, « The influence of island area on ecosystems properties », *Science*, 277, p. 1296-1299.
WARDLE, D.A., 1999, « Is "sampling efffect" a problem for experiments investigating biodiversity ecosystem function relationships ? », *Oikos*, p. 403-407.
WHITTAKER, R.H., 1962, « Classification of natural communities », *The Botanical Review*, 28(1), p. 239.
—, 1972, « Evolution and measurement of species diversity », *Taxon*, 21, p. 213-251.
WOLTERS, V., 2001, « Biodiversity of soil animals and its function », *European Journal of Soil Biology*, 37(4), p. 221-227.

Mise en place et évolution de la biodiversité : l'exemple de la flore méditerranéenne

L'exceptionnelle diversité biologique des écosystèmes de la région méditerranéenne a encore été soulignée récemment, face à la crise actuelle d'extinction des espèces et aux changements environnementaux qui menacent cet héritage biologique unique (Blondel & Médail, 2005). En raison d'un impact anthropique galopant, ne subsisterait en effet que 5 % de végétation méditerranéenne qualifiée de *naturelle* (Médail & Myers, 2004). Pour tenter de comprendre l'origine de cette forte biodiversité et son évolution, l'importance des processus écologiques locaux fut initialement évoquée, en particulier le rôle des stress environnementaux et des perturbations qui permettent de limiter la compétition inter-spécifique en déterminant de fortes hétérogénéités spatiales et temporelles. Plus récemment, l'importance des processus macroécologiques et évolutifs, s'inscrivant dans des échelles spatiales et temporelles bien plus vastes, a été montrée (Herrera, 1992 ; Blondel & Aronson, 1999). Les divers épisodes paléogéographiques et climatiques ont en effet fortement influencé les patrons actuels de diversité et de répartition des végétaux rares ou endémiques, principalement localisés dans une dizaine de « points chauds » (*hotspots*) régionaux de biodiversité (Médail & Quézel, 1997). Hérités d'une longue histoire, les végétaux méditerranéens représentent donc des modèles évolutifs complexes et variés (Thompson, 2005). De plus, l'ancienneté de l'impact humain en Méditerranée a eu de profondes conséquences sur l'organisation des paysages et la diversité des écosystèmes. Ainsi, même s'il a plus ou moins traversé le crible de grandes crises comme les glaciations du Pléistocène (Svenning, 2003), cet héritage biologique s'avère fragile face à la rapidité et l'ampleur des changements environnementaux prévus ou en cours sur le pourtour méditerranéen (Sala *et al.*, 2000 ; Mazzoleni *et al.*, 2004). La place de l'homme est aujourd'hui déterminante puisque ses impacts et ses choix de gestion déterminent les dynamiques des écosystèmes et la magnitude des phénomènes de raréfaction ou d'extinction des espèces. Ainsi, si le bassin méditerranéen constitue un *hotspot* reconnu de biodiversité, il est aussi un *hotspot* de croissance démographique humaine (Cincotta & Engelman, 2000). La relation entre une forte biodiversité régionale et une importante densité humaine (Araujo, 2003) est souvent constatée, ce qui pose d'inévitables problèmes de conservation. Dès lors, l'analyse de la mise en place et de l'évolution de la flore méditerranéenne peut permettre de resituer la crise environnementale actuelle dans un cadre spatio-temporel adéquat, afin de mettre en place une politique globale de conservation des potentialités d'évolution des espèces et de leurs habitats.

Les patrons généraux de richesse floristique en région méditerranéenne

Estimée à 25 000 espèces ou 30 000 espèces et sous-espèces, la richesse floristique de la région méditerranéenne équivaut à environ 10 % des végétaux supérieurs du globe présents sur seulement 1,6 % de la surface terrestre (Médail & Quézel, 1997). Deux pôles principaux de diversité végétale existent, l'un occidental qui comprend la péninsule Ibérique et le Maroc, et l'autre oriental avec la Turquie et la Grèce. Les secteurs biogéographiques où le taux d'endémisme dépasse 20 % ne sont pas rares, particulièrement sur les îles et dans les montagnes. Les 10 points chauds (*hotspots*) régionaux de biodiversité méditerranéenne abritent environ 5500 végétaux endémiques (44 % de l'ensemble) sur 22 % des terres (soit *ca.* 515 000 km^2). Leur localisation coïncide le plus souvent avec celle des zones refuges mises en évidence par les études paléoécologiques et phylogéographiques (Hewitt, 2000 ; Petit *et al.*, 2003). Points chauds et zones refuges abritent d'ailleurs la majorité des ligneux méditerranéens endémiques à aire de répartition restreinte (Quézel & Médail, 2003).

Les disparités de diversité régionale (*diversité gamma*) entre les cinq régions à climat méditerranéen du globe (Cowling *et al.*, 1996) s'expliquent sans doute plus par un déterminisme phylogénétique et des pressions de sélection différentes qui influencent les processus de spéciation et d'extinction, que par de profondes différences d'hétérogénéité environnementale. Ainsi, la diversité gamma maximale de la province floristique du Cap, en Afrique du Sud, trouve en partie son origine dans des processus de spéciation par radiation adaptative intenses, rapides et récents (Richardson *et al.*, 2001). La diversité floristique selon des gradients édaphiques et géographiques majeurs (*diversité béta*) est déterminée, quant à elle, par le *turnover* évolutif des végétaux vicariants ; cette diversité de différenciation est élevée chez les espèces des matorrals méditerranéens (*Astragalus, Genista, Cistus, Lavandula, Thymus…*), issues de lignées évolutives récentes, à potentialités assez limitées de dispersion et souvent favorisées par les perturbations. À une échelle locale (inférieure ou égale à 0,1 ha), les communautés végétales du bassin méditerranéen se caractérisent par des richesses floristiques (*diversité alpha*) très variables, mais certains habitats comme les pelouses à annuelles se placent parmi les plus riches ensembles biotiques connus, pouvant même supplanter des formations structurellement voisines de la région du Cap. Cette diversité floristique locale souvent importante peut s'expliquer par des niveaux réduits de déplacement compétitif liés à une pauvreté de nutriments du sol et à une sécheresse estivale contraignante, couplées à des intensités moyennes de perturbations comme le feu ou le pâturage.

La diversité végétale méditerranéenne, fruit d'une histoire contrastée

Sur le plan biogéographique, la flore méditerranéenne actuelle correspond à divers ensembles hétérogènes liés à la paléohistoire complexe de cette région (ex. Quézel, 1978). Située à la charnière entre la Laurasie et les vestiges du Gondwana, la région circum-méditerranéenne a été peuplée à partir de ces deux ensembles, et son fond floristique se compose d'éléments de souche méridionale (tropicale), principalement d'affinité asiatique, et d'éléments extra-tropicaux, de souche autochtone et septentrionale. L'existence de diverses microplaques depuis au moins le Crétacé a rendu possibles de nombreux échanges entre ces deux ensembles. Cette paléogéographie complexe a également permis le développement d'une riche flore endémique (ex. Verlaque *et al.*, 1997), à la faveur de l'isolement plus ou moins marqué des différentes régions, et de l'extrême hétérogénéité des substrats, de la géomorphologie, mais aussi du climat.

L'origine et la mise en place de la flore méditerranéenne remontent au Cénozoïque, notamment durant le Néogène (23,8 à 1,81 millions d'années). Toutefois, ce n'est qu'au Miocène et surtout au Pliocène que se diversifient bon nombre d'éléments méditerranéens (*Abies, Pinus spp.*, *Quercus cf. ilex, Olea, Phillyrea, Cistus,* etc.) qui imposent la réalité d'une végétation, au moins localisée, de type méditerranéen. Ces taxons étaient associés à de nombreuses espèces mégathermes, aujourd'hui disparues du bassin méditerranéen et cantonnées aux régions tropicales. Entre 3,5 et 2,4 millions d'années s'opère la mise en place du climat méditerranéen, avec un renforcement du contraste saisonnier et un abaissement des températures hivernales (Suc, 1984 ; Pons *et al.,* 1995) ; au début, ce changement climatique se caractérise plus par des fluctuations du rythme des précipitations que par des variations importantes des températures qui n'ont joué un rôle notable qu'à partir du Pléistocène, et les extinctions des végétaux tempérés-chauds ont été alors nombreuses (Svenning, 2003).

Ces puissantes contraintes macroécologiques soulignent l'importance de considérer les données évolutives afin de mieux cerner les réponses adaptatives des végétaux méditerranéens face aux bouleversements géologiques et climatiques, ainsi qu'aux stress et perturbations liés à la mise en place des conditions de méditerranéité. Les résultats phylogénétiques calés par horloge moléculaire sont toutefois encore beaucoup trop ténus pour mettre précisément en parallèle les événements paléogéographiques et climatiques vis-à-vis des modalités de diversification ou de spéciation des végétaux du bassin méditerranéen. Toutefois, l'événement géodynamique majeur représenté par l'assèchement de la Méditerranée lié à la fermeture du détroit de Gibraltar (crise de salinité du Messinien, entre 5,7 et 5,3 Ma), commence à être bien identifié en phylogéographie et il permet d'expliquer l'expansion et la variation génétique de divers taxons comme *Androcymbium gramineum* (Caujapé-Castells & Jansen, 2003).

Herrera (1992) a par ailleurs cherché à analyser si les caractéristiques biologiques des ligneux méditerranéens résultaient uniquement de processus adaptatifs induits par la méditerranéité ou si les contraintes phylogénétiques et les origines historiques de ces végétaux avaient quelque importance. Effectivement, l'âge de la lignée (pré- *versus* post-Pliocène) joue un rôle majeur et permet d'expliquer les variations intergénériques dans l'association des traits d'histoire de vie et des caractères reproducteurs. La comparaison des caractéristiques biologiques des ligneux méditerranéens du pourtour méditerranéen (92 genres), de Californie (53 genres) et du Chili (69 genres) suggère aussi que les similarités observées étaient dues à l'inertie phylogénétique d'un contingent *pré-méditerranéen* datant du Tertiaire et différencié sous un climat de type tropical (Verdú *et al.*, 2003). Les capacités de reprise de souche après incendie des ligneux méditerranéens ne sont d'ailleurs plus considérées comme une adaptation aux feux récurrents, mais plutôt comme une pré-adaptation résultant de leur réponse à une pression d'herbivorie plus intense qu'actuellement (López-Soria & Castell, 1992). Les stratégies de reproduction de plusieurs végétaux pré-Pliocène (*Cneorum tricoccon*, *Osyris alba*, *Ruscus aculeatus, Thymelaea velutina*) sont aussi interprétées comme le vestige d'un « syndrome tropical » qui s'est maintenu sous le climat méditerranéen actuel (Martínez-Pallé & Aronne, 2000). Il est donc possible de distinguer deux groupes, chacun caractérisé par un ensemble d'attributs vitaux (Herrera, 1992 ; Verdú *et al.*, 2003) :

– un groupe pré-Pliocène qui englobe des végétaux généralement sclérophylles, souvent dioïques et cauliflores, à fleurs petites et souvent blanchâtres-verdâtres ou brunâtres, à fruits charnus ou graines de grosse taille mais peu nombreuses, dispersés par les vertébrés ou par barochorie ; ces ligneux rejettent de souche après perturbation (incendies, coupes), et sont plutôt présents dans les stades évolués des dynamiques végétales (ex. *Arbutus unedo, Ceratonia siliqua, Cercis siliquastrum, Daphne spp., Olea spp., Pistacia spp., Quercus spp., Ruscus spp., Smilax aspera…*).

– un groupe post-Pliocène où sont rassemblés les végétaux non sclérophylles, généralement hermaphrodites et à grandes fleurs colorées, à fruits secs ou de petite taille, dispersés par le vent ; ces espèces se régénèrent par germination après perturbation et se rencontrent plutôt dans les stades jeunes des successions (ex. *Cistus spp., Lavandula spp., Phlomis spp., Rosmarinus…*). Ces genres étaient déjà présents au Pliocène, mais ils ont connu ultérieurement une diversification par radiation.

Même si de nombreuses extinctions d'espèces ont eu lieu (Svenning, 2003), il persiste donc des lignées de végétaux d'origine tertiaire dotés d'un ensemble de caractères biologiques existant avant la mise en place du climat méditerranéen. Ces « fantômes écologiques » *sensu* Herrera (1992) possèdent d'ailleurs le plus souvent des attributs biologiques identiques à ceux des arbres des forêts tropicales actuelles. Tandis que ces anciennes lignées persistaient avec difficulté, le groupe des végétaux post-Pliocène se diversifia avec succès grâce à leur cycle de vie court, leur plasticité écologique, leur production importante de graines et leur plus grande facilité à s'adapter aux fluctuations environnementales imprévisibles qui caractérisent le biome méditerranéen.

La place clé des zones refuges du pourtour méditerranéen

Sur le pourtour méditerranéen, l'organisation et la dynamique de la végétation actuelle résultent en premier lieu des instabilités climatiques survenues durant le Pléistocène (Quézel & Médail, 2003, Beaulieu *et al.*, 2005). Toutefois, l'éclosion de civilisations néolithiques de pasteurs et de cultivateurs a aussi profondément affecté l'équilibre écologique naturel que le réchauffement du climat avait progressivement installé depuis plus de dix millénaires. Il n'est donc pas aisé d'établir la part respective de ces processus climatiques *versus* anthropiques dans l'évolution des paysages et des végétations méditerranéennes (Pons & Quézel, 1998). En fait, il est de plus en plus évident que si le premier a été prédominant jusqu'au milieu de la période Atlantique, le second tend à le supplanter ensuite, avec un certain décalage chronologique toutefois, de l'est à l'ouest du bassin.

Une grande partie du pourtour méditerranéen a été épargnée par les avancées des calottes glaciaires qui ont recouvert l'Europe du Nord et les chaînes de montagnes (Alpes, Pyrénées) à hautes altitudes. Les fortes hétérogénéités topographiques et climatiques de la région méditerranéenne offrent aussi d'évidentes possibilités à une espèce de trouver un habitat favorable lors des changements de cycles climatiques (Hewitt, 1999). La région méditerranéenne se distingue donc par l'existence de nombreuses zones refuges, territoires où des populations végétales ont pu persister durant les épisodes glaciaires-interglaciaires du Pléistocène.

Certains refuges passifs peuvent abriter des lignées relictes d'origine tertiaire et ils se localisent principalement (Quézel & Médail, 2003) (Figure 1) : (i) dans certaines régions méridionales épargnées par le front glaciaire, notamment les grandes péninsules (Ibérie, Italie, Balkans) et les îles, et (ii) dans les secteurs où la topographie (gorges, vallons côtiers) et/ou le climat local particulier (importante humidité atmosphérique) ont permis à divers éléments des flores tertiaires de

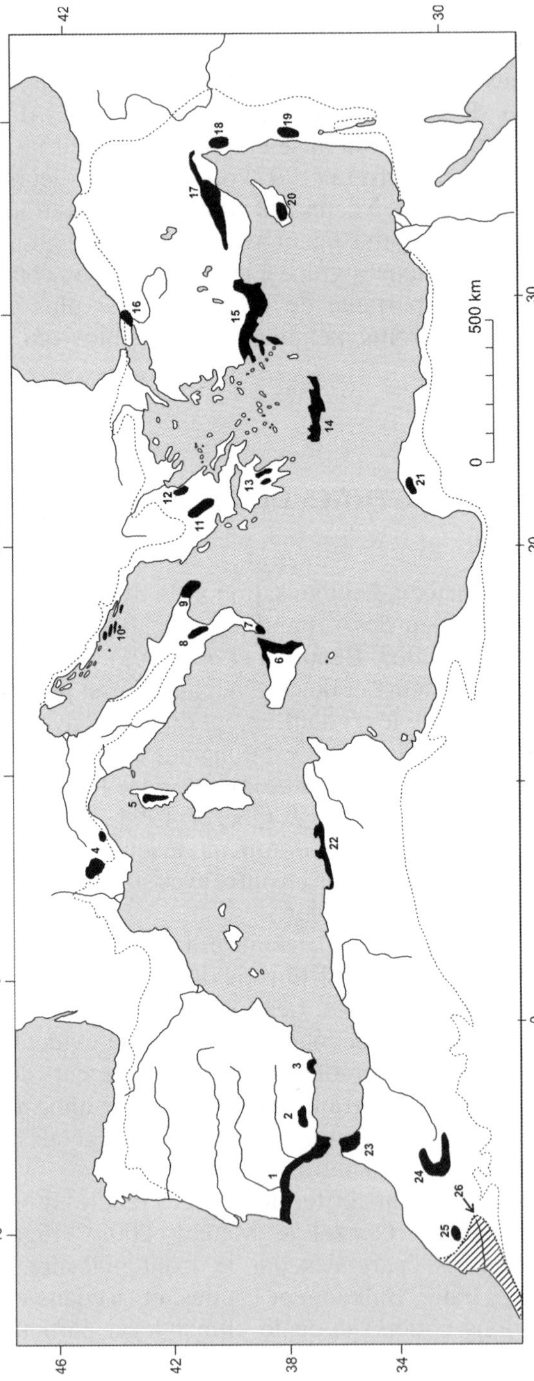

Figure 1. Localisation des principales zones-refuges actuelles comportant des végétaux ligneux relictes, d'origine tertiaire, d'après Quézel & Médail (2003).

subsister jusqu'à nos jours. Les conséquences de l'histoire climatique peuvent donc expliquer la plus grande richesse en espèces ligneuses des forêts méditerranéennes (290 taxons) par rapport à celles de l'Europe tempérée (135 taxons) (Quézel & Médail, 2003), car les extinctions de ligneux semblent avoir été remarquablement déterministes durant le Pliocène et Pléistocène (Svenning, 2003).

D'autres refuges méditerranéens ont joué, par contre, un rôle majeur dans la dynamique de reforestation initiée vers 13000 B.P. Notons que la composition floristique et l'étendue des refuges étaient étroitement liées aux contraintes stationnelles locales, aux pools régionaux d'espèces et aux attributs vitaux des végétaux. Ceci explique l'analogie floristique réduite entre les forêts européennes du post-glaciaire et celles de l'actuel, puisque sur les 32 types de paléo-communautés identifiés par Huntley (1990), seuls 18 sont représentés de nos jours. Birks et Line (1993) ont d'ailleurs montré que la distribution des ligneux tempérés dans les refuges européens était de nature hautement stochastique. Toutefois, certains genres (*Abies, Pinus, Quercus, Corylus*) semblent avoir été présents dans tous les refuges d'Europe méridionale, alors que d'autres montrent une disjonction géographique nette : *Fagus* et *Carpinus* étaient cantonnés à la péninsule Italienne et aux Balkans, *Tilia* et *Ulmus* en Méditerranée orientale. Les refuges quaternaires de Méditerranée se caractérisent par une grande richesse en arbres et arbustes tempérés ou thermophiles. De sorte qu'une fois les conditions climatiques devenues vraiment favorables (vers 10000 ans B.P.), l'expansion de forêts caducifoliées très diversifiées s'est déroulée rapidement, comme sur la chaîne du Pinde (Grèce) où plus d'une vingtaine de ligneux décidus différents existait dès le début du Préboréal (Willis, 1994).

L'approche phylogéographique qui considère en parallèle biogéographie historique et génétique des populations pour expliquer les relations entre variants moléculaires (ex. Taberlet *et al.*, 1998), a abouti à une meilleure délimitation de ces zones refuges et des voies de recolonisation post-glaciaires de certains ligneux méditerranéens (Petit *et al.*, 2003) (Figure 2). Une synthèse des données phylogéographiques concernant 73 végétaux a ainsi permis d'identifier en région méditerranéenne une cinquantaine de zones refuges (Médail & Diadema, inéd.), entités particulières pour la conservation de pools uniques de gènes (Petit *et al.*, 2003 ; Hampe & Petit, 2005). La confrontation de la paléoécologie et de la phylogéographie a aussi ouvert des perspectives nouvelles (Petit *et al.*, 2002, 2003), en examinant si les changements d'aire de distribution d'un végétal s'accompagnent ou non d'une modification du génome du colonisateur. Les implications évolutives s'avèrent donc marquées, car en situation de refuge les populations de végétaux méditerranéens ont pu survivre durant plusieurs cycles de glaciations, migrer et se subdiviser durant les phases glaciaires, mais se réunir et s'hybrider pendant les interglaciaires (Hewitt, 2000). L'ensemble de ces phénomènes a provoqué des divergences ou des mélanges de génomes qui ont donné naissance à de nouveaux taxons endémiques récents, souvent vicariants. Parallèlement, les souches anciennes, paléoendémiques, ont pu persister dans les refuges où les fluctuations

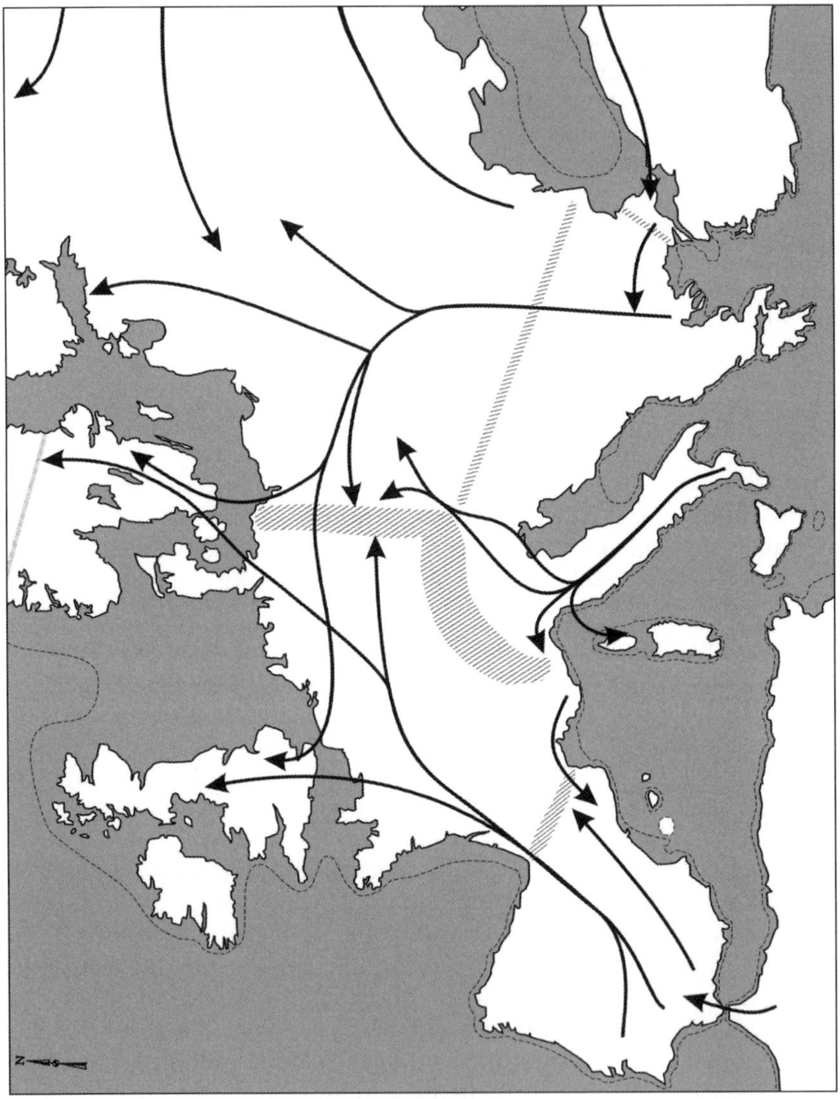

Figure 2. Voies principales de recolonisation postglaciaires et position des zones hybrides principales (traits épais) ou secondaires (traits simples) en Europe ; figure établie par Quézel & Médail (2003) d'après les données de Taberlet *et al.* (1998), Hewitt (2000) et Petit *et al.* (2002).

environnementales étaient les plus modérées. Tous ces processus rendent compte de l'exceptionnelle diversité spécifique et de l'originalité génétique de la flore méditerranéenne, notamment dans les points chauds (*hotspots*) péri-méditerranéens de biodiversité. Ainsi, le rôle des refuges apparaît de plus en plus important afin d'expliquer l'hétérogénéité des flores et végétations méditerranéennes, mais aussi de conserver cet héritage évolutif unique face aux changements environnementaux.

Une biodiversité façonnée par les impacts humains anciens, et menacée par l'anthropisation actuelle

La plupart des historiens estiment que l'impact de l'homme sur les écosystèmes du pourtour méditerranéen fut très important et précoce puisqu'il remonte à plusieurs dizaines de millénaires (voir Thirgood, 1981) (Tableau 1). L'ampleur des perturbations anthropozoogènes a été confirmé par les témoignages paléoécologiques basés sur l'étude des pollens fossiles et des macrorestes (Vernet, 1997 ; Pons & Quézel, 1998 ; Beaulieu *et al.*, 2005). Toutes les découvertes récentes de restes humains réalisées en Europe méridionale montrent que la colonisation humaine du continent européen a été beaucoup plus précoce en région méditerranéenne, par rapport aux latitudes moyennes. Avec la conquête du feu, les impacts sur les milieux naturels vont s'accroître progressivement durant tout le Paléolithique inférieur, et le triptyque agriculture-feux-pâturage a donc eu une influence prépondérante dans l'évolution de la structure et de la biodiversité des écosystèmes méditerranéens. Au début de l'Holocène (*ca.* 10000 B.P.), les défrichements et déboisements sont encore relativement ponctuels et temporaires ; ils reposent sur la pratique des *landnams* (ouvertures transitoires et de petites superficies du milieu boisé pour l'élevage ou l'agriculture) qui prédominera jusque vers 7000-5000 B.P. (Pons & Thinon, 1987). La phase d'amélioration climatique de l'Atlantique correspond, surtout à partir de sa seconde moitié, à l'explosion de civilisations humaines qui ont profondément perturbé l'équilibre naturel. Ainsi, vers 4700-4500 B.P., l'emprise anthropique sur les forêts méditerranéennes augmente, particulièrement dans les plaines et sur les plateaux de basse altitude mais aussi dans certains massifs montagneux (Taurus occidental, sud-est de la Grèce, Corse, Alpes méridionales, Rif). À l'Âge du Bronze et durant toute l'Antiquité, un palier supplémentaire est franchi avec la généralisation des déboisements qui débutent à différentes époques selon les régions : vers 3200 B.P. au nord-ouest de la Grèce, vers 2800 B.P. en Corse, et à 2700 B.P. sur les côtes dalmates... (Pons & Thinon, 1987).

À l'orée des périodes historiques, l'homme a donc probablement détruit une portion notable de forêts qui couvraient la région méditerranéenne, mais cette inter-

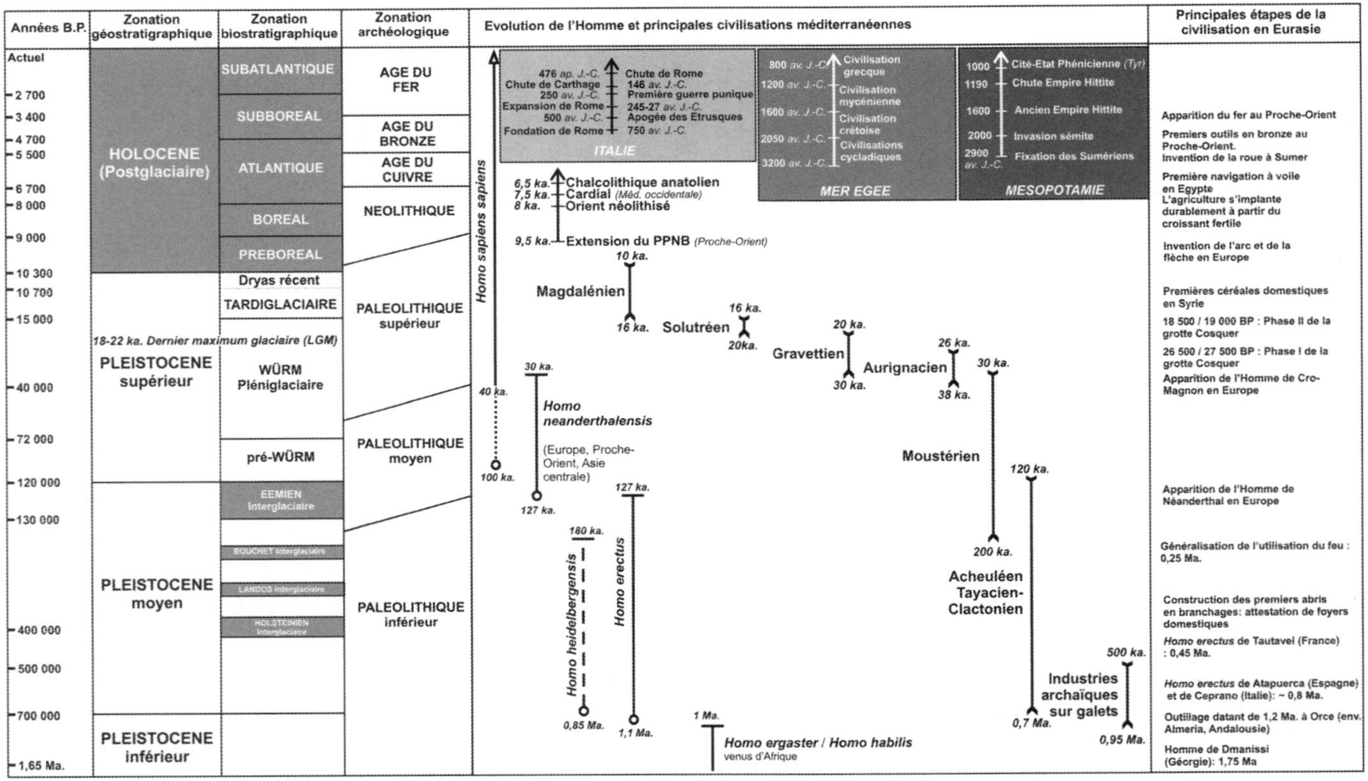

Tableau 1. Synthèse schématique de l'histoire de l'homme, de ses civilisations et des principaux impacts anthropiques en région méditerranéenne ; d'après Quézel & Médail (2003).

prétation est parfois contestée (Grove & Rackham, 2001). Ce défrichement des forêts a été justifié par la recherche de terres de culture et de pacage ; ainsi, en moins de dix siècles, du Ve siècle avant J.-C. jusqu'aux invasions barbares, plus de la moitié des forêts méditerranéennes a été dévastée. Il est donc actuellement le plus souvent difficile, notamment en zone de plaine et sur sols profonds, de se faire une idée précise de la végétation originelle. Les espèces arborées, si elles sont toujours présentes, n'occupent en général que des portions minimes de leur aire potentielle initiale, les forêts primitives pluri-spécifiques se sont appauvries ; leur ouverture, puis la généralisation des pratiques de mise à feu, ont favorisé l'extension des chaméphytes, mais aussi des formations de pelouses pérennes que la surexploitation et l'érosion des sols ont transformé en pelouses à annuelles (Quézel, 2000 ; Quézel & Médail, 2003).

À l'heure actuelle, parmi les régions de plus forte biodiversité du globe, le bassin méditerranéen se positionne dans le peloton de tête pour la densité moyenne d'habitants avec 111 personnes par km^2, la population totale s'élevant à 174 460 000 habitants (Cincotta & Engelman, 2000). La population résidente des pays bordant la Méditerranée, est passée de 225 millions en 1950 à 450 millions en l'an 2000 ; elle pourrait atteindre 550 millions en 2025 et 600 millions en 2050. En règle générale, les trois quarts des populations se concentreraient dans les zones urbaines, surtout présentes le long des côtes puisque sur les 25 000 km de littoral, environ la moitié est fortement urbanisée.

Les conséquences de ces multiples impacts socio-économiques sont profondes pour la gestion des territoires et de leur biodiversité (Blondel & Médail, 2005). Le Fond mondial pour la nature (WWF, 2001) suggère ainsi que la couverture forestière initiale post-glaciaire (steppes arborées comprises) représentait environ 82 % de la surface totale des pays méditerranéens, mais qu'il ne resterait actuellement que 17 % de ce patrimoine, souvent profondément dégradé dans les pays du Sud ; au Moyen-Orient (Liban, Syrie, Jordanie), subsisterait moins de 5 % des forêts post-glaciaires. La situation actuelle est aussi particulièrement dramatique dans les divers pays d'Afrique du Nord (Quézel, 2000), et seuls des programmes ambitieux de gestion écologique intégrée permettront de préserver quelques secteurs encore restés miraculeusement à l'abri de ces destructions. Comme bon nombre de zones humides péri-méditerranéennes, les prairies humides et les marais de basse altitude riches en espèces eurosibériennes et boréales – ce que Roi (1937) nommait « *colonies planitiaires* » (Bas-Rhône, embouchures de l'Arno et du Serchio en Toscane, marais Pontins, marais d'El Kala en Algérie...) – ont aussi été le plus souvent profondément transformées et les extinctions locales de ces populations végétales relictuelles sont nombreuses. Les opérations de conservation entreprises sur le pourtour méditerranéen se concentrent donc sur une portion réduite de végétations semi-naturelles, c'est-à-dire des formations où les espèces dominantes et constantes sont indigènes et où les caractéristiques de structure et de fonctionnement sont considérées comme proches de celles de la végétation naturelle présumée...

Pour une conservation évolutive de la biodiversité méditerranéenne

Conserver la biodiversité face aux changements environnementaux actuels représente le principal défi des opérations de biologie de la conservation, à l'échelle planétaire. Cette tâche semble encore exacerbée en région méditerranéenne, puissant écotone biogéographique et bioclimatique entre les régions européenne, saharienne et irano-touranienne. En effet, un scénario d'évolution de la biodiversité mondiale (Sala *et al.*, 2000) indique que le bassin méditerranéen est l'une des écorégions devant subir les changements les plus drastiques de biodiversité à l'aube de l'an 2100, en raison de l'action synergique de divers paramètres clés : changements des modes d'usage des terres, modifications climatiques, augmentation des dépôts d'azote atmosphérique et de CO_2 atmosphérique.

Certes, les fluctuations environnementales drastiques sont plus la règle que l'exception sous bioclimat méditerranéen, et elles déterminent en grande partie l'organisation et la dynamique des systèmes écologiques, maintenus par des conditions de non-équilibre. On peut donc arguer que ces flores et végétations ont subi depuis la mise en place du climat méditerranéen de tels forçages climatiques et anthropiques que les composantes biotiques actuelles, héritées d'un long filtrage, seront finalement aptes à « faire face » aux changements environnementaux en cours. Pourtant, nous manquons de recul et de résultats tangibles pour prévoir et connaître l'adaptabilité des biocénoses et des espèces méditerranéennes face aux variations actuelles de l'environnement. Le point crucial réside surtout dans la rapidité de ces modifications, sans commune mesure par rapport aux précédentes crises d'extinction qui ont jalonné l'histoire de la terre.

Comment alors résoudre le problème d'une préservation des potentialités futures d'un végétal tout en maintenant l'adaptation locale et actuelle de ses populations ? La place de l'écologie évolutive en biologie de la conservation mérite dans ce contexte d'être développée, pour savoir dans quelles conditions il est préférable de favoriser le maintien de l'adaptation aux conditions locales ou au contraire la préservation de la variation génétique intra- et inter-populations grâce à la régulation des flux géniques (Stockwell *et al.*, 2003). Cet aspect paraît déterminant en région méditerranéenne où la coexistence de lignées et de territoires biogéographiques hétérogènes ne simplifie pas la mise en œuvre d'opérations de gestion qui doivent intégrer ces histoires contrastées. La prise en compte des processus évolutifs en biologie de la conservation a été essentiellement formalisée grâce au concept d'*unité évolutive significative* (*evolutionary significant units : ESU*) qui permet de distinguer des populations d'un taxon en unités de gestion séparées et de haute priorité de conservation. Une ESU se distingue par son isolement reproductif ou historique et ses capacités adaptatives distinctes, mais ces deux composantes ne sont pas nécessairement corrélées (Crandall *et al.*, 2000). L'option classique des gestionnaires est en général de maintenir séparées les diverses ESUs puisque le mélange de populations d'origines différentes est irréversible. Cependant, laisser évoluer chaque ESU présente un risque car un isolement continu peut compromettre à court terme la *fitness* de la population considérée, mais aussi sa viabilité future et son potentiel évolutif. Afin de maintenir les réponses évolutives des végétaux méditerranéens face aux changements globaux et préserver le maximum de variation adaptative, une démarche pertinente pourrait être de conserver les populations présentes le long des principaux gradients environnementaux et biogéographiques (Schluter, 2000). Enfin, le maintien des capacités adaptatives des espèces doit obligatoirement reposer sur une gestion dynamique des mosaïques paysagères et des populations, ce qui implique une conservation *in situ* des habitats.

Conclusion

Dans une période actuelle où les usages anthropiques ont des conséquences globales et locales de plus en plus drastiques, la conservation de la biodiversité méditerranéenne doit constituer une préoccupation scientifique, économique et sociale de premier plan. L'impact des changements globaux en cours et prévus reste encore difficile à cerner car ils dépendent des conditions environnementales locales, des régimes de perturbation et de l'ampleur des diverses pressions anthropiques. Intégrer ces changements environnementaux dans une gestion durable de l'espace biologique méditerranéen et de ses espèces représente donc un défi majeur, à la fois pour les écologues et les chercheurs en sciences sociales. Les régions soumises au bioclimat méditerranéen constituent d'ailleurs des territoires d'exception pour analyser les interactions complexes nouées entre les sociétés humaines et la biodiversité, puisque l'héritage de cette action anthropique pluriséculaire se reflète différemment selon les terroirs, les habitats et les types d'espèces structurantes. Cette hétérogénéité des actions humaines et des réponses biologiques nécessite la mise en œuvre de recherches pluridisciplinaires multi-niveaux, coordonnées sur de longues durées et au sein de territoires choisis comme représentatifs des trajectoires écologiques et socio-économiques en cours (Jollivet, 2003).

Frédéric MÉDAIL

Bibliographie

ARAUJO, M.B., 2003, « The coincidence of people and biodiversity in Europe », *Global Ecol. Biogeogr.*, 12, p. 5-12.

BEAULIEU, J.L. DE, MIRAS, Y., ANDRIEU-PONEL, V. & GUITER, F., 2005, « Vegetation dynamics in the North-West Mediterranean regions : instability of the Mediterranean bioclimate », *Plant Biosystems*, sous presse.

BIRKS, H.J.B. & LINE, J.M., 1993, « Glacial refugia of European tress, a matter of chance ? », *Disssert. Bot.*, 196, p. 283-291.

BLONDEL, J. & ARONSON, J., 1999, *Biology and Wildlife of the Mediterranean Region*, Oxford University Press, Oxford, 328 p.

BLONDEL, J. & MÉDAIL, F., 2005, « Mediterranean biodiversity and conservation, » *in* Woodward, J.C. (ed.), *The Physical Geography of the Mediterranean Basin*, Oxford University Press, Oxford, sous presse.

CAUJAPÉ-CASTELLS, J. & JANSEN, R.K., 2003, « The influence of the Miocene Mediterranean dessication on the geographical expansion and genetic variation of *Androcymbium gramineum* (Cav.) McBride (Colchicaceae) », *Mol. Ecol.*, 12, p. 1515-1525.

CINCOTTA, R.P. & ENGELMAN, R., 2000, « Nature's place. Human population and the future of biological diversity », *Population Action International*, Washington DC., 80 p.

COWLING, R.M., RUNDEL, P.W., LAMONT, B.B., ARROYO, M.K. & ARIANOUTSOU, M., 1996, « Plant diversity in mediterranean-climate region », *Trends Ecol. Evol.*, 11, p. 362-366.

CRANDALL, K.A., BININDA-EMONDS, O.R.P., MACE, G.M. & WAYNE, R.K., 2000, « Considering evolutionary processes in conservation biology », *Trends Ecol. Evol.*, 15, p. 290-295.

GROVE, A.T. & RACKHAM, O., 2001, *The nature of Mediterranean Europe. An ecological history*, Yale University Press, New Haven & London, 384 p.

HAMPE, A. & PETIT, R.J., 2005, « Conserving biodiversity under climate change : the rear edge matters », *Ecol. Lett.*, 8, sous presse.

HERRERA, C.M., 1992, « Historical effects and sorting processes as explanations for contemporary ecological patterns : character syndromes in Mediterranean woody plants », *Am. Nat.*, 140, p. 421-446.

HEWITT, G.M., 1999, « Post-glacial re-colonization of European biota », *Biol. J. Linn. Soc.*, 68, p. 87-112.

—, 2000, « The genetic legacy of the Quaternary ice ages », *Nature*, 405, p. 907-913.

HUNTLEY, B., 1990, « European post-glacial forests : compositional changes in response to climatic change », *J. Veg. Sci.*, 1, p. 507-518.

JOLLIVET, M., 2003, « Le traitement du long terme et de la prospective dans les zones ateliers », *Nature, Sciences, Sociétés*, 11, p. 61-70.

LÓPEZ-SORIA, L. & CASTELL, C., 1992, « Comparative genet survival after fire in woody Mediterranean species », *Oecologia*, 53, p. 493-499.

MARTÍNEZ-PALLÉ, E. & ARONNE, G., 2000, « Pollination failure in Mediterranean *Ruscus aculeatus* L. », *Bot. J. Linn. Soc.*, 134, p. 443-452.

MAZZOLENI, S., DI PASCALE, G., DI MARTINO, P., REGO, F. & MULLIGAN, M. (eds.), 2004, *Recent Dynamics of Mediterranean Vegetation and Landscape*, John Wiley and Sons, London, 306 p.

MÉDAIL, F. & MYERS, N., 2004, « Mediterranean Basin », *in* Mittermeier, R.A., Robles Gil, P., Hoffmann, M., Pilgrim, J., Brooks, T., Mittermeier, C.G., Lamoreaux, J. & da Fonseca, G.A.B. (eds.), *Hotspots Revisited : Earth's Biologically Richest and Most Endangered Terrestrial Ecoregions*. CEMEX (Monterrey), Conservation International (Washington) & Agrupación Sierra Madre (Mexico), p. 144-147.

MÉDAIL, F. & QUÉZEL, P., 1997, « Hot-spots analysis for conservation of plant biodiversity in the Mediterranean basin », *Ann. Missouri Bot. Gard.*, 84, p. 112-127.

PETIT, R.J., BREWER, S., BORDÁCS, S., et 25 autres contributeurs, 2002, « Identification of refugia and post-glacial colonisation routes of European white oaks based on chloroplast DNA and fossil pollen evidence », *Forest Ecol. Manag.*, 156, p. 49-74.

PETIT, R.J., AGUINAGALDE, I., BEAULIEU DE, J.L., BITTKAU, C., BREWER, S., CHEDDADI, R., ENNOS, R., FINESCHI, S., GRIVET, D., LASCOUX, M., MOHANTY, A., MÜLLER-STARCK, G., DEMESURE-MUSCH, B., PALMÉ, A., MARTIN, J.P., RENDELL, S. & VENDRAMIN, G.G., 2003, « Glacial refugia : hotspots but not melting pots of genetic diversity », *Science*, 300, p. 1563-1565.

PONS, A. & QUÉZEL, P., 1998, « À propos de la mise en place du climat méditerranéen », *C.R. Acad. Sci.*, Paris, *Sciences de la terre et des planètes*, 327, p. 755-760.

PONS, A. & THINON, M., 1987, « The role of fire from paleoecological data », *Ecol. Medit.*, 13, p. 3-11.

PONS, A., SUC, J.P., REILLE, M. & COMBOURIEU-NEBOUT, N., 1995, « The history of dryness in regions with a mediterranean climate », *in* Roy, J., Aronson, J., Di Castri, F. (eds.), *Times Scales of Biological Responses to Water Constraints*, SPB Academic Publishing, Amsterdam, p. 169-188.

QUÉZEL, P., 1978, « Analysis of the flora of the Mediterranean and Saharian Africa, *Ann. Missouri Bot. Gard.*, 65, p. 479-534.

QUÉZEL, P., 2000, *Réflexions sur l'évolution de la flore et de la végétation au Maghreb méditerranéen*, Ibis Press, Paris, 117 p.

QUÉZEL, P. & MÉDAIL, F., 2003, *Écologie et biogéographie des forêts du bassin méditerranéen*, Elsevier, Coll. Environnement, Paris, 573 p.

RICHARDSON, J.E., WEITZ, F.M., FAY, M.F., CRONK, Q.C.B., LINDER, H.P., REEVES, G. & CHASE, M.W., 2001, « Rapid and recent origin of species richness in the Cape flora of South Africa », *Nature*, 412, p. 181-183.

ROI, J., 1937, *Les espèces eurasiatiques continentales et les espèces boréo-alpines dans la région méditerranéenne occidentale*, thèse Doct. Sci., Université de Montpellier, Imprimerie Fournié, Toulouse, 217 p.

SALA, O.E., CHAPIN, III F.S., ARMESTO, J.J., BERLOW, E., BLOOMFIELD, J., DIRZO, R., HUBER-SANWALD, E., HUENNEKE, L.F., JACKSON, R.B., KINZIG, A., LEEMANS, R., LODGE, D.M., MOONEY, H.A., OESTERHELD, M., LEROY POFF, N., SYKES, M.T., WALKER, B.H., WALKER, M. & WALL, D.H., 2000, « Global biodiversity scenarios for the year 2100 », *Science*, 287, p. 1770-1774.

SCHLUTER, D., 2000, *The ecology of adaptative radiation*, Oxford University Press, Oxford.

STOCKWELL, C.A., HENDRY, A.P. & KINNISON, M.T., 2003, « Contemporary evolution meets conservation biology », *Trends Ecol. Evol.*, 18, p. 94-101.

SUC, J.P., 1984, « Origin and evolution of the Mediterranean vegetation and climate in Europe », *Nature*, 307, p. 429-432.

SVENNING, J.C., 2003, « Deterministic Plio-Pleistocene extinctions in the European cool-temperate tree flora », *Ecol. Lett.*, 6, p. 646-653.

TABERLET, P., FUMAGALLI, L., WUST-SAUCY, A.G. & COSSON, J.F., 1998, « Comparative phylogeography and postglacial colonization routes in Europe », *Mol. Ecol.*, 7, p. 453-464.

THIRGOOD, J.V., 1981, *Man and the Mediterranean Forest. A History of Resource Depletion*, Academic Press, London & New York, 194 p.

THOMPSON, J.D., 2005, *Plant Evolution in the Mediterranean*, Oxford University Press, Oxford, 293 p.

VERDÚ, M., DÁVILA, P., GARCÍA-FAYOS, P., FLORES-HERNÁNDEZ, N. & VALIENTE-BANUET, A., 2003, « "Convergent" traits of mediterranean woody plants belong to pre-mediterranean lineages », *Biol. J. Linn. Soc.*, 78, p. 415-427.

VERLAQUE, R., MÉDAIL, F., QUÉZEL, P. & BABINOT, J.F., 1997, « Endémisme végétal et paléogéographie dans le bassin méditerranéen », *Geobios mém. sp.*, 21, p. 159-166.

VERNET, J.L., 1997, *L'Homme et la forêt méditerranéenne de la Préhistoire à nos jours*, Éditions Errance, Paris, 248 p.

WILLIS, K.J., 1994, « The vegetational history of the Balkans », *Quatern. Sci. Rev.*, 13, p. 769-788.

WWF-FONDS MONDIAL POUR LA NATURE, 2001, *Les forêts de Méditerranée, une nouvelle stratégie de conservation*, WWF Programme Méditerranée, Rome, 25 p.

Modélisation empirique de la biodiversité : un outil pour évaluer l'impact des changements globaux

Bien qu'il soit souvent ramené uniquement à des problèmes d'ordre climatique, le terme changement global peut se référer à une série de changements naturels ou d'origine anthropique sur la structure biologique et physique de la Terre qui, dans leur ensemble, ont des effets significatifs à échelle globale (IPCC, 2001). Depuis la conférence de Rio en 1992, il est admis que l'augmentation constante de la population mondiale (de 3,5 milliards dans les années 1960 à 6 milliards en 2000) et de la consommation en énergie due au développement économique, ainsi que les changements consécutifs dans la composition de l'atmosphère, devraient changer globalement l'équilibre de la Terre. Les modèles numériques (GCM : modèles de circulation générale), calibrés sur les cent dernières années, projettent que le réchauffement climatique devrait s'accentuer dans les années à venir et que les températures pourraient augmenter de 1,4 °C à 5,8 °C dans les cent prochaines années selon que l'atmosphère sera plus ou moins chargée en gaz à effet de serre. Toutefois, si la température moyenne augmentait de 3 °C, les réchauffements locaux se traduiraient par des augmentations allant jusqu'à 10 °C dans certains cas (IPCC, 2001). Bien que sur les temps géologiques de telles augmentations aient déjà été estimées, c'est la rapidité de ces changements qui inquiète. Comment les espèces et les écosystèmes vont-ils réagir à ces changements futurs alors que le réchauffement sur les cinquante dernières années (1 °C) semble avoir déjà provoqué un nombre important d'extinctions et de migrations d'espèces (Parmesan et Yohe, 2003) ?

Divers programmes internationaux et nationaux ont donc été mis en place pour analyser et prédire l'impact des changements globaux sur les systèmes vivants. Dans ce cadre, deux grands types de changement global sont étudiés : les changements climatiques et les changements d'utilisation des terres. Ces deux notions sont très étroitement liées car les changements climatiques impliquent des modifications dans la gestion du sol, mais il est probable que l'augmentation de l'agriculture intensive et des pollutions associées, l'urbanisation croissante et le développement industriel influent fortement en retour sur le climat.

Réponses écologiques aux changements globaux récents

Des preuves empiriques difficiles à réfuter montrent que les récents changements climatiques (ayant eu lieu au cours des cent dernières années) affectent des organismes avec des distributions géographiques diverses (Parmesan et Yohe, 2003). Les impacts des changements globaux sur les espèces et indirectement sur les écosystèmes peuvent être résumés en trois grandes classes.

Changement dans la phénologie et la physiologie des espèces. Différentes études, en Europe et en Amérique du Nord, ont montré des modifications phénologiques (date des activités saisonnières des animaux et des plantes) qui reflètent très probablement des réponses aux récents changements climatiques (Bairlein et Winkel, 2001, Menzel et Estrella, 2001). En général, les auteurs ont mis en évidence des changements dans les dates d'activités printanières, comme des dates de premières nidifications, de premiers chants d'oiseaux, d'arrivée des oiseaux migrateurs, ou encore des dates de floraison précoces (Fitter et Fitter, 2002). Certaines études indiquent aussi des événements phénologiques automnaux plus tardifs, mais ces modifications sont moins prononcées et montrent un patron plus hétérogène (Walther *et al.*, 2002). En Europe, par exemple sur les cinquante dernières années, la coloration des feuilles montre un retard progressif de 0,3 à 1,6 jour par décennie, alors que la longueur de la saison de croissance a augmenté de 3,6 jours par décennie dans certaines régions.

Changement de distribution des espèces. Les variables climatiques influencent la distribution géographique des espèces, souvent au travers de seuils de tolérance physiologique à la température, la précipitation ou l'humidité, spécifiques à l'espèce. Les espèces migratrices sont parmi les plus étudiées mais montrent souvent de larges fluctuations annuelles dans leurs sites de nidification, rendant difficile la distinction des modifications de distribution à long terme (Crick et Sparks, 1999). Par contraste, les changements de limites de distribution pour les espèces plus sédentaires découlent de processus d'extinction et de colonisation plus simples à appréhender (Walther *et al.*, 2002). Il est maintenant clair que des mouvements vers les pôles et vers des altitudes plus élevées sont observés dans de nombreux groupes taxinomiques et régions au cours du XXe siècle (McCarthy, 2001 ; Parmesan et Yohe, 2003). Les facteurs affectant la distribution des espèces interagissent de manière complexe, et il n'est pas surprenant que de simples corrélations avec la température ne soient pas toujours observées.

Changements de composition des écosystèmes et des interactions interspécifiques. Les changements de phénologie, de physiologie et de distribution des espèces altèrent inévitablement la compétition et les interactions entre espèces, avec des possibles répercussions sur l'abondance locale des espèces et leurs aires de distribution (Hughes, 2000). Ce stress physiologique et les interactions entre espèces devraient provoquer des extinctions d'espèces et promouvoir l'installation d'espèces opportunistes et invasives. Les assemblages de pollen à différentes périodes avant et après les dernières glaciations montrent que les communautés avaient des compositions différentes d'aujourd'hui (Anderson et Brubaker, 1994 ; Clarkson *et al.*, 1995), suggérant que les communautés dans le futur ne devraient pas forcément être la réplique des communautés actuelles, mais qu'au contraire des assemblages jamais observés pourraient être formés. De la même manière que pour les communautés, les changements climatiques perturbent le fonctionnement des écosystèmes. Par exemple, la propagation rapide des arbres fixateur d'azote durant les périodes post-glaciaires ont provoqué l'augmentation rapide de la productivité des écosystèmes aquatiques (Hu *et al.*, 2001), et l'invasion des fixateurs d'azotes à l'intérieur des systèmes sans fixateur ont provoqué des augmentations substantielles de la productivité et de l'inflammabilité (Vitousek et Walker, 1989). De tels changements de milieu et des régimes de perturbations dus à des espèces invasives influencent en retour les patrons futurs d'assemblage dans les communautés (Lavorel et Garnier, 2002).

COMMENT ÉVALUER LES EFFETS DES CHANGEMENTS GLOBAUX SUR LA BIODIVERSITÉ ?

Observation. Des observations à grandes échelles et sur de longues périodes de temps pourraient être réalisées pour mesurer efficacement les effets des changements climatiques tant au niveau de la phénologie qu'au niveau des changements de distribution. Cependant, l'échelle humaine est courte et le temps d'observation trop long pour permettre ces analyses très coûteuses. Ces études peuvent être réalisées uniquement sur des espèces à temps de génération assez courts et répondant rapidement à des variations de leur milieu (ex : insectes ou micro-organismes) (Davis *et al.*, 1998).

Modélisation expérimentale. Pour évaluer l'impact des changements climatiques sur les espèces, une modélisation expérimentale de la relation des espèces avec des variables climatiques peut être réalisée. Les installations de type « écosystèmes artificiels » permettent de contrôler de nombreuses variables physiques et d'étudier les réponses de certaines espèces en termes de paramètres physiologiques ou phénologiques (Lawton, 1994). Ces expériences permettent aussi d'étudier les interactions interspécifiques. Cependant elles ne peuvent être réalisées que sur un nombre limité d'espèces et en fonction de facteurs sélectionnés comme importants par les expérimentateurs. Enfin ce type d'expérience ne permet pas de mesurer des paramètres démographiques (ex : croissance de population, risque d'extinction), qui sont directement liés aux changements de distribution.

Modélisation empirique. Il apparaît donc que la modélisation empirique est l'unique voie pour évaluer l'impact des changements globaux sur la biodiversité sur de vastes échelles spatiales, temporelles et taxinomiques. La modélisation permet de simuler les réponses des espèces aux facteurs du milieu, de projeter les futures distributions d'espèces ou de biomes, ou encore de simuler la dynamique d'espèces dans un paysage fragmenté. Certains modèles utilisent les relations mesurées des espèces ou biomes à des variables de milieu en termes de physiologie ou de phénologie et tentent de produire des cartes de distribution où l'organisme modélisé peut ou ne peut pas exister actuellement et dans le futur, compte tenu de scénarios de changements climatiques (modèles mécanistes) (Chuine *et al.*, 2000 ; Kleidon et Mooney, 2000). Certains modèles basés sur les mêmes données que précédemment, mais intégrant certains processus de compétition et de dynamique de paysage, permettent de simuler d'une manière dynamique les réponses des biomes à des modifications de leur milieu (modèles dynamiques) (Bachelet *et al.*, 2003 ; Sitch *et al.*, 2003). Enfin, d'autres modèles tentent de reproduire les distributions actuelles des organismes étudiés à l'aide de variables de milieu observées permettant de déterminer des enveloppes dans lesquelles les espèces peuvent vivre et se reproduire, et projettent ces enveloppes dans le futur en utilisant des scénarios de changements sur les variables de milieu utilisées (modèles basés sur les niches) (Peterson *et al.*, 2002 ; Thomas *et al.*, 2004 ; Thuiller *et al.*, 2005b).

ÉVALUATION DE LA SENSIBILITÉ DES ESPÈCES AUX CHANGEMENTS GLOBAUX PAR LA MODÉLISATION EMPIRIQUE

Je ne présenterai ici que les modèles basés sur les niches qui tentent de donner une représentation spatiale de la niche réalisée des espèces étudiées. Dans un contexte de changement climatique, la niche réalisée d'une espèce peut être définie comme un hypervolume bioclimatique dans lequel l'espèce peut survivre compte tenu de la compétition, des interactions biotiques et de sa propre capacité de dispersion (Pulliam, 2000). La niche réalisée est donc ce qui est observé dans la nature à un temps donné. Les modèles basés sur les niches vont donc tenter de faire une approximation de la niche réalisée actuelle d'une espèce et de la projeter dans le futur, compte tenu de scénarios de changement climatique (Peterson *et al.*, 2002). Si l'on suppose qu'à échelle continentale le climat gouverne la distribution des espèces (Woodward, 1987 ; Graham, 1992), on peut donc, à l'aide de ces modèles, prédire la distribution actuelle de nombreuses espèces, simplement en estimant les courbes de réponse des espèces à différentes variables bioclimatiques, reconnues importantes pour la survie, la physiologie et la phénologie des espèces (Bartlein *et al.*, 1986).

Parmi les modèles basés sur les niches couramment utilisés, on peut citer de manière non exhaustives les modèles linéaires généralisés (GLM, Guisan *et al.*, 1999 ; Thuiller *et al.*, 2003a), les modèles additifs généralisés (GAM, Leathwick *et al.*, 1998 ; Thuiller *et al.*, 2003a), les arbres de classification (CTA, Rouget *et al.*, 2001 ; Thuiller *et al.*, 2003b), les réseaux de neurones artificiels (ANN, Pearson *et al.*, 2002 ;

Thuiller, 2003) et les algorithmes génétiques (GA, Peterson *et al.*, 2002). Ces modèles permettent de prédire la distribution de nombreuses espèces avec plus ou moins d'exactitude à l'aide de variables bioclimatiques digitalisées telles que les extrêmes de température, les précipitations annuelles et saisonnières ou des indices d'humidité (fonction de l'évapotranspiration). L'hypothèse la plus forte sur laquelle repose en partie ce genre de modèle est l'hypothèse d'équilibre avec le milieu. En effet, la mise en relation de la distribution actuelle d'une espèce avec des variables biophysiques suppose que cette espèce donnée occupe des habitats réellement favorables et adéquats pour elle, indépendamment de l'histoire et des contraintes de dispersion. Bien entendu, cette hypothèse n'est que rarement vérifiée.

La Figure 1 présente la distribution actuelle observée, actuelle simulée et celle prédite dans le futur (2050) sous un scénario de changement climatique pour le châtaigner et le pin d'Alep (Thuiller, 2003). Les modèles reproduisent la distribution observée avec une très forte exactitude. Toutefois, ce qui est projeté dans le futur ne peut être directement assimilé à la distribution future de l'espèce, mais plutôt aux habitats potentiellement adéquats dans le futur. Dans les modèles, les capacités de dispersion et de colonisation des espèces ne sont pas prises en compte. Pour migrer dans des habitats potentiellement favorables dans le futur, les espèces doivent pouvoir migrer et coloniser ces nouveaux habitats. Dans ce sens, la modélisation empirique permet de déterminer la niche bioclimatique potentielle de l'espèce modélisée dans le futur.

Si l'on additionne spatialement toutes les distributions simulées actuelles et futures des espèces modélisées, on peut donc déduire la perturbation au niveau de la richesse spécifique. La Figure 2 présente la richesse spécifique actuelle des plantes en Europe (basée sur 10 % de la flore totale), tandis que les Figures 3 et 4 présentent le pourcentage d'espèces de plantes potentiellement perdues et gagnées par pixel sous quatre scénarios de changements climatiques (Nakicenovic & Swart, 2000). Ces scénarios prennent en compte la réponse théorique de la société, basée sur l'économie, la croissance de la population et la politique environnementale.

Sur la Figure 3, on peut noter que les zones à risques se situent aux niveaux des zones de transition entre les régions biogéographiques méditerranéennes et tempérées. Les forts taux de pertes pourraient être situés par exemple dans le sud de la France, le nord de l'Italie et la région Pannonienne. De récentes analyses ont montré qu'en effet ces régions présentaient un nombre important d'espèces à affinités plutôt euro-sibériennes, et que celles-ci pourraient subir de fortes réductions d'aires de répartition par le sud (Thuiller *et al.*, 2005a). Ceci reviendrait donc à raréfier les espèces à tendance euro-sibérienne dans les régions méditerranéennes (ex : recul du hêtre dans les régions du sud de la France) au profit d'une flore plus adaptée (ex : chêne-vert). En ce qui concerne les gains potentiels d'espèces (Figure 4), la région boréale ainsi que l'arc Alpin pourraient potentiellement gagner un nombre substantiel d'espèces. Cette migration potentielle d'espèces vers des latitudes et altitudes supérieures rejoint les récentes observations (Parmesan et Yohe, 2003) et ce qui a été étudié aux périodes de glaciation-déglaciation (Taberlet et Cheddadi, 2002).

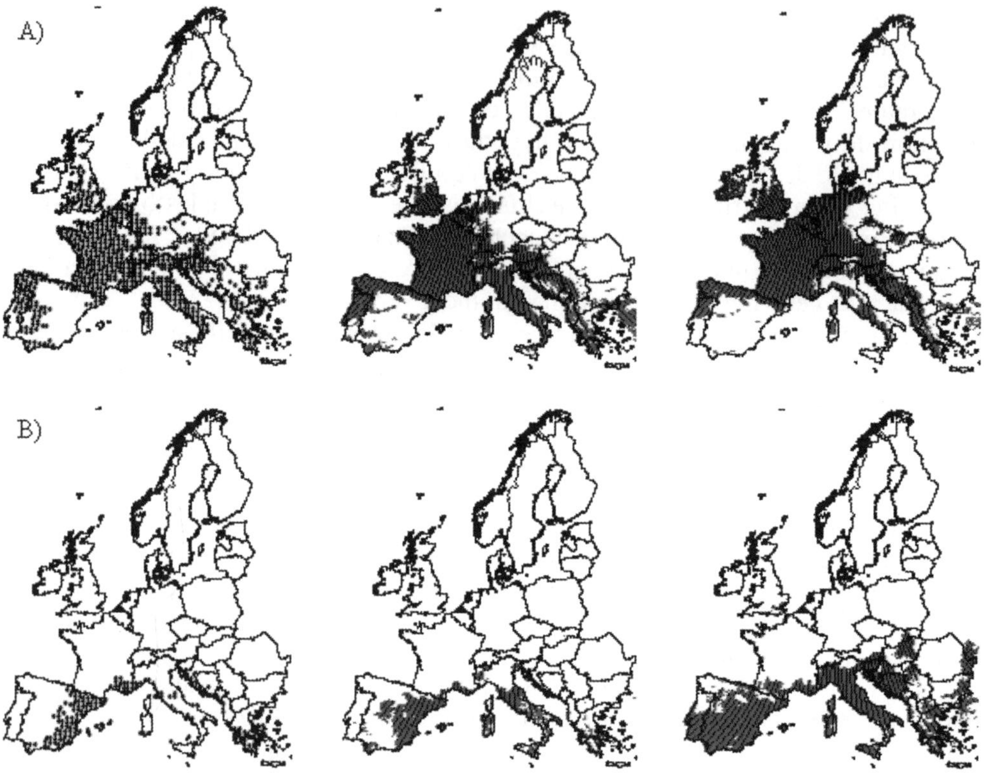

Figure 1. Distribution actuelle observée (*Atlas Florae Europaeae*), actuelle simulée et future potentielle de A) *Castanea sativa* (Chataîgner) et de B) *Pinus halepensis* (Pin d'Alep) suivant le scénario A1 HadCM3 pour 2050.

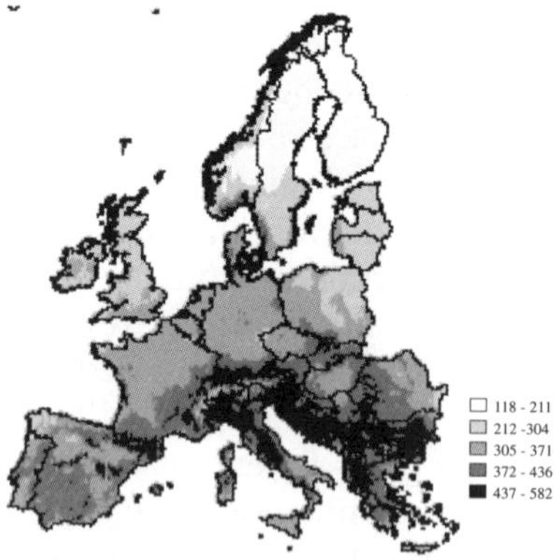

Figure 2. Richesse spécifique actuelle des plantes supérieures en Europe (~10 % de la flore actuelle) simulée à l'aide de modèles basés sur les niches.

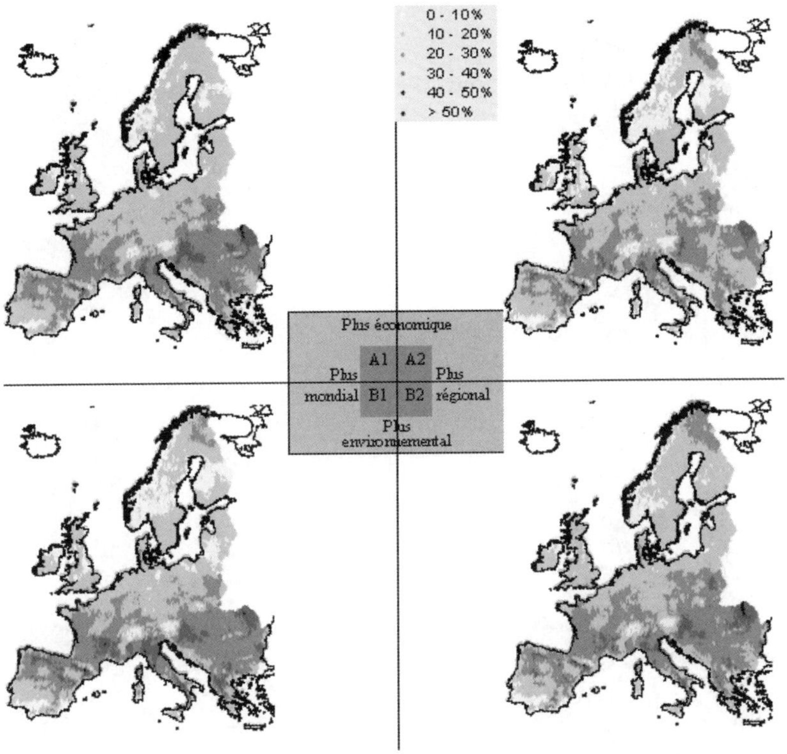

Figure 3. Pourcentage de pertes d'espèces de plantes par pixel, simulée pour 2050 en fonction de quatre scénarios de changements climatiques (HadCM3 A1, A2, B1 et B2)

En terme de scénarios, on peut noter que le scénario B1 (voir figures 3 et 4) est celui qui pourrait générer de moindres modifications de la biodiversité. Ce scénario décrit un monde convergent avec la même population mondiale culminant au milieu du siècle et déclinant par la suite, mais avec des changements rapides dans les structures économiques vers une économie de services et d'information, avec des réductions dans l'intensité des matériaux et l'introduction de technologies propres et utilisant efficacement des ressources.

Bien qu'encore en développement, ces scénarios de changements climatiques sont informatifs car ils donnent une fourchette des changements les plus probables qui pourraient survenir dans les cent prochaines années. L'accumulation des incertitudes liées aux scénarios de changements climatiques (Allen *et al.*, 2000) et aux techniques de modélisation employées (Thuiller *et al.*, 2004), ainsi que l'imprédictibilité de la réponse des espèces ne permettent pas aux modèles de faire des prédictions exactes, mais ils procurent des premières estimations des effets des changements climatiques sur la biodiversité en termes de changements de distribution. Des développements méthodologiques restent encore à élaborer pour prendre

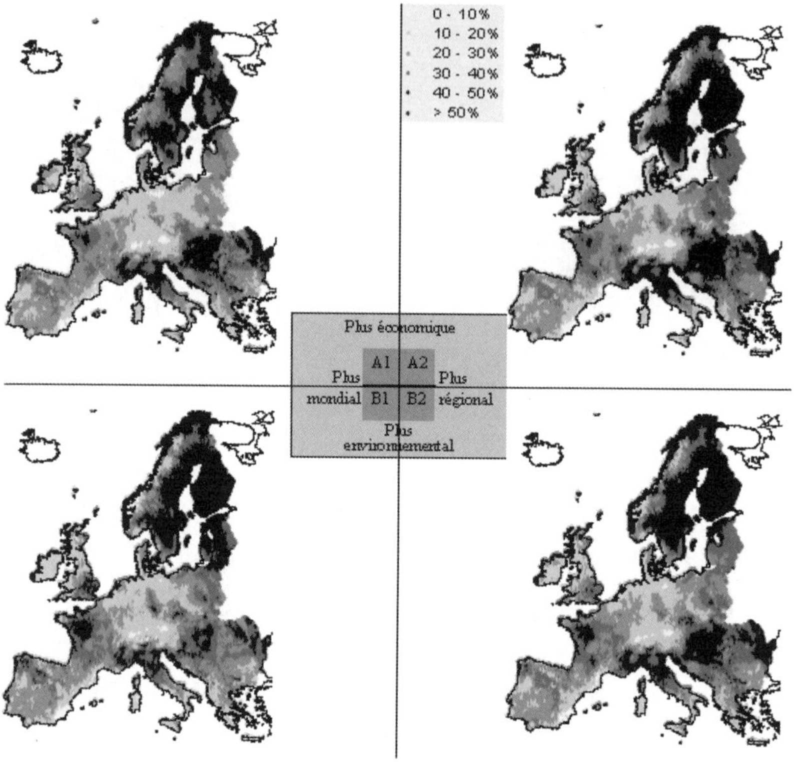

Figure 4. Pourcentage de gains d'espèces de plantes par pixel, simulée pour 2050 en fonction de quatre scénarios de changements climatiques (HadCM3 A1, A2, B1 et B2).

en compte la capacité de dispersion des espèces, la compétition interspécifique ou bien encore la structuration du paysage et les modifications d'utilisation des terres. Tous ces phénomènes interviennent sur des échelles de temps et d'espaces différentes, nécessitant la mise en place d'outils de modélisation spatialement et temporellement explicites.

Wilfried THUILLER

BIBLIOGRAPHIE

ALLEN, M.R., STOTT, P.A., MITCHELL, J.F.B., SCHNUR, R. & DELWORTH, T.L., 2000, « Quantifying the uncertainty in forecasts of anthropogenic climate change », *Nature,* 407, p. 617-620.

ANDERSON, P.M. & BRUBAKER, L.B., 1994, « Vegetation history of northcentral Alaska - A mapped summary of late Quaternary pollen data », *Quaternary Science Reviews*, 13, p. 71-92.

BACHELET, D., NEILSON, R.P., HICKLER, T. *et al.*, 2003, « Simulating past and future dynamics of natural ecosystems in the United States », *Global Biogeochemical Cycles*, 17, p. 14.11-14.21.

BAIRLEIN, F. & WINKEL, W., 2001, « Birds and climate change », *in* Lozan, J.L., Graßl, H., Hupfer, P. (eds) *Climate of the 21st Century : Changes and Risks*, Wissenschaftliche Auswertungen, Hamburg.

BARTLEIN P.J., PRENTICE I.C. et WEBB T., 1986, « Climatic response surfaces from pollen data for some eastern North-American taxa », *J. of Biogeography*, 13-1 : 35-57.

CHUINE, I., CAMBON, G. & COMTOIS, P., 2000, « Scaling phenology from the local to the regional levels : advances from species-specific phenological models », *Global Change Biology*, 6, p. 1-11.

CLARKSON, B.R., MCGLONE, M.S., LOWE, D.J. & CLARKSON, B.D., 1995, « Macrofossils and pollen representing forests of the pre-taupo volcanic eruption (c. 1850 yr bp) era at Pureora and Benneydale, Central North Island, New Zealand », *Journal of the Royal Society of New Zealand*, 25, p. 263-281.

CRICK, H.Q.P. & SPARKS, T.H., 1999, « Climate change related to egg-laying trends », *Nature*, 399, p. 423-424.

DAVIS, A.J., JENKINSON, L.S., LAWTON, J.H., SHORROCKS, B. & WOOD, S, 1998, « Making mistakes when predicting shifts in species range in response to global warming », *Nature*, 391, p. 783-786.

FITTER, A.H. & FITTER, R.S.R., 2002, « Rapid changes in flowering time in British plants », *Science*, 296, p. 1689-1691.

GRAHAM, R.W., 1992, « Late pleistocene faunal changes as a guide to understanding effects of greenhouse warming on the mammalian fauna of North America », *in* Peters, R.L., Lovejoy, T. (eds), *Global warming and biological diversity*, Yale University, New Haven and London.

GUISAN, A., WEISS, S.B. & WEISS, A.D., 1999, « GLM versus CCA spatial modelling of plant species distribution », *Plant Ecology*, 143, p. 107-122.

HU, F.S., FINNEY, B.P. & BRUBAKER, L.B., 2001, « Effects of holocene Alnus expansion on aquatic productivity, nitrogen cycling, and soil development in southwestern Alaska », *Ecosystems*, 4, p. 358-368.

HUGHES, L., 2000, « Biological consequences of global warming : is the signal already apparent ? », *TREE*, 15, p. 56-61.

IPCC., 2001, *Climate Change 2001 : Impacts, Adaptation, and Vulnerability. Contribution of Working Group II to the Third Asssessment Report of the IPCC*, Cambridge University Press, United Kingdom and New York, 1032 p.

KLEIDON, A. & MOONEY, H.A., 2000, « A global distribution of biodiversity inferred from climatic constraints : results from a process-based modelling study », *Global Change Biology*, 6, p. 507-523.

LAVOREL, S. & GARNIER, E., 2002, « Predicting changes in community composition and ecosystem functioning from plant trait : revisiting the Holy Grail », *Functional Ecology*, 16, p. 545-556.

LAWTON, J.H., 1994, « What do species do in ecosystems ? », *Oikos*, 71, p. 367-374.

LEATHWICK, J.R., BURNS, B.R. & CLARKSON, B.D., 1998, « Environmental correlates of tree alpha-diversity in New Zealand primary forests », *Ecography*, 21, p. 235-246.

MCCARTHY, J.P., 2001, « Ecological consequences of recent climate change », *Conservation Biology*, 15, p. 320-331.

MENZEL, A. & ESTRELLA, N., 2001, « Plant phenological changes », *in* Walther, G.-R., Burga, C.A., Edwards, P.J. (eds), *« Fingerprints » of climate change – adpated behaviour and shifting species ranges*, Kluwer Academic Press, New York, p. 123-137.

PARMESAN, C. & YOHE, G., 2003, « A globally coherent fingerprint of climate change impacts across natural systems », *Nature*, 421, p. 37-42.

PEARSON, R.G., DAWSON, T.P., BERRY, P.M. & Harrison, P.A., 2002, « SPECIES : A Spatial Evaluation of Climate Impact on the Envelope of Species », *Ecological Modelling*, 154, p. 289-300.

PETERSON, A.T., ORTEGA-HUERTA, M.A., BARTLEY, J., SANCHEZ-CORDERO, V., SOBERON, J., BUDDEMEIER, R.H. & STOCKWELL, D.R.B., 2002, « Future projections for Mexican faunas under global climate change scenarios », *Nature*, 416, p. 626-629.

PULLIAM, H.R., 2000, « On the relationship between niche and distribution », *Ecology Letters*, 3, p. 349-361.

ROUGET, M., RICHARDSON, D.M., MILTON, S.J. & POLAKOW, D., 2001, « Predicting invasion dynamics of four alien *Pinus* species in a highly fragmented semi-arid shrubland in South-Africa », *Plant Ecology*, 152, p. 79-92.

SITCH, S., SMITH, B., PRENTICE, I.C., *et al.*, 2003, « Evaluation of ecosystem dynamics, plant geography and terrestrial carbon cycling in the LPJ Dynamic Global Vegetation Model », *Global Change Biology*, 9, p. 161-185.

TABERLET, P. & CHEDDADI, R., 2002, « Quaternary refugia and persistence of biodiversity », *Science*, 297, p. 2009-2010.

THOMAS, C.D., CAMERON, A. & GREEN, R.E., *et al.*, 2004, « Extinction risk from climate change », *Nature*, 427, p. 145-148.

THUILLER, W., 2003, « BIOMOD : Optimising predictions of species distributions and projecting potential future shifts under global change », *Global Change Biology*, 9, p. 1353-1362.

THUILLER, W., ARAÚJO, M.B. & LAVOREL, S., 2003a, « Generalized Models versus Classification Tree Analysis : a comparative study for predicting spatial distributions of plant species at different scales », *Journal of Vegetation Science*, 14, p. 669-680.

THUILLER, W., ARAÚJO, M.B., PEARSON, R.G., WHITTAKER, R.J., BROTONS, L. & LAVOREL, S., 2004, « Uncertainty in predictions of extinction risk », *Nature*, 430, p. 34.

THUILLER, W., LAVOREL, S. & ARAÚJO, M.B., 2005a, « Niche properties and geographic extent as predictors of species sensitivity to climate change », *Global Ecology & Biogeography* (sous presse).

THUILLER, W., LAVOREL, S., ARAÚJO, M.B., SYKES, M.T., PRENTICE, I.C., 2005b, « Climate change threats to plant diversity in Europe », *Proceedings of the National Academy of Sciences*, USA (sous presse).

THUILLER, W., VAYDERA, J., PINO, J., SABATÉ, S., LAVOREL, S. & GRACIA, C., 2003b, « Large-scale environmental correlates of forest tree distributions in Catalonia (NE Spain) », *Global Ecology & Biogeography*, 12, p. 313-325.

VITOUSEK, P.M. & WALKER, L.R., 1989, « Biological invasion by Myrica faya in Hawaii : plant demography, nitrogen fixation, ecosystem effects », *Ecological Monographs*, 59, p. 247-265.

WALTHER, G.-R., POST, E. & CONVEY, P., *et al.*, 2002, « Ecological responses to recent climate change », *Nature*, 416, p. 389-395.

WOODWARD, F.I., 1987, *Climate and Plant Distribution*, Cambridge University Press, Cambridge.

La diversité biologique entre valeurs, évaluations et valorisations économiques

Parallèlement à la prise de conscience de l'érosion de la diversité biologique, une rhétorique du « trésor » s'est mise en place depuis les années 80 dans les discours des chercheurs et des décideurs, décrivant celle-ci comme un gigantesque réservoir de ressources encore inexploitées. Les promesses entourant l'essor des biotechnologies, relayées par la poussée de fièvre qui a accompagné la « nouvelle économie », ont fait miroiter l'espoir d'une ruée vers l'« or vert » et d'un bouleversement économique et social comparable à celui engendré en son temps par la révolution industrielle[1]. Par là même, s'est trouvé réactivé le mythe de l'eldorado, des « tropiques d'abondance » et de ces divers avatars produits successivement par la colonisation et les politiques de développement. La question de la « mise en valeur » des territoires du Sud est à nouveau à l'ordre du jour. Ces perspectives ont aiguisé les convoitises et l'institutionnalisation de la problématique de la biodiversité s'est construite pour partie autour des craintes de manque à gagner et de « biopiraterie ». La Convention sur la diversité biologique, qui fait référence aux différentes valeurs de la biodiversité dans son premier paragraphe[2], se donne ainsi pour objectif l'évaluation des bénéfices retirés de l'exploitation de la biodiversité et leur partage « juste et équitable ». On voit que les questions de valeurs, d'évaluation et de valorisation sont mêlées à cette problématique, au double sens où elles y sont très présentes et où, très souvent, ces termes se mélangent. Nous nous proposons de

1. « Notre objectif ultime, écrit J. Rifkin (1998, p. 46), est de surpasser la courbe de croissance de l'ère industrielle en produisant de la matière vivante à un rythme bien supérieur à celui de la nature et en transformant cette matière vivante en corne d'abondance économique. » L'image du « réservoir » est aussi employée par les annonciateurs de la révolution industrielle (Vivien, 2002a).

2. Les parties signataires s'y disent « conscientes de la valeur intrinsèque de la diversité biologique et de la valeur de la biodiversité et de ses éléments constitutifs sur les plans environnemental, génétique, social, économique, scientifique, éducatif, culturel, récréatif et esthétique ».

revenir sur ces notions et sur leur traduction dans le domaine de la biodiversité. Dans un premier temps, nous allons faire retour sur la légitimité du recours à l'évaluation économique pour protéger la diversité biologique. Dans un deuxième temps, nous passerons en revue les divers concepts et méthodes proposés pour évaluer économiquement la diversité biologique. Dans un troisième temps, nous nous pencherons brièvement sur les chiffres dont on dispose aujourd'hui en matière d'évaluation économique de la diversité biologique. Nous conclurons sur des considérations relatives à la place que ces données économiques devraient occuper, selon nous, dans cette problématique.

La légitimité économique au secours de l'écologie ?

Pour persuader les décideurs de l'importance de l'érosion de la biodiversité, les naturalistes ont été conduits à parler des pertes économiques qui y sont liées. Après la publication de *The Sinking Ark* en 1979 dans lequel il avançait divers arguments en faveur de la protection de la diversité biologique, Norman Myers a avoué sa surprise à être systématiquement interrogé par ses interlocuteurs sur les bénéfices économiques que l'on pouvait tirer de la diversité biologique. Cela l'a amené à consacrer un ouvrage entier à décrire la richesse, au sens de la contribution au bien-être matériel de l'humanité, qu'apportait la diversité biologique[3]. Même son de cloche chez Edward Wilson (1992, p. 329) pour qui « la biodiversité est l'une des plus grandes richesses de la planète, et pourtant la moins reconnue comme telle ». À l'occasion de la tenue du National Forum on BioDiversity (Wilson, Peter (eds), 1988), un des premiers colloques internationaux consacrés à cette question, on note la présence, à côté de spécialistes des sciences du vivant, de philosophes et d'économistes qui s'interrogent sur le sens à donner à la recherche d'une valeur pour la biodiversité ; une discussion qui ne fait que poursuivre un débat d'éthique environnementale déjà très ancien (*cf.* Encadré 1). Dans l'interview qu'il a donnée dans un numéro spécial de *La Recherche* consacré à la biodiversité, à la question : « Si vous aviez la charge d'organiser la lutte contre la perte de la biodiversité à l'échelle mondiale, quelles seraient les priorités de votre action ? », Edward Wilson (2000, p. 16) a répondu : « Il faut créer une alliance entre les économistes et les spécialistes de la conservation. »

Cette stratégie s'appuie sur le point de vue défendu par l'économie standard, qui veut que la légitimité de la protection de la diversité biologique passe avant tout

3. N. Myers (1983, p. 3) écrit ainsi : « *From morning coffee to evening nightcap we benefit in our daily life-styles from the fellow species that share our One Earth home. Without knowing it, we utilize hundreds of products each day that owe their origin to wild animals and plants. Indeed our welfare is intimately tied up with the welfare of wildlife […]. This book aims to document the myriad contributions that wildlife makes to our material well-being.* »

Encadré 1. Conserver ou préserver la nature ?

Si l'on s'en tient à l'éthique anthropocentrique (voir R. Larrère dans ce volume pour une présentation des autres éthiques environnementales), deux philosophies de la protection de la nature s'opposent aux États-Unis depuis la fin du XIXe siècle et se retrouvent aujourd'hui dans la façon d'appréhender la diversité biologique. D'un côté, les partisans de la « conservation » en appellent à une exploitation raisonnable de la nature, avec constitution de réserves pour une utilisation future de ces ressources naturelles. Il s'agit là d'une rationalité économique qui est étendue dans le temps. D'un autre côté, suivant en cela les idées de John Muir, les partisans de la « préservation » s'indignent de cette façon de concevoir la nature comme un simple réservoir de ressources et mettent en avant les valeurs identitaires et spirituelles dont elle est porteuse. Depuis l'analyse développée par l'économiste John Krutilla (1967), la philosophie préservationniste est, elle aussi, sommée d'avoir recours à des évaluations économiques pour défendre son point de vue. En traitant de la prise en compte particulière que requièrent les sites naturels remarquables et les écosystèmes uniques, J. Krutilla (1967, p. 779) dit plaider pour ceux qu'il appelle les « descendants spirituels de John Muir », à savoir les membres des sociétés de protection de l'environnement telles que le Sierra Club, la Wilderness Society, etc., qui sont particulièrement sensibles à ces espaces et doivent se sentir lésés par les concepts et méthodes utilisés par les économistes pour calculer la valeur de l'environnement. La solution proposée par cet auteur réside dans l'adjonction d'un nouveau concept – la « valeur d'existence » – censé correspondre à la valeur que les individus assignent à l'environnement, sans que celui-ci leur offre un quelconque usage. Bien évidemment, cette attitude ne fait pas consensus comme en témoignent, par exemple, les points de vue développés par les auteurs présents au National Forum on BioDiversity. D'un côté, Alan Randall (1988) essaie de convaincre l'assistance du bien-fondé de la démarche de l'économie standard pour résoudre les conflits en matière de biodiversité. De l'autre, Bryan Norton (1988), qui cite les propos de Henry Thoreau, parle de « valeurs morales » en ce qui concerne la diversité biologique : selon lui, les espèces ont une valeur en elles-mêmes, leur observation et la connaissance de celles-ci permettant aux humains d'avoir une vie meilleure ; des propriétés qui échappent aux calculs économiques.

par une évaluation économique des bénéfices qu'elle procure à l'humanité. En d'autres termes, c'est parce que la biodiversité n'est pas appréhendée à sa juste valeur qu'elle n'est pas gérée convenablement. D'ailleurs, ce n'est pas tant la reconnaissance de sa valeur que sa traduction par des prix qui pose problème. Pour les économistes, en effet, ce qui n'a pas de prix apparaît sans valeur. D'où l'apparition de ce que les théoriciens néoclassiques appellent des « externalités », à savoir des « défaillances » institutionnelles – du « marché » en particulier – qui empêchent de faire jouer la rationalité économique des acteurs en matière de biodiversité, laquelle s'appuie habituellement sur ces indicateurs de rareté et informations stratégiques que sont les prix. Avec l'aide de l'analyse coûts-avantages, c'est aussi l'évaluation des politiques publiques et de leur impact sur la biodiversité qui va pouvoir être menée. Dans cette optique, si l'on veut que la biodiversité soit protégée ou, du moins, prise en compte dans les calculs économiques des agents publics et privés, il importe donc d'internaliser les externalités dont elle est victime, ce qui revient à faire entrer à l'intérieur de la sphère marchande ce qui, au départ, lui est extérieur.

En réalité, savoir quelle influence aura la fixation d'un prix sur la protection d'une ressource naturelle est sujet à controverse à l'intérieur même du champ de la discipline économique. Ce débat provient du fait que, contrairement à ce que l'on peut penser, on ne dispose pas de lois liant de manière univoque prix et quantité quand on étudie le comportement optimisateur d'un grand nombre d'individus dans un cadre théorique défini comme « marché concurrentiel » (*cf.* Encadré 2). L'indétermination qui entoure ce résultat a d'ailleurs permis que, comme l'a rappelé Valérie Boisvert (2000, p. 21), l'on assiste à un changement de doctrine économique en ce qui concerne la protection des ressources biologiques. Jusque dans les années 90, les économistes, suivant en cela l'analyse proposée par Colin W. Clark (1973), mettaient l'accent sur le fait que la fixation d'un prix élevé incitait à une exploitation rapide de la ressource biologique considérée, ce qui pouvait conduire à son épuisement ou sa disparition rapide. Depuis une décennie, à la suite des travaux de Timothy Swanson (1994), on invoque une relation inverse : un prix élevé apparaît comme une incitation à mettre en œuvre une exploitation raisonnée des ressources biologiques. L'idée est que cela permet de lutter contre le sous-investissement dont souffre la diversité biologique et d'éviter que les terres qui abritent celle-ci soient consacrées à des usages (agricoles, notamment) qui se montreraient plus lucratifs. C'est dans cette perspective, qui veut que les ressources biologiques soient appropriées et sources de revenus comparables à ce que rapporteraient d'autres placements et investissements, qu'une économie de la biodiversité s'est constituée (Pearce et Moran, 1994 ; Perrings *et al.*, 1995) ; une approche qui s'est trouvée légitimée par l'essor des biotechnologies et l'espoir suscité par l'exploitation des ressources génétiques.

Bien évidemment, ces recommandations sont entendues en dehors de la sphère académique, *via* des institutions servant de relais. L'OCDE est une des principales courroies de transmission des analyses économiques dominantes : « Actuellement, peut-on lire dans le rapport de l'OCDE (1996, p. 60), on manque cruellement de données concernant la valeur de la diversité biologique ou les avantages de sa préservation. Il est largement admis que le fait de ne pas évaluer l'environnement et ses ressources est l'une des causes sous-jacentes fondamentales de la perte de diversité biologique sur l'ensemble de la planète. » Les rédacteurs de la Convention sur la diversité biologique ont aussi été sensibles à ces arguments économiques. Une des particularités de ce texte est de vouloir faire des droits de propriété des instruments de valorisation et de protection de la biodiversité – ce qui renvoie à des propositions formulées par certaines théories économiques[4]. Il est vrai que, depuis quelque temps, les acteurs de la protection de la nature ont compris quels avantages ils pouvaient tirer des évaluations économiques. Ainsi, au terme d'une présentation de l'évolution des débats et des institutions qui ont accompagné, pendant les années

4. Il s'agit là de la théorie des droits de propriété, dont les perspectives néo-institutionnalistes peuvent être rapprochées du courant économique dominant. Voir V. Boisvert (2000) et F.-D. Vivien (2002).

Encadré 2. L'épineuse question des prix dans le modèle de concurrence parfaite

Très souvent, le modèle de concurrence parfaite est présenté comme la démonstration du fonctionnement de la « main invisible » du marché. Dans ce modèle, une multitude d'agents économiques, ménages et entreprises, vont prendre des décisions qui maximisent leur bien-être individuel ou leur profit, en prenant uniquement en compte l'information donnée par les prix des biens. Kenneth Arrow et Gérard Debreu ont démontré que, dans ce cadre de concurrence parfaite, il existe une situation d'équilibre général (c'est-à-dire des prix pour lesquels l'offre est égale à la demande sur tous les marchés) qui correspond à une situation optimale au sens de Pareto[a]. Ainsi est supposée prouvée l'efficacité de la coordination marchande, quand elle repose sur un système de prix de marché. Or, il y a loin de cette formulation à la réalité des démonstrations de la théorie néoclassique. On notera d'abord qu'il y a une organisation sociale très particulière sous-jacente au fonctionnement de ce « marché » concurrentiel. Pour les besoins de leur démonstration, Arrow et Debreu ont dû poser une hypothèse qui stipule que les agents économiques disposent de « dotations initiales » (du temps et des droits de propriété sur des biens et des ressources), qui leur permettent de survivre sans qu'ils soient obligés de faire des échanges (... en d'autres termes, s'ils le désirent, ils peuvent vivre sans travailler !). Il n'est hélas pas précisé dans le modèle comment ces modalités de prise en charge des individus se sont mises en place et fonctionnent... Autre hypothèse institutionnelle troublante de ce modèle, les prix y sont affichés par une instance centrale, souvent désignée comme un « commissaire-priseur ». C'est ce dernier qui va faire varier les prix en confrontant l'offre et la demande de biens exprimées par les agents économiques sur chacun des marchés. Autrement dit, c'est son action bénévole qui assure la coordination des agents. Enfin, si l'on revient sur l'idée d'équilibre général, il faut insister sur le fait que seule son existence a été démontrée et non, comme le stipule le « théorème de Sonnenschein », sa convergence et sa stabilité. Ce qui revient à dire que, dans le cadre du modèle de concurrence parfaite, il existe une indétermination quant au résultat de l'interaction des choix d'un très grand nombre d'agents. En d'autres termes, et contrairement à ce que laissent entendre nombre d'économistes, il n'y a pas de démonstration de « lois » de l'offre et de la demande et la coordination des agents par la variation des prix n'est pas au rendez-vous. Le recours aux modèles de « concurrence imparfaite », comme on le suggère parfois, ne change pas grand-chose à l'affaire, puisque l'hypothèse du commissaire-priseur est aussi présente implicitement dans ces modèles. Ajoutons à cela que l'abandon des hypothèses de la concurrence parfaite conduit à l'adoption d'hypothèses encore plus irréalistes.

a. « Le critère de Pareto, écrit B. Guerrien (1996, p. 376), est un critère *unanimiste* : pour lui une affectation des ressources est préférable à une autre si elle est préférée par *tous* les membres de la société [...]. Un cas particulièrement important d'application du critère de Pareto est celui de l'*échange*. En effet, si des individus acceptent de faire des échanges, c'est parce qu'ils veulent augmenter leur satisfaction (ou leur profit) ; par conséquent, l'affectation des ressources "après échange" est unanimement préférée à l'affectation des ressources "avant échange" (à condition, évidemment, que l'échange soit volontaire). Pour les théoriciens néoclassiques, le critère de Pareto permet de juger de l'"efficience" d'une affectation des ressources ; en effet, selon eux, une affectation des ressources est "efficiente" s'il n'en existe pas d'autre qui lui soit préférée selon le critère de Pareto ; elle est "inefficiente" dans le cas contraire. »

70, les projets d'aménagement des rivières dans le centre de l'Angleterre, Claude Henry (1984, p. 195-196) concluait : « Enfin, et ce n'est pas le point le moins intéressant, les grandes sociétés britanniques de protection de la nature ont découvert qu'une discussion économique sérieusement menée, où les compétences et les capacités d'expression des diverses parties sont peu à peu équilibrées, ne va pas nécessairement à l'encontre des intérêts qu'elles défendent ; elles ont en somme découvert que le langage des modèles microéconomiques peut être un bon langage de contestation publique, en même temps qu'un instrument d'organisation des rapports entre divers acteurs publics, instrument sur lequel il peut y avoir intérêt à peser. » David McDowell (1995), le directeur de l'UICN, ne dit pas autre chose : « Nous autres, spécialistes de la conservation, *devons* apprendre l'économie » (c'est lui qui souligne), précisant un peu plus loin : « Si nous voulons vraiment sauver la planète, nous devons commencer par comprendre les dimensions économiques de notre mission. C'est la raison pour laquelle l'UICN se lance dans une nouvelle initiative qui vise à utiliser l'économie comme un instrument. » D'ailleurs, preuve que la microéconomie est considérée comme un langage de négociations, certains concepts de l'économie de l'environnement, par exemple, la valeur d'existence (*cf.* Encadré 1), sont issus d'études financées par des associations de protection de l'environnement pour la défense de certains espaces menacés ; les économistes cherchant à faire la preuve à cette occasion que l'utilisation de l'évaluation économique peut permettre de sauvegarder l'environnement de manière beaucoup plus efficace que par le recours à des procédures juridiques[5].

Les concepts et méthodes d'évaluation économique

La définition d'un prix pour la biodiversité amène à s'interroger sur ce qui fonde sa valeur. Alors qu'elle a fait l'objet d'un questionnement important tout au long du XIXe siècle, la problématique de la valeur a pratiquement disparu de la théorie économique contemporaine. Dans le modèle de référence de la théorie économique néoclassique (*cf.* Encadré 2), les prix sont donnés par un « commissaire-priseur », autrement dit on ne sait pas très bien comment ils sont formés ; ce qui est précisément la question de la théorie de la valeur... Il est, dès lors, intéressant de noter que les questions du fondement et de la mesure de la valeur

5. Voir, par exemple, l'ouvrage de J.V. Krutilla et A.C. Fisher (1975). Il y est notamment question du conflit qui opposa le Sierra Club et l'administration forestière américaine au début des années 70 au sujet de l'aménagement de la Mineral King Valley en Californie. Rappelons que c'est au cours de ce conflit que le Sierra Club passa commande au philosophe Christopher Stone d'un texte resté célèbre dans lequel ce dernier propose d'accorder aux arbres la possibilité d'ester en justice. Pour plus de détails sur cette affaire, voir F. Ost (1995, p. 172).

sont réapparues dans le domaine de la théorie économique, *via* notamment la problématique environnementale. On peut même dire que c'est dans ce domaine que des travaux originaux ont vu le jour en économie standard de l'environnement. Ceci posé, dans ce cadre, il n'y a pas de spécificité particulière pour les concepts et méthodes d'évaluation économique de la biodiversité vis-à-vis d'autres problèmes d'environnement.

Les valeurs et méthodes considérées par la théorie économique standard

On peut passer en revue les différentes catégories de valeur qui sont retenues en tentant de répondre à trois questions (Vivien, 2000) :

1) *Une valeur pour quoi ?* Les économistes standards répondent : une valeur pour des usages ou une valeur pour des non-usages. Les usages peuvent être directs ou indirects. Les premiers regroupent les bénéfices procurés aux individus par la consommation (*via* la chasse, la pêche, la cueillette) de la biodiversité, à des fins de nourriture, de soins ou d'intrants dans le processus industriel. Les seconds recouvrent ce que l'on désigne parfois comme la « valeur écologique » de la biodiversité, à savoir son rôle fonctionnel, tant en ce qui concerne l'évolution des espèces que la dynamique des écosystèmes, qui assure indirectement la fourniture aux sociétés humaines d'un certain nombre de « services » environnementaux, que l'on peut regrouper sous le terme de fonctions de « support de vie » (stabilité climatique, absorption de déchets, cycle de l'eau, etc.). Les valeurs de non-usage sont liées aux valeurs d'existence de la biodiversité. On désigne par là le fait que les individus peuvent reconnaître de la valeur (et, le cas échéant, avoir un consentement à payer) pour des éléments de la biodiversité qui n'entrent aucunement dans leurs usages. C'est une sorte de satisfaction morale à reconnaître et préserver l'existence de non-humains. Ce phénomène va tout particulièrement jouer un rôle pour les espèces que l'on désigne parfois comme « emblématiques ».

2) *Une valeur pour quand ?* Pour aujourd'hui ou pour demain ? Les valeurs d'usage sont considérées au premier abord comme des valeurs présentes, mais les individus peuvent aussi vouloir se réserver des usages de la biodiversité pour plus tard. On parle alors de valeur d'option, puisque l'on se réserve aujourd'hui une option pour demain (un individu peut désirer protéger du gibier aujourd'hui qu'il chassera plus tard). Si l'on tient compte du fait que, la consommation de la biodiversité étant différée aujourd'hui, le temps apportera de nouvelles connaissances en ce qui concerne la valeur de cette dernière (*via*, par exemple, de nouvelles utilisations pour de la biodiversité connue ou pour celle qui reste encore à découvrir), on parle alors de valeur de quasi-option. Il y a ainsi une tension, pour ne pas dire une contradiction, dans la valeur du temps, telle qu'elle est appréhendée par l'économie

standard, entre la dépréciation du futur du fait de l'éloignement de l'horizon temporel – lequel est mesuré par le taux d'actualisation[6] – et le surplus d'informations que le temps apporte avec l'accumulation des connaissances – qui est appréhendé avec cette valeur de quasi-option.

3) *Une valeur pour qui ?* Là encore, plusieurs réponses sont possibles. La première est une valeur pour l'individu concerné, qui recouvre les différentes catégories de valeur que nous venons de passer en revue. On peut aussi y intégrer une valeur pour les autres hommes : l'individu considéré peut désirer que les bénéfices apportés par la biodiversité profitent aussi aux autres humains vivants aujourd'hui sur Terre (on parle alors de valeur altruiste) ou aux générations futures (ce que l'on désigne comme une valeur de legs). Enfin, on a vu, au travers de la valeur d'existence, qu'il y a place pour une valeur pour des non-humains, laquelle peut être considérée au présent ou dans le futur (ce qui, dans le cas d'un échéancier très long, correspondrait à une sorte de valeur d'existence léguée).

En théorie, la valeur économique totale de la diversité biologique est calculée en faisant la somme des différentes valeurs ainsi définies. Pour mesurer celles-ci, les économistes néoclassiques vont s'efforcer de se rapprocher le plus possible de situations figurant un échange marchand. En d'autres termes, on considère que les individus agissent comme des consommateurs dont les choix sont faits de manière rationnelle en maximisant leur utilité sous la contrainte de leur budget[7]. Une première manière de faire consiste à rechercher des « marchés de substitution », à savoir des dépenses monétaires observables qui témoignent, de façon indirecte, des préférences et des consentements à payer des individus pour un certain état de la biodiversité. Une des méthodes employées, tout particulièrement dans le cas des parcs naturels, est celle dite des coûts de transport : il s'agit d'évaluer l'ensemble des dépenses occasionnées par la visite d'un site à l'ensemble des individus qui le fréquentent. Une multitude d'études a été menée dans cette optique aux États-Unis, mais aussi dans certains grands parcs africains (Brown, Henry, 1989). Une seconde méthode d'investigation vise à simuler une sorte de « marché expérimental » à l'aide d'enquêtes et d'interviews de personnes. Il s'agit de la méthode d'évaluation contingente, qui va être particulièrement sollicitée dans le cas de la biodiversité du fait de la nécessité, pour les économistes, d'évaluer les valeurs d'existence attachées aux divers espèces et écosystèmes.

---

6. Opération qui consiste à évaluer ce que vaut aujourd'hui une somme d'argent disponible plus tard. On utilise, pour ce faire, un taux d'actualisation qui est l'inverse d'un taux d'intérêt. L'actualisation est, en effet, l'opération contraire de la capitalisation.

7. On retrouve aussi ce point de vue dans les travaux des économistes qui, à la suite de ceux de M. Weitzman (1992, 1998), travaillent, de manière très abstraite, à définir une « fonction de diversité », susceptible de servir de programme d'optimisation à un décideur – baptisé Noé, pour la circonstance. Cette théorie de la diversité, écrivent K. Nehring et C. Puppe (2002, p. 1159), « *can be viewed as a branch of utility theory with a focus on how marginal utility depends on the set of goods consumed. Valuing diversity is clearly a special case, with society consuming the existence of species as heterogeneous goods* ».

Les études menées avec ces méthodes révèlent un certain nombre de paradoxes et de biais vis-à-vis des hypothèses de base de la théorie économique standard. En effet, la non-familiarité de la notion de biodiversité et le manque de connaissances scientifiques en ce qui la concerne n'aident pas les enquêtés à se prononcer. Ainsi, par exemple, Clive Spash et Nick Hanley (1995) aboutissent à des consentements à payer globaux pour la biodiversité inférieurs aux consentements à payer pour une seule composante – animale ou végétale – de la biodiversité ! Par ailleurs, certains comportements observés – comme ceux qui relèvent du don – ne répondent pas aux hypothèses de l'*homo oeconomicus* néoclassique. On peut aussi s'interroger sur l'effet de la distribution des revenus sur les consentements à payer qui sont exprimés – les pauvres vendent souvent à bas prix, remarque Joan Martinez-Alier (1993, p. 9) – en particulier dans les pays du Sud. Si la voie de recherche de l'économiste standard est, malgré tout, de s'efforcer de rétablir le « cadrage marchand », pour parler comme Michel Callon (1999), là où il fait défaut[8], d'autres économistes s'efforcent d'emprunter d'autres voies.

À LA RECHERCHE D'AUTRES MÉTHODES D'ÉVALUATION ÉCONOMIQUE

Depuis longtemps, des réflexions critiques sont menées en matière d'évaluation économique de l'environnement. En effet, dans bien des cas, loin de résoudre les conflits d'intérêts qui structurent les questions d'environnement, comme le laisse entendre l'économie standard, l'évaluation économique a tendance à les exacerber. Il est courant d'observer que certains acteurs font une utilisation stratégique de l'évaluation économique tandis que, à l'inverse, des points de vue fondamentaux sur la valeur de l'environnement ne sont pas relayés, faute d'éléments et d'institutions suffisamment fortes pour le faire[9]. Diverses pistes de recherche ont alors été explorées par les économistes.

8. Ainsi, par exemple, après avoir repéré un effet de don, C. Gauthier (1998, p. 23) conclut son article par cette remarque : « Une nouvelle perspective de recherche consisterait à considérer le comportement économique du don ; c'est-à-dire étudier sa compatibilité avec les hypothèses classiques de la microéconomie (existence de biens substituts, contrainte de budget...). L'objectif de ces travaux serait d'essayer de donner une "rationalité économique" au comportement de don, ce dernier étant fréquent dans le cadre de l'évaluation de biens abstraits ».

9. Voir l'exemple des choix en matière d'infrastructures routières où, écrivent M. Cohen de Lara et D. Dron (1997, p. 22), « des argumentations faiblement étayées sont valorisées et acceptées lorsqu'il s'agit de leurs avantages ("désenclavement égale développement", alors que les bénéfices indirects attendus pour l'ensemble de la population, comme le développement économique local ou les emplois induits, sont aujourd'hui devenus largement incertains), mais des arguments étayés concernant leurs inconvénients sont assez systématiquement minimisés dans le discours (valeurs des écosystèmes, changements climatiques, effets sur la santé, etc.) ».

Encadré 3. La biodiversité entre différentes figures de légitimité

On peut se livrer à cette sorte d'exercice de style qui consiste à appliquer à la biodiversité les différents systèmes de légitimité proposés par L. Boltanski et L. Thévenot (1987), en gardant à l'esprit que l'on touche à l'une des limites de leur modèle quand la distinction entre sujets et objets en vient à s'effacer ; ce qui est souvent le cas quand on considère le domaine du vivant.

1. La biodiversité marchande

Dans cette *cité* où les actions des individus et les relations sociales sont mues par le désir de posséder des biens rares, mais non singuliers, et sont réglées par le jeu de la concurrence, la biodiversité est prise en compte à partir du moment où elle entre dans l'univers marchand, c'est-à-dire quand elle est appropriée par certains individus et qu'elle est dotée d'un prix ; un argument, comme nous l'avons vu, que l'on retrouve aussi bien dans la bouche de certains naturalistes que des économistes standards.

2. La biodiversité industrielle

Dans cette *cité* préoccupée de travail et de production, les actions des individus, fondées avant tout sur les compétences et les connaissances scientifiques et techniques, visent à la performance et à l'efficacité. Les références à l'univers de la machine, à l'importance de l'organisation, à ce qui est mesurable et calculable vont se retrouver dans certaines visions de la biodiversité. L'image d'une nature maîtrisable et utile, qui est associée à cette *cité*, se rencontre lorsque, par exemple, les écologues s'interrogent sur l'aspect fonctionnaliste de la biodiversité ou lorsque l'on présente celle-ci comme un gigantesque réservoir des ressources génétiques à exploiter (Barbault, 1997, p. 138).

3. La biodiversité civique

Cette *cité*, qui se réfère à des procédures démocratiques, fait de la nature un lieu d'application du principe civique, à savoir un ensemble d'éléments qui doivent être accessibles à des citoyens libres et égaux. La reconnaissance de la souveraineté des États sur la biodiversité présente sur leurs territoires, qui figure dans la Convention sur la diversité biologique, est conforme à ce principe. Ceux qui, comme Jeremy Rifkin (1998), se battent contre la privatisation du vivant s'inscrivent aussi dans ce système de légitimité. Il en va de même pour ceux qui, au-delà du débat sur les droits de propriété, entendent faire reconnaître des droits politiques aux paysans et aux communautés autochtones.

4. La biodiversité de renom

Dans cette *cité* où il importe d'être connu et célèbre, la biodiversité sera prise en compte si elle est médiatique. La défense des « espèces emblématiques » relève de ce principe. On peut aussi évoquer la médiatisation importante dont font l'objet certains porte-parole – leaders charismatiques ou ethnobotanistes – des peuples et communautés autochtones.

5. La nature inspirée

Dans cette *cité* de l'idéal, de la gratuité et de la transcendance, la référence est donnée par des hommes inspirés et intègres. La vision de la biodiversité correspondante va faire de celle-ci une sorte d'« au-delà » de l'homme et l'expression de limites posées à son action. On peut rencontrer de telles conceptions dans des visions religieuses, certaines éthiques environnementales ou certains principes juridiques.

.../...

6. La nature domestique

Cette *cité* est conçue comme une généralisation du lien familial, comme un univers de dépendances et d'appartenances à des corps, des groupes et des lignées dans lesquels s'inscrivent les individus. La biodiversité correspondante, souvent traitée selon un clivage sauvage/domestique, se trouve liée à la mémoire, à la transmission et au patrimoine. On trouve trace de ce système de légitimité quand, par exemple, les spécialistes des sciences du vivant présentent l'histoire de la diversité biologique en termes de « famille », de descendances ou d'« héritages » (Janvier, 2000). Il en va de même chaque fois que l'on insiste sur le fait qu'une certaine biodiversité n'existe que par le truchement des activités humaines et des savoirs locaux, comme dans le cas des « ressources de terroir » (Bérard, Marchenay, 1994) ou dans celui des peuples « indigènes ».

Une première est celle empruntée par Olivier Godard (1990) en s'appuyant sur les catégories de « cités »[10] forgées par Luc Boltanski et Laurent Thévenot (1987). L'idée sous-jacente à cette théorie est que plusieurs « ordres de légitimité » s'expriment dans les conflits d'environnement. Il serait alors possible de repérer plusieurs types de légitimité dans les propos des acteurs qui s'affrontent au sujet de la prise en compte de la biodiversité et de ses modalités de régulation (*cf.* Encadré 3). La difficulté est alors d'organiser la confrontation et de trouver un éventuel compromis entre ces différentes visions de la biodiversité qui, au départ, apparaissent irréductibles les unes aux autres.

Une autre voie consiste à élaborer de nouveaux types de calcul, en prenant en compte le caractère multidimensionnel de l'environnement. Cette démarche débouche sur l'utilisation d'analyses multicritères (de Montgolfier, 1987 ; Bouni, 1996), dont la finalité est de produire des éléments d'aide à la négociation entre les différents intérêts en présence. Si, parmi les différents critères envisageables, on met l'accent sur les dimensions matérielles et énergétiques des phénomènes environnementaux, cette recherche conduit à l'établissement de calculs en quantités physiques, sous forme de bilans matières ou énergétiques. En ce qui concerne l'analyse éco-énergétique, une manière particulière a été proposée par l'écologue Howard Odum. Des auteurs ont eu recours à ces calculs « énergétiques » pour évaluer les bénéfices produits par certaines fonctionnalités écologiques. C'est le cas, par exemple, de l'évaluation sur les zones humides de Robert Costanza *et al.* (1989), qui n'hésitent pas à convertir les quantités énergétiques en dollars, en utilisant un ratio produit national brut/quantité d'énergie consommée par un pays...

10. Les éléments constitutifs d'une « cité » reposent sur l'axiomatique suivante : un principe de commune humanité de tous ses membres, un principe de dissemblance entre plusieurs états sociaux possibles, une commune dignité des membres de la « cité » (égalité d'accès aux différents états sociaux), une formule coûteuse d'investissement pour atteindre les états supérieurs de la société, une définition d'un principe supérieur commun permettant de contenir les désaccords. En puisant dans les classiques de la philosophie politique (les œuvres de saint Augustin, Bossuet, Hobbes, Rousseau, Saint-Simon, Smith), Boltanski et Thévenot définissent un certain nombre de « cités » qui forment des sortes de « grammaire du lien politique » servant « à justifier des appréciations sur le caractère juste ou injuste d'une situation ».

Cette méthode est aussi utilisée par R. Costanza *et al.* (1997) dans l'exercice d'évaluation économique des services fournis par la biosphère. Mais y figurent aussi, sans que l'on sache très bien comment l'agrégation est possible entre ces différentes valeurs, des évaluations reposant sur les méthodes de l'économie standard… (voir Boisvert, Vivien, 1998, pour une présentation et une critique plus détaillées de cette étude). Par ailleurs, les méthodes éco-énergétiques ne sont pas appropriées pour appréhender l'aspect informationnel de la diversité du vivant, dans le domaine génétique notamment.

LES ÉVALUATIONS ÉCONOMIQUES DE LA BIODIVERSITÉ DANS LA PRATIQUE

Mis à part le chiffre avancé par Robert Costanza *et al.* (1997) dans leur étude consacrée à la valeur annuelle mondiale des services rendus par les écosystèmes, on ne dispose à l'heure actuelle que d'un ensemble fort disparate d'études en matière d'évaluation économique de la biodiversité (Boisvert, Vivien, 1998 ; Gauthier, 1998 ; Pearce, 1999). On peut relever que, dans ces différents cas, ce n'est pas la valeur de la diversité biologique proprement dite qui est mesurée, mais celle des ressources biologiques considérées. De même, généralement, les auteurs ne se sont penchés que sur un type de valeur ou de bénéfice de ces ressources biologiques, et non pas sur l'ensemble des éléments compris dans la valeur économique totale de la biodiversité. Les chiffres fournis dans ces études sectorielles sont donc très variables, en fonction des objectifs des études (estimation, par exemple, de la valeur pour une firme ou pour l'ensemble de la société), des hypothèses retenues et des méthodes adoptées. Ce sont les ressources génétiques qui ont fait l'objet de la plus grande attention de la part des économistes. Les estimations fournies vont de quelques centaines de millions de dollars par an pour la découverte d'une molécule à plusieurs centaines de milliards de dollars par an pour l'exploitation de l'ensemble des ressources génétiques considérées, la majeure partie de ces sommes provenant du secteur agricole (Gebhardt, 1998 ; Ten Kate, Laird, 2000). De même, les estimations du consentement à payer des entreprises pharmaceutiques pour un hectare de forêt riche en biodiversité varient de quelques *cents* à plusieurs dizaines de milliers de dollars (Aylward *et al.*, 1996, p. 387 ; Pearce, 1999, p. 12). Les études concluent généralement que les valeurs mesurées dans le domaine de la bioprospection – une activité qui occupe une place centrale dans la Convention sur la diversité biologique – ne sont pas suffisantes pour assurer une protection des écosystèmes considérés. D'où la nécessité de se tourner vers d'autres activités, l'écotourisme, notamment, qui est en plein essor. C'est plus de 230 milliards de dollars qui sont dépensés chaque année dans cette activité ; la moitié de cette somme provenant d'un tourisme lié à des animaux (Perrings *et al.*, 1995, p. 87). On pourrait ajouter à cela les études menées sur les chiffres d'affaires induits par l'exploitation des produits de l'extractivisme, l'exportation du bois ou de l'ivoire, ou, pourquoi pas, de l'activité des pêches[11]. L'inventaire de l'importance économique de l'exploitation des ressources biologiques n'est pas inintéressant en soi, mais la valeur économique de la diversité biologique reste toujours aussi difficile à cerner.

Conclusion

La problématique de l'érosion de la diversité biologique a été initiée comme un problème d'environnement et elle s'est instituée peu à peu comme un problème de gestion de ressources naturelles. Rien d'étonnant donc à ce que la légitimité et les normes économiques y occupent aujourd'hui une place importante. Dans ce domaine, nous avons vu que l'on glisse facilement des questions de valeurs à celles d'évaluation, puis à la valorisation économique de la biodiversité, au sens de la recherche d'une activité rentable en quête de débouchés et de consommateurs solvables (Boisvert, Vivien, 1998). L'idée sous-jacente à cette démarche est d'intégrer la biodiversité à la régulation marchande, alors même que la théorie économique dominante n'offre pas de causalité stable entre prix et quantité et que l'on manque d'études de cas permettant d'évaluer les effets réels de la régulation marchande sur la protection de la biodiversité. Il faut aussi souligner que les différentes catégories de valeur et les méthodes d'évaluation utilisées sont sujettes à controverse, y compris à l'intérieur de la communauté des économistes. La prudence est donc de mise en ce qui concerne ces chiffres, au demeurant fort disparates, et leur utilisation dans le débat public.

Cela pousse aussi à s'interroger sur la place que doit occuper l'évaluation économique dans cette problématique. Un débat de ce genre existe dans le domaine du changement climatique. Même si les exercices d'évaluation économique ne manquent pas, certains économistes (Hourcade, 1994 ; Lecocq, Hourcade, 2003) notent que nous sommes confrontés, en l'occurrence, à une incertitude radicale, non probabilisable. Dans ce contexte, les chiffres fournis par l'économiste n'ont pas beaucoup de signification et leur aide à la prise de décision apparaît tout à fait secondaire. En l'espèce, il convient, en effet, de décider avant même d'avoir des certitudes. Comme le changement climatique, l'érosion de la diversité biologique est un problème en « univers controversé » dont il importe, avant tout, de gérer

---

11. C. Perrings *et al.* (1995) font état de chiffres annuels de l'ordre de 11 milliards de dollars en ce qui concerne l'exportation du bois (non conifères), de 35 à 45 millions de dollars en ce qui concerne l'exportation d'ivoire. On peut noter aussi des valeurs d'existence calculées aux États-Unis sous la forme d'un consentement annuel individuel d'un peu plus de 5 dollars pour le loup, d'un peu plus de 9 dollars pour la baleine bleue et de plus de 18 dollars pour le grizzly.

l'irréversibilité liée, d'une part, au problème lui-même (par exemple, des espèces disparues le sont à jamais) et, d'autre part, à la trajectoire des diverses négociations qui entourent ce problème. D'où la nécessité d'avoir recours à une gestion normative sous contrainte qui prend ici la forme d'une approche séquentielle de la décision. Dans ce cadre, l'évaluation économique n'intervient que dans un second temps, pour éclairer la façon d'atteindre au moindre coût ces objectifs socio-environnementaux définis en dehors de la sphère économique. Si cela ne modifie pas grand-chose quant aux difficultés conceptuelles et pratiques que l'on rencontre quand on mène une évaluation économique, cela change tout quant au rôle scientifique et au poids politique que l'on doit attribuer à la production de ce type de connaissances.

Franck-Dominique VIVIEN

BIBLIOGRAPHIE

AYLWARD, B.A. & BARBIER, E.B., 1996, « Capturing the pharmaceutical value of biodiversity in a developing country », *in* E.B. Barbier (ed), *The Economics of Environment and Development*, Cheltenham (UK), Edward Elgar, p. 370-396.

BARBAULT, R., 1997, *Biodiversité*, Paris, Hachette.

BÉRARD, L. & MARCHENAY Ph., 1994, « Ressources des terroirs et diversité bioculturelle. Perspectives de recherche », *JATBA*, 37, 2, p. 87-91.

BOISVERT, V. & VIVIEN, F.-D., 1998, « Un prix pour la biodiversité. L'évaluation économique entre différentes légitimités », *Natures Sciences Sociétés*, 6, 2, p. 7-16.

BOISVERT, V., 2000, *Biodiversité et théories économiques des droits de propriété : une mise en perspective des négociations entourant la Convention sur la diversité biologique,* Thèse de doctorat ès sciences économiques, Université de Versailles Saint-Quentin-en-Yvelines.

BOLTANSKI, L. & THÉVENOT, L., 1987, *Les Économies de la grandeur*, Cahiers du CEP, Paris, PUF.

BOUNI, C., 1996, *Développement durable et macro-systèmes d'information : des comptes d'environnement à l'aide multicritère à la décision*, Thèse pour le doctorat ès sciences économiques, Université de Paris I – Panthéon-Sorbonne.

BROWN, G. Jr & HENRY, W., 1989, « The economic value of elephants », *London Environmental Economic Center Paper*, n° 89-12.

CALLON, M., 1999, « La sociologie peut-elle enrichir l'analyse économique des externalités ? Essai sur la notion de cadrage-débordement », *in* D. Foray et J. Mairesse (éds), *Innovations et performances. Approches interdisciplinaires*, Paris, EHESS, p. 399-431.

CLARK, C.W., 1973, « Profit maximisation and the extinction of species », *Journal of Political Economy*, 81, 4, p. 950-961.

COHEN DE LARA, M. & DRON, D., 1997, *Évaluation économique et environnement dans les décisions publiques*, Rapport au ministère de l'Environnement, Paris, La Documentation française.

COSTANZA, R., FARBER, S.C. & MAXWELL, J., 1989, « Valuation and management of wetland ecosystems », *Ecological Economics*, 1, p. 335-361.

COSTANZA, R. *et al.*, 1997, « The value of the world's ecosystem services and natural capital », *Nature*, 387, p. 253-260.

GAUTHIER, C., 1998, « Donner une valeur à la biodiversité », *Cahiers d'économie et de sociologie rurales*, 46-47, p. 6-27.

GEBHARDT, M., 1998, « Sustainable use of biodiversity by the pharmaceutical industry ? », *International Journal of Sustainable Development*, 1(1), p. 63-72.

GODARD, O., 1990, « Environnement, modes de coordination et systèmes de légitimité : analyse de la catégorie de patrimoine naturel », *Revue économique*, 41(2), p. 215-241.

GUERRIEN, B., 1996, *Dictionnaire d'analyse économique*, Paris, La Découverte.

HENRY, C., 1984, « La microéconomie comme langage et enjeu de négociations », *Revue économique*, 1, p. 177-197.

HOURCADE, J.-C., 1994, « Analyse économique et gestion des risques climatiques », *Natures Sciences Sociétés*, 2, p. 202-211.

JANVIER, Ph., 2000, « D'une extinction à l'autre », *La Recherche*, 333, p. 52-56.

KRUTILLA, J.V., 1967, « Conservation reconsidered », *American Economic Review*, 57(4), p. 777-786.

KRUTILLA, J.V. & FISHER, A.C., 1975, *The Economics of Natural Environments : Studies of the Valuation of Commodity and Amenity Resources*, Washington D.C., Resources for the Future.

LECOCQ, F. & HOURCADE J.-C., 2003, « Incertitudes, irréversibilité et actualisation dans les calculs économiques sur l'effet de serre », in *Kyoto et l'économie de l'effet de serre*, Paris, CAE/La Documentation française, p. 177-199.

MARTINEZ-ALIER, J., 1993, « On the valuation of wild and agricultural biological diversity », International Conference on Biological Diversity in Ibero-America, University of the Andes, Mérida, 19-24 octobre.

MC DOWELL, D., 1995, « Economiquement parlant... », *Bulletin de l'UICN*, 26, 4, p. 3.

MONTGOLFIER, J. DE, 1987, « L'évaluation de projets. L'approche multicritère », *in* Montgolfier, J. de, Natali, J.-M. (éds), *Le Patrimoine du futur. Approche pour une gestion patrimoniale des ressources naturelles*, Paris, Economica, p. 149-168.

MYERS, N., 1983, *A Wealth of Wild Species. Storehouse for Human Welfare*, Boulder, Westview Press.

NEHRING, K. & PUPPE, C., 2002, « A theory of diversity », *Econometrica*, 70, 3, p. 1155-1198.

NORTON, B., 1988, « Commodity, amenity, and morality. the limits of quantification in valuing biodiversity », *in* Wilson, E.O., Peter, F.M. (eds), *BioDiversity*, Washington DC, National Academy Press, p. 200-205.

OCDE, 1996, *Préserver la diversité biologique*, Paris.

OST, F., 1995, *La Nature hors la loi. L'écologie à l'épreuve du droit*, Paris, La Découverte.

PEARCE, D. & MORAN, D., 1994, *The Economic Value of Biodiversity*, UICN/Earthscan, London.

PEARCE, D., 1999, « Valuing biological diversity : issues and overview », Workshop on Benefit Valuation for Biodiversity Resources, OCDE, Paris, 18-19 octobre.

PERRINGS, C., *et al.*, 1995, « The economic value of biodiversity », *in* V.H. Heywood, R.T. Watson (eds), *Global Biodiversity Assessment*, UNEP/Cambridge University Press, Cambridge.

RANDALL, A., 1988, « What mainstream economists have to say about the value of biodiversity », *in* Wilson, E.O., Peter, F.M. (eds), *BioDiversity*, Washington DC, National Academy Press, p. 217-222.

RIFKIN, J., 1998, *Le Siècle biotech*, trad. fr., Paris, La Découverte, 1998.

SPASH, C.L. & HANLEY, N., 1995, « Preferences, information and biodiversity preservation », *Ecological Economics*, 12, p. 191-208.

SWANSON, T., 1994, « The economics of extinction revisited and revised : A generalized framework for the analysis of the problems of endangered species and biodiversity losses », *Oxford Economic Papers*, 46, 5, p. 800-821.

TEN KATE, K. & LAIRD, S.A., 2000, « Biodiversity and business : coming to terms with the "Great Bargain" », *International Affairs*, 76, 1, p. 241-264.

VIVIEN, F.-D., 2000, « Quel prix accorder à la biodiversité ? », *La Recherche*, 333, p. 88-91.

—, 2002, « Les droits de propriété dans le domaine de la biodiversité : un état des lieux au croisement des sciences sociales », *in* Vivien, F.-D. (éd.), *Biodiversité et appropriation : les droits de propriété en question*, Paris, Elsevier, p. 11-37.

WEITZMAN, M.L., 1992, « On diversity », *Quarterly Journal of Economics*, 107, 2, p. 363-405.

—, 1998, « The Noah's ark problem », *Econometrica*, 66, 6, p. 1279-1298.

WILSON, E.O. & PETER, F.M. (eds) 1988, *BioDiversity*, Washington DC, National Academy Press.

WILSON, E.O., 1992, *La Diversité de la vie*, trad. fr., Paris, Odile Jacob, 1993.

—, (entretien avec O. Postel-Vinay), 2000, « L'enjeu écologique n° 1 », *La Recherche*, 333, p. 14-16.

Troisième partie

Le génie écologique et la gestion de la biodiversité

Réserves et aires protégées : les échelles d'intervention et les contraintes territoriales face à la dimension spatio-temporelle des processus écologiques

L'impact des activités humaines sur la biodiversité s'exprime principalement au travers des modifications d'habitats (Ehrlich, 1988), et face à ces modifications, les aires protégées ont pour objectif de préserver la biodiversité, soit de manière globale en conservant des milieux, soit pour quelques espèces à statut de conservation défavorable en créant des conditions écologiques qui leur sont particulièrement propices. La situation géographique et la taille de ces aires protégées en font souvent de véritables îles, si ce n'est en terme de milieu souvent au moins en terme de mode de gestion. Pourtant les objectifs de gestion et de conservation concernent souvent des espèces dont le cycle de vie ne se déroule qu'en partie dans l'aire protégée considérée, voire même qui n'utilisent qu'une partie de cette zone. Les exigences écologiques des espèces imposent des limites aux gestionnaires, et ce d'autant plus que les objectifs de conservation sont multi-espèces. En effet, la promotion d'une espèce à un moment n'implique pas nécessairement la création des conditions favorables pour cette espèce à une autre période de son cycle ni pour une autre espèce au même moment ; ceci est un problème particulièrement aigu lorsque les espaces sont restreints. Il est aussi possible qu'une option de gestion favorisant une espèce soit aussi favorable à une espèce compétitrice qui minimisera l'effet bénéfique de l'action.

Afin d'ouvrir la discussion sur les problèmes que pose la réalité des processus écologiques aux gestionnaires des aires protégées, je me propose de présenter quelques exemples d'actions de gestion ou de questions de conservation pour lesquelles la variété des exigences écologiques d'espèces animales, leurs mobilités et leurs interactions (effets cascades) posent de sérieux problèmes de faisabilité. Ces exemples sont principalement tirés de mon expérience de recherche au sein des réserves naturelles de la façade atlantique de la France et des parcs nationaux d'Afrique australe, et illustrent plus particulièrement deux catégories de problèmes : (1) les problèmes d'échelle, notamment la question de l'adéquation entre l'échelle de gestion et celle des exigences écologiques des espèces cibles ; et (2) les problèmes de diversité des niches et des effets indirects qui en découlent.

L'essentiel des processus en écologie a besoin que l'on définisse l'échelle à laquelle on les étudie. La question d'échelle est omniprésente lorsque l'on parle de biodiversité : en effet, on sait par exemple que la diversité taxonomique tend à augmenter avec l'échelle spatiale à laquelle on l'évalue, car la diversité des paysages, et donc des biotopes, augmente et avec elle celle des espèces (Rosenzweig, 1995). Cela dit, l'effet de l'échelle spatiale n'est pas strictement associé à la mesure de la biodiversité, mais également à la probabilité de trouver ou non une espèce dans son biotope le plus favorable. En effet, plus la surface est petite, plus le nombre d'individus est petit et plus le risque d'extinction par le hasard est grand (Rosenzweig, 1995). Il est assez logique que l'on retrouve les problèmes d'échelle dans les contraintes écologiques qui s'imposent aux gestionnaires d'aires protégées : échelle de l'espace à protéger, échelle de l'intervention (Noss, 1992) ; la possibilité d'intervenir, voire de protéger, à l'échelle écologique pertinente pour les espèces à conserver est un des objectifs majeurs des gestionnaires, mais également une de leurs plus grandes difficultés. Dans le même registre, lorsque l'on parle de conservation de la biodiversité, il est souvent question de plusieurs espèces, et dans ce cas l'équation à résoudre pour le gestionnaire est complexe. En effet, la multiplicité des objectifs en termes d'espèces protégées requiert la mise en cohérence d'exigences écologiques multiples, en particulier de trouver les modes de gestion qui génèrent les conditions de niches favorables pour le plus grand nombre d'espèces cibles.

Les problèmes d'échelles : variation spatio-temporelle des exigences et partialité des échelles de perception

Complémentarité spatio-temporelle jour nuit chez les canards de surface

En hiver, les canards de surface (*Anas* spp.) organisent leur budget temps en deux grandes phases qui correspondent à deux organisations et distributions spatiales différentes : (1) la remise diurne, qui correspond à un grand plan d'eau accueillant un grand nombre d'individus (plusieurs dizaines à centaines par hectare d'eau) et (2) le gagnage nocturne, qui correspond à des zones d'alimentation (e.g.

pré-salés, prairies humides) où les individus sont en petits groupes, atteignant difficilement la dizaine par hectare de prairie. L'ensemble constitué d'une remise et d'une série de gagnages est appelé l'unité fonctionnelle (Tamisier, 1978). Lorsque les réserves naturelles ont commencé à être créées, sur le littoral atlantique par exemple, avec pour objectif la conservation des anatidés hivernants, l'effort s'est concentré sur la protection des espaces à forte concentration d'animaux, par conséquent les remises. La création de zone de quiétude sur ces espaces diurnes a été bénéfique aux oiseaux, et a souvent contribué à drainer quelques petites remises moins tranquilles alentour. Cela étant, les zones de gagnage ne sont en général pas protégées, et les oiseaux continuent à sortir le soir des réserves-remises vers les zones de gagnage (Figure 1), et ce d'autant plus que le risque de mortalité causée

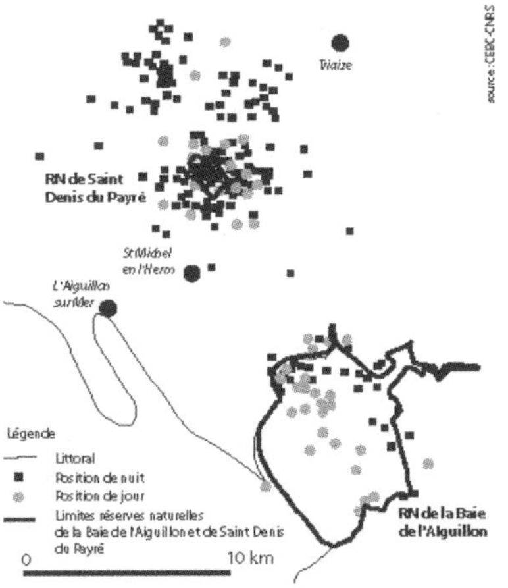

Figure 1. Distribution des positions de canards équipés d'émetteurs VHF et suivis dans le quartier d'hivernage du Marais-poitevin – Baie de l'Aiguillon. Les cercles gris montrent les positions de jour qui sont principalement dans les deux réserves principales, avec quelques exceptions (autres réserves, e.g. réserve de chasse de Choisy ou prés communaux). Les carrés noirs sont les points de nuit, qui sont principalement hors des réserves. La Réserve de la baie de l'Aiguillon, plus grande, offre également des zones de gagnage et accueille de nuit une plus grande proportion des oiseaux y séjournant en remise.

par la famine est maximum en hiver, en plus du risque élevé d'être tué à la chasse. La grande densité de canards sur les remises provoque l'épuisement du peu de ressources présentes, aggravé par l'augmentation de l'attractivité du site. Par conséquent, la préservation des zones de remise ne suffit pas. Lorsque j'évoque l'absence de conservation hors des réserves naturelles, je ne parle pas nécessairement de la chasse, mais peut-être davantage des profondes transformations du paysage de marais qui ont réduit les zones traditionnelles de gagnage à la portion congrue d'un paysage rural dominé par la céréaliculture. Ces profondes transformations sont d'ailleurs probablement à l'origine des grands changements d'effectifs documentés dans certains des grands quartiers d'hivernage atlantique où les marais ont été drainés, principalement au profit de la culture du maïs (e.g. baie de l'Aiguillon – Marais poitevin, Duncan *et al.*, 1999). Une situation que l'on retrouve dans les grands sites de reproduction du nord du continent américain (Bethke & Nudds, 1995). Dans une conclusion sur le rôle des réserves naturelles dans la qualité de l'hivernage des canards de surface, Guillemain *et al.* (2002a) proposent l'inclusion de plus de prairies à la périphérie des plans d'eau, et une meilleure gestion de l'espace de la réserve pour favoriser les zones de gagnage. Il est pertinent d'ajouter, afin de montrer le caractère assez général de ces conclusions, qu'un résultat similiare vient d'être montré sur la bécasse des bois (*Scolopax rusticola*), pour laquelle une étude conclut à l'importance de l'inclusion des bocages en périphérie des forêts dans le développement des réserves de chasse (Duriez *et al.*, 2005 ; Duriez *et al.*, sous presse).

Cette absence de conservation des zones de gagnage n'est probablement pas le résultat d'une méconnaissance de l'écologie de ces espèces, car la plupart des naturalistes et des chasseurs savaient. En plus du problème éternel de la lutte entre lobbies, et du rôle prépondérant de l'économie dans les décisions d'aménagement, le problème écologique le plus sous-estimé a probablement été celui de l'échelle des connexions entre les différents sites, certains pouvant être éloignés de plus de 10 à 20 km. La perception partielle de la connectivité réelle entre les différentes parties du paysage ne permettait peut-être pas d'évaluer les conséquences de la perte d'une ou deux prairies de plus à l'échelle de l'unité fonctionnelle, ou du quartier d'hivernage. Aujourd'hui, les moyens techniques de télémétrie permettent aux scientifiques, et donc aux gestionnaires également, de connaître plus précisément le fonctionnement spatio-temporel des ces populations de canards hivernants. L'image de l'échelle à laquelle doit se représenter le quartier d'hivernage devient donc plus claire. La finesse d'analyse nous permet également aujourd'hui d'identifier des sous-populations hivernant ou de passage dans ces régions, dont les fonctionnements ne semblent pas identiques, notamment leurs utilisations des aires protégées et par conséquent leurs vulnérabilités.

Micro-utilisation : tout l'espace protégé n'est pas utilisable

Si je continue d'illustrer mon propos à l'aide d'exemple sur les anatidés, on peut envisager la situation où un marais à bosses est protégé et confère un site d'alimentation idéal pour les canards siffleurs (*Anas penelope*) ou bien encore les oies cendrées (*Anser anser*). Au total, plus de 30 hectares de prairie, alternant avec des zones en eau, sont disponibles pour l'alimentation des canards siffleurs, par exemple. Mais les exigences écologiques de ce canard herbivore font qu'il ne sélectionne que des hauteurs d'herbe très particulières (< 10 cm, de préférence < 5 cm) correspondant aux stades phénologiques des plantes les plus riches en azote assimilable (e.g. Durant *et al.*, 2004). En effet, la petite taille corporelle du canard siffleur (environ 700 g) lui impose de sélectionner des parties de plantes extrêmement nutritives et digestibles, car sa demande énergétique par gramme de masse corporelle est très élevée. Les canards et les oies sont à ce titre à la limite inférieure de taille corporelle pour survivre exclusivement sur un régime herbivore (Drent & Prins, 1987). L'extrême sélectivité du canard siffleur, comme des oies, provoque une utilisation extrêmement hétérogène des prairies (Figure 2). En effet, à l'arrivée des oiseaux, seules quelques zones corres-

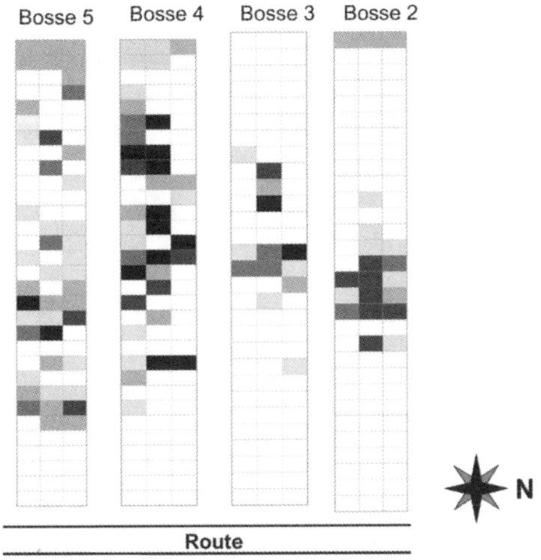

Figure 2. Un exemple de l'utilisation très localisée des prairies par les canards siffleurs. En effet, certains quadrats (10 sur 10 m) sont ignorés par les canards alors que d'autres sont fortement utilisés et de manière répétée dans le temps (plus le carré est sombre plus l'utilisation est intense). Les bosses représentent des zones de prairies séparées par des plans d'eau. C'est une structure de marais issue des anciens marais salants. Cet exemple est tiré d'une étude faite sur la Réserve naturelle de Moëze-Oléron, en Charente-Maritime.

pondent au stade idéal et elles sont donc sélectionnées en priorité, puis ensuite les zones un peu moins attractives. Ce phénomène pourrait continuer jusqu'à ce que l'intégralité de la prairie ait été utilisée au même niveau, au moins pour ce qui est des zones où la hauteur d'herbe reste acceptable. Deux mécanismes vont pourtant s'opposer à la diffusion de l'utilisation de la prairie : (1) la grégarité des canards siffleurs va les contraindre à utiliser des sites nutritionnellement adéquats mais également assez grands pour accueillir plusieurs individus à la fois, souvent plusieurs dizaines, et (2) la repousse de l'herbe à l'endroit où les siffleurs ont déjà mangé va rendre ces endroits encore plus attractifs après quelques jours ou semaines de repousse (en fait quelques centimètres de hauteur d'herbe). La conséquence de cette dynamique est la mise en place d'une forme de pâturage cyclique, bien documenté chez les oies bernaches (*Branta* spp.), par lequel les oiseaux reviennent s'alimenter sur des sites au moment où la végétation a retrouvé son optimum nutritionnel (Ydenberg & Prins, 1981 ; Rowcliffe *et al.*, 1995).

Les effets de bordure

Si l'on considère le même site d'hivernage, cette réserve naturelle, on peut également constater que la partie la plus à l'est des prairies n'est jamais utilisée, malgré la présence de zones de hauteur d'herbe favorable (Figure 2). C'est en effet la partie la plus proche de la route qui borde la réserve, et qu'utilise non seulement les promeneurs, les pêcheurs et les ostréiculteurs, mais qui sert de poste de tir pour les chasseurs lors de la « passée » de l'aube et du crépuscule. Cette situation illustre parfaitement le problème de l'effet de bordure, inhérent à tout espace protégé, et dont les conséquences sont désastreuses dans le cas des petites réserves, car le rapport surface sur périmètre est plus faible et donc la zone d'influence de la bordure proportionnellement plus grande.

Ces effets de bord sont d'autant plus importants que les espèces cibles de la conservation sont mobiles, et donc que leur domaine vital risque de sortir à un moment ou un autre de l'aire protégée. Cela a été clairement montré chez les grands carnivores en général très mobiles et avec de grands domaines vitaux (de 16,2 km^2 pour une femelle d'ours noir *Ursus americanus* à 823,1 pour une femelle de lycaon *Lycaon pictus*, voir sources dans Woodroffe & Ginsberg, 2000) et pour lesquels l'homme montre peu de tolérance à l'extérieur des aires protégées. Une analyse comparée de dix espèces a montré que la probabilité de persistance dans une aire protégée était une fonction logistique de la taille de l'aire protégée (Woodroffe & Ginsberg, 2000). La taille critique de l'aire protégée est corrélée positivement à la taille du domaine vital moyen d'une femelle de l'espèce concernée. Cela implique que pour ces espèces les efforts de prévention et de sensibilisation à mettre en place à l'extérieur des aires protégées sont encore plus importants pour que les actions de conservation soient efficaces.

La complexité des systèmes multi-espèces

Multiplicité des espèces cibles, multiplicité des exigences

Considérons à nouveau, pour cet exemple de contrainte, le cas des canards et des oies en hiver. L'état des ressources disponibles au moment où les oiseaux arrivent va déterminer leur aptitude à reconstituer une partie de leurs réserves avant de continuer leur migration ou à choisir de rester sur ce site en hivernage. C'est en fait l'adéquation entre les ressources accessibles et l'état des animaux à leur arrivée qui va donc être le facteur crucial (Drent, 1996). Afin de favoriser l'hivernage de ces espèces, les gestionnaires de réserve peuvent jouer sur les modes de gestion des régimes d'inondation, de pâturage mais aussi de fauche et/ou de broyage qui sont les moyens disponibles pour promouvoir l'un ou l'autre des micro-habitats favorables aux espèces identifiées comme objectif de conservation principal (e.g. Bakker, 1989). Il est intéressant de noter ici que ces mêmes outils de gestion peuvent être utilisés pour la gestion et la conservation de la diversité botanique en marais (Bouzillé *et al.*, 1996), sans adéquation systématique entre les modalités les mieux adaptées aux plantes et aux oiseaux d'eau. La précision des taxons prioritaires, ici les espèces, est essentielle car les exigences écologiques différentes offrent une multiplicité d'options pour une gamme finalement restreinte d'outils de gestion.

Par exemple, tous les canards de surface préfèrent s'alimenter dans une lame d'eau de profondeur restreinte, car ce mode d'alimentation permet à la fois une vitesse d'ingestion maximum et une réduction du temps de vigilance anti-prédateur car les canards de surface peuvent rester partiellement vigilants durant l'alimentation lorsque leur tête reste hors de l'eau (Guillemain *et al.*, 2000 ; Guillemain *et al.*, 2001 ; Guillemain *et al.*, 2002b). Cependant, certaines espèces de canards tolèrent plus facilement de s'alimenter la tête sous l'eau, probablement car ils y sont assez efficaces mais surtout car le risque de prédation est moins grand, c'est notamment le cas des plus grosses espèces comme le colvert (*Anas platyrhynchos*) ou le pilet (*Anas acuta*), alors que la sarcelle (*Anas crecca*) restera au maximum dans les lames d'eau très peu profondes (< 5 cm). La taille des graines pilote en grande partie la vitesse d'ingestion à une profondeur donnée et pour une densité de graines donnée (Fritz *et al.*, 2001) et c'est la dimension des lamelles du bec de l'oiseau qui va définir la taille des graines qui resteront dans le bec. C'est en fait un compromis subtil entre la taille des lamelles et la taille corporelle qui pilote les niches alimentaires des différentes espèces de canards de surface, la taille corporelle conditionnant la profondeur accessible et le risque de prédation (Nudds *et al.*, 2000 ; Guillemain *et al.*, 2002c). Toutes les options de gestion de la hauteur d'eau dans les prairies ou les plans d'eau ne seront donc pas équivalentes pour toutes les espèces. Il en est de même pour ce qui est des hauteurs d'herbe. Nous avons vu plus haut que les siffleurs préfèrent s'alimenter sur des prairies rases alors que les oies cendrées ou encore les oies des moissons préfèrent des prairies plus hautes (Figure 3, Sutherland & Allport, 1994 ; Durant *et al.*, 2004). Ces variabilités dans les choix sont le produit de l'anatomie du bec qui conditionne fortement la vitesse d'ingestion, de la taille corporelle qui conditionne l'aptitude à digérer les plantes et des besoins énergétique (e.g. Bruinzeel *et al.*, 1998 ; Durant *et al.*, 2003). Les options de pâturage ou de fauche ne peuvent donc pas être favorables à toutes les espèces et il est peut-être nécessaire de pratiquer des variations dans la gestion pour créer une hétérogénéité de faciès correspondant mieux à des conditions d'accueil plurispéficique (e.g. Durant *et al.*, 2002). De manière générale, les exigences des espèces doivent être connues, et les priorités des conservations définies, si l'on veut pouvoir adapter les plans de gestion et en évaluer les effets (e.g. Tableau 1, RSPB, EN & ITE, 1997).

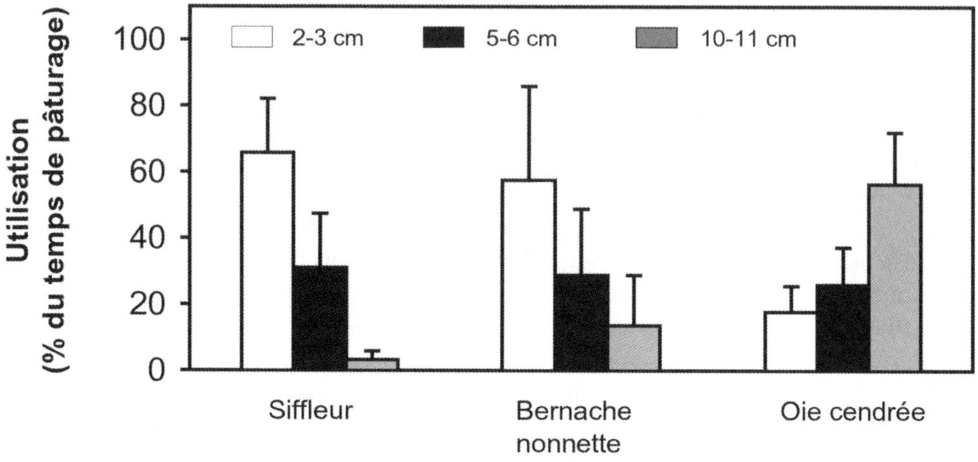

Figure 3. Utilisation de trois hauteurs d'herbe différentes par trois espèces d'anatidés herbivores. Résultats d'une étude expérimentale réalisée au CEBC.

Tableau 1. Principales exigences écologiques en terme d'habitat chez les principales espèces d'anatidés hivernant au Royaume-Uni (d'après Ward *et al.*, 1995, *in* RSPB, EN & ITE, 1997).

Espèce	Eau peu profonde	Eau profonde	Herbe courte	Herbe haute	Graines	Champs cultivés	Couvert broussaille roselière
Oie des moissons	0	+	–	+	+	0	–
Oie rieuse	+	+	+	0	+	+	–
Cygne de Bewick	+	+	+	0	+	+	–
Canard siffleur	+	0	+	–	+	+	–
Canard chipeau	+	–	0	0	+	–	0
Sarcelle d'hiver	+	0	0	0	+	0	–
Canard colvert	+	+	0	0	+	+	+
Canard pilet	+	+	+	0	+	+	+
Canard souchet	+	0	–	–	+	–	+

+ = association positive, – = association négative, 0 = pas d'association

Systèmes multispécifiques complexes et réponses inattendues aux options de gestion

Les deux exemples pour illustrer ce point sont tirés de l'histoire des parcs nationaux d'Afrique australe. Dans les deux cas, le Kruger NP (Afrique du Sud) et Hwange NP (Zimbabwe), une contrainte majeure de l'environnement a été levée pour permettre la présence de forte densité d'herbivores : l'eau de surface (Redfern *et al.*, 2003). Si le parc Kruger (~19 000 km^2) possède quelques rivières permanentes, le parc Hwange (~15 000 km^2), lui, n'en possède pas. C'est autour de ces points d'eau que s'agrège la faune en saison sèche, et comme pour les systèmes pastoraux sahéliens, le maintien de la présence de cette ressource par forage permet l'utilisation de pâturages normalement inutilisables (à l'exception de quelques années de pluviométrie exceptionnelle) (Western, 1975).

Il est intéressant de constater que pour améliorer le statut des populations d'antilopes rares dans le Kruger, comme l'hippotrague noir (*Hippotragus niger*), l'antilope rouanne (*Hippotragus equinus*) ou la sassaby (*Damaliscus lunatus*), les gestionnaires du parc ont décidé de multiplier encore plus les points d'eau, notamment dans la zone nord du parc, sur sol pauvre, et où ces espèces étaient en général vues (*cf.* Du Toit *et al.*, 2003 pour l'ensemble de l'histoire). Après vingt ans de cette politique de redéploiement des forages, de telle façon qu'aucun point du parc ne soit à moins de 10 km d'un point d'eau, les populations des espèces cibles sont en déclin, avec plusieurs autres espèces (Ogutu & Owen-Smith, 2003). L'analyse des données de suivis de ces populations et la mise en perspective avec les données climatiques de ces deux décennies permettent de proposer des mécanismes pour expliquer ce phénomène. L'augmentation de la disponibilité en eau dans le nord du parc a favorisé les espèces dépendantes de l'eau comme le zèbre (*Equus bruchellii*) ou le gnou (*Connochaetes taurinus*), et a donc contribué à leur agrégation autour des trous d'eau de la partie nord, augmentant la densité d'herbivores dans cette partie du parc. Les deux hippotragues et la sassaby ne sont pas des espèces très compétitives alimentairement vis-à-vis du zèbre et du gnou, et la réduction de l'espace sans compétiteur a entraîné de fortes contraintes alimentaires de saison sèche. Cette déficience de pâturage de saison sèche a été particulièrement aggravée par la dernière décade sèche qui a frappé l'Afrique australe, avec des niveaux de production primaire très bas. L'augmentation de la prédation a probablement été un effet indirect additionnel de ce changement de distribution des gnous et des zèbres. En effet, la sédentarisation de ces proies en forte densité autour des trous d'eau a bénéficié aux prédateurs (lions *Panthera leo* et hyènes *Crocuta crocuta*) et le taux de prédation a donc augmenté. On sait les zèbres sensibles à la prédation, mais apparemment les hippotragues aussi, notamment les jeunes. La méconnaissance des exigences écologiques de ces espèces rares est donc probablement la cause de leur statut critique aujourd'hui, en partie au moins, à travers un plan de gestion inadapté pour ces espèces, mais de manière générale favorable aux herbivores.

L'expérience du parc de Hwange est un peu différente, avec un maintien d'une polarité forte entre une zone nord (~1/3 du parc) où les forages de saison sèche sont nombreux, et la zone sud où il n'existe presque pas de forages. Cette polarité concentre les animaux dans la zone nord en saison sèche, ce qui est bon pour le tourisme qui est limité à cette zone, mais qui pose un problème de gestion des très fortes densités d'éléphants (*Loxondonta africana*), jusqu'à 10 par km^2 localement. En effet, depuis l'arrêt des régulations par abattage (« culling ») en 1986, la population ne cesse de croître, ne semblant pouvoir être limitée que par l'eau. Cette dépendance forte à l'eau provoque des saturations locales autour des trous d'eau, ne laissant que peu de place pour les autres espèces pour satisfaire leurs besoins hydriques. C'est aujourd'hui une des hypothèses avancées dans l'explication de la chute des effectifs de plusieurs espèces dépendantes de l'eau dans le parc. L'impact sur la végétation est lui particulièrement important, comme c'est généralement le cas dans les situations de fortes densités d'éléphants (e.g. Laws, 1970 ; Cumming, 1982 ; Owen-Smith, 1988). À nouveau, nous assistons à une mesure de gestion dont l'ampleur des conséquences n'était pas pleinement mesurée. Cependant, les écologues de l'époque avaient prévenu des conséquences sur la diversité de l'arrêt de la régulation des éléphants (Cumming 1981). La décision d'arrêter les abattages vient, elle, des autorités politiques concernées par les pressions internationales des groupes de protection des éléphants et les coûts prohibitifs de ces opérations.

Discussion

Loin de vouloir alimenter le pessimisme, cette série d'exemples rappelle la complexité des systèmes écologiques dans lesquels nous vivons et que nous voulons conserver. Elle attire l'attention sur les risques d'une vision trop réductrice dans l'action de gestion. La réalité du terrain ne permet malheureusement pas toujours de tenir compte de ces principes. Le gestionnaire se doit souvent d'agir ou de réagir vite, et une vision centrée sur le sujet de l'instant lui permet souvent de trouver des solutions rapides dans l'urgence. La taille des aires protégées est primordiale dans leur succès de conservation, c'est par exemple la variable essentielle, avec la densité humaine, pour expliquer l'extinction des espèces en Afrique de l'Ouest (Brashares *et al.*, 2001). Pourtant la plupart des aires protégées en Europe de l'Ouest sont très petites. Il est politiquement complexe de mettre de côté de très grandes zones dans un contexte fortement humanisé. Cependant, le réseau de ces réserves représente déjà un atout de conservation formidable pour les oiseaux d'eau migrateurs tant l'évolution actuelle du paysage agricole, particulièrement en Europe occidentale, présage du fait que pendant certaines périodes critiques ces oiseaux pourraient être exclusivement confinés à ces aires protégées qui doivent donc fournir les conditions idéales d'accueil et de connexion pour maintenir ces populations. « La conservation des espèces d'anatidés migrateurs dépend en fait de l'efficacité avec laquelle le réseau de réserves fournira un "axe vert" de migration des zones de reproduction aux zones de mues et d'hivernage » (Scott & Rose, 1996).

La bonne intégration des aires protégées dans le paysage humain ne dépend pas seulement de son acceptation par la société locale, mais également de l'anticipation des conflits possibles dus aux propriétés écologiques des systèmes ou des espèces protégés. C'est là un rôle primordial que la recherche peut jouer en utilisant les connaissances générales sur des mécanismes écologiques ou comportementaux et en proposant des scénarios, qui accompagneront l'action (Goss-Custard *et al.*, 2000). Ainsi, l'attractivité pour les oies de certaines zones plantées de blé d'hiver aux abords des réserves naturelles était prévisible à la lumière des connaissances écologiques sur les besoins et le comportement alimentaire de ces animaux. En effet, la qualité des ressources végétales diminuant au long de l'hiver, les jeunes pousses de blé sont particulièrement appétentes au moment où les oiseaux ont besoin de faire le plein de réserve de graisse avant la migration du printemps. La déprédation de certaines zones aurait pu être anticipée, éventuellement préparée auprès des agriculteurs ou encore accompagnée de mesures préventives qui auraient minimisé le ressenti négatif de la profession agricole vis-à-vis de la réserve naturelle.

Pour savoir pourquoi un système est à protéger et de quoi il doit être protégé, il est primordial d'essayer d'avoir une connaissance du fonctionnement de ce système. Loin de vouloir dire qu'il faut de longues recherches avant d'agir, à l'occasion de cette discussion, je souhaiterais plutôt insister sur le fait que, trop souvent, les opérations de conservation ont été lancées alors que des connaissances existaient déjà, alors que des personnes compétentes étaient disponibles. L'histoire des parcs nationaux des États-Unis montre que les connaissances biologiques sur le fonctionnement des systèmes écologiques n'ont pas été considérées comme nécessaires dans la gestion des parcs nationaux durant près d'un siècle (Sellars, 1997). Cette rivalité entre les branches recherche et gestion des services publics de l'environnement a existé partout, et provient de la déconnexion des deux univers en termes d'objectifs, de cadre temporel, mais également du pouvoir que confère la responsabilité de gérer, un pouvoir qui est amoindri par la connaissance des conséquences indirectes de ses actes. Nous savons tous que la conservation dans le monde réel n'est pas le produit d'une longue réflexion basée sur des connaissances solides, mais plus le produit des opportunités, des plans d'occupation des sols, des groupes de pression, et du contexte économique (e.g. cours des matières premières, part du tourisme dans le PIB…). Cependant, ce qui distingue fortement la dernière décennie, c'est une volonté plus forte d'asseoir les politiques de conservation et les actions sur des principes scientifiques, et selon des méthodes de suivi et d'évaluation rigoureusement planifiées de manière à en autoriser l'analyse rétrospective.

Les exemples qui ont illustré les questions de ce chapitre sont tirés des actions de gestion des aires protégées, mais le rôle de la connaissance du fonctionnement des systèmes pour une bonne intégration des objectifs de conservation et le maintien des activités humaines se jouent aujourd'hui davantage à l'extérieur des aires protégées. Il est impossible de penser que les quelque 3 % de la surface du globe préservés sous forme de parcs nationaux ou de réserves naturelles vont seuls permettre le maintien de la diversité biologique, et encore moins les grandes fonctions des écosystèmes. C'est donc sur le reste des terres émergées, dont plus de 90 % est sous l'emprise plus ou moins forte de l'homme que doit se mener l'action (Western, 1989). Ainsi, la compréhension du lien entre la dynamique des densités humaines, de l'agriculture et la biodiversité est un outil crucial pour définir des scénarios de gestion de cette biodiversité mais également pour identifier les sources de conflits possibles entre la faune et l'homme (e.g. Hoare & Du Toit, 1999 ; Fritz *et al.*, 2003). Une science écologique proactive, engagée dans l'action, ni contemplative ni seulement explicative, c'est aussi ce dont la conservation a besoin (Du Toit *et al.*, 2004), à condition de lui laisser un peu de temps de parole !

Hervé FRITZ

BIBLIOGRAPHIE

BAKKER, J.P., 1989, *Nature Management by Grazing and Cutting*, Kluwer Academic Publishers, Dordrecht.

BETHKE, R.W. & NUDDS, T.D., 1995, « Effects of climate change and land use on duck abundance in Canadian prairie-parklands », *Ecological Applications,* 5 : p. 588-600.

BOUZILLÉ, J.B., AMIAUD, B. &T TOURNADE, F., 1996, « Rôle déterminant du pâturage pour la gestion conservatoire des systèmes prairiaux saumâtres du Marais Poitevin », *Acta Botanica Gallica,* 143, p. 383-391.

BRASHARES, J.S., ARCESE, P. and SAM, M., 2001, « Human demography and reserve size predict wildlife extinction in West Africa », *Proceedings of the Royal Society of London B,* 268, p. 2473-2478.

BRUINZEEL, L.W., VAN EERDEN, M.R., DRENT, R.H. & VULINK, J.T., 1998, « Scaling metabolisable energy intake and daily energy expenditure in relation to the size of herbivorous waterfowl : limits set by available foraging time and digestive performance », *Patchwork : Patch use, habitat exploitation and carrying capacity for water birds in Dutch freshwater wetlands* (M. Van Eerden), PhD thesis, University of Groningen, p. 111-132.

CUMMING, D. H. M., 1981, *The management of elephant and other large mammals in Zimbabwe*, Harare, Department of National Parks and Wildlife Management, p. 91-118.

—, 1982, « The influence of Large Herbivores on Savanna Structure *in* Africa ». in B. J. Huntley and B. H. Walker, *Ecology of Tropical savannas,* Berlin, Springer-Verlag, p. 217-244.

DRENT, R.H., 1996, « Energetic bottlenecks in the annual cycle of migratory wildfowl (*Anatidae*) », *Gibier Faune Sauvage, Game Wildlife,* 13, p. 615-634.

DRENT, R.H. & PRINS, H.H.T., 1987, « The herbivore as prisoner of its food supply », in Van Andel, J., Bakker, J.P. & Snaydon, R.W, (eds.) *Disturbance in Grasslands*, Dr. W. Junk Publishers, Dordrecht, The Netherlands, p. 131-147.

DUNCAN, P., HEWISON, M., HOUTE, S., ROSOUX, R., TOURNEBIZE, T., DUBS, F., BUREL, F., & BRETAGNOLLE, V., 1999, « Long term changes in some aspects of the structure and functioning of an internationally important wetland, the Marais Poitevin, France : the impact of agricultural intensification on wintering duck », *Journal of Applied Ecology,* 36, p. 11-23.

DURANT, D., LECOURAY, G., FRITZ, H, & DUNCAN, P., 2002, « Principles underlying then use of wet grasslands by herbivorous ducks and geese, and their management implications », *European Grassland Congress, RGF, La Rochelle 27-30 mai 2002. Proceedings (*eds. J.L. Durand, J.C. Emile, C. Huygues, G. Lemaire), p. 916-917.

DURANT D., FRITZ, H., BLAIS, S. & DUNCAN P., 2003, « The functional response in three species of herbivorous *Anatidae* : effects of sward height, body mass and bill size » *Journal of Animal Ecology,* 72, p. 220-231.

—, 2004, « Feeding patch selection by herbivorous Anatidae : the influence of body size, and of plant quantity and quality », *Journal of Avian Biology,* 35, p. 144-152.

DURIEZ, O., FERRAND, Y., BINET, F., CORDA, E., GOSSMANN. & FRITZ, H., 2005, « Habitat selection of the Eurasian woodcock in winter in relation to its main preys : the earthworms », *Biological Conservation,* 122, p. 479-490.

DURIEZ, O., FRITZ, H., SAÏD, S., & FERRAND, Y., 2005, « Spatial use and movements by Eurasian woodcocks wintering in a mixed forest-agriculture landscape, in western France », *Ibis,* 147, p. 519-532.

DU TOIT, J.T. *et al.* (eds) 2003, *The Kruger Experience : Ecology and Management of Savanna Heterogeneity,* Island Press.

DU TOIT, J.T., WALKER, B.H. & CAMPBELL B.M., 2004, « Conserving tropical nature : current challenges for ecologists » *TREE,* 19, p. 13-17.

EHRLICH, P.R., 1988, « The loss of diversity : causes and consequences », *in* Wilson EO, (ed.), *Biodiversity,* p. 21-27, National Academic Press, Washington D.C.

FRITZ, H., DURANT, D. & GUILLEMAIN, M., 2001, « Shape and sources of variations of the functional response of wildfowl : an experiment with Mallards (*Anas platyrhynchos*) », *Oikos,* 93, p. 488-496.

FRITZ H, SAID S, RENAUD P-C, COID C, MUTAKE S, MONICAT, F., 2003, « The effects of agricultural fields and human settlements on the use of rivers by wildlife in the mid-Zambezi valley, Zimbabwe », *Landscape Ecology,* 18, p. 293-302.

GOSS-CUSTARD, J. D., STILLMAN, R. A., WEST, A. D., MCGRORTY, S., DURELL, S. E. A. le V. dit & CALDOW, R. W. C., 2000, « Role of behavioural models in predicting the impact of harvesting on populations », *in* M. Gosling and W. J. Sutherland, (eds), *Behaviour and Conservation,* p. 65-82, Cambridge University Press, Cambridge.

GUILLEMAIN, M., FRITZ, H. & BLAIS, S., 2000, « Foraging methods can affect patch choice : an experimental study in Mallard (*Anas platyrhynchos* ». *Behavioural Processes,* 50, p. 123-129.

GUILLEMAIN, M., DUNCAN, P. & FRITZ, H., 2001, « Switching to a feeding method which obstructs vision increases head-up vigilance in ducks », *Journal of Avian Biology,* 32, p. 345-350.

—, 2002a, « The importance of protected areas as noctural feeding habitats for dabbling ducks wintering in western France », *Biological Conservation,* 103, p. 183-198.

GUILLEMAIN, M., MARTIN, G., FRITZ H., 2002b, « Feeding methods, visual fields and vigilance in dabbling ducks (*Anatidae*) », *Functional Ecology,* 16, p. 522-529.

GUILLEMAIN, M., FRITZ, H., GUILLON, N., SIMON, G., 2002c, « Ecomorphology and coexistence of dabbling ducks : what if lamellar density and body length were both important in winter ? », *Oikos,* 98, p. 547-551.

HOARE, R. E., DU TOIT. J. T., 1999, « Coexistence between people and elephants in African savannas », *Conservation Biology,* 13, p. 633-639.

LAWS R. M., 1970, « Elephants as agents of habitat and landscape change in East Africa » *Oikos,* 21, p. 1-15.

NOSS, R. F., 1992, « Issues of scales in conservation biology » *In* Fielder P.L. & Jain, S.K., (eds), *Conservation Biology,* Chapman & Hall, New York, p. 239-250.

NUDDS, T. D., ELMBERG, J., SJÖBERG, K. *et al.*, 2000, « Eco-morphology in breeding Holarctic dabbling ducks : the importance of lamellar density and body-length varies with habitat type », *Oikos,* 91, p. 583-588.

OGUTU, J.O. & OWEN-SMITH N., 2003, ENSO, rainfall and temperature influences on extreme population declines among African savanna ungulates, *Ecology Letters,* 6, p. 412-419.

OWEN-SMITH, N., 1988, *Megaherbivores. The Influence of Very Large Body Size on Ecology,* Cambridge University Press, Cambridge.

REDFERN, J.V., GRANT, R., BIGGS, H. a GETZ, W.M., 2003, « Surface-water constraints on herbivore foraging in the Kruger National park, South Africa », *Ecology,* 84, p. 2092-2107.

ROSENZWEIG, M.L., 1995, *Species diversity in space and time,* Cambridge University Press, Cambridge, UK.

ROWCLIFFE, J.M., WATKINSON, A.R., SUTHERLAND, W.J. and VICKERY, J.A., 1995, « Cyclic winter grazing patterns in Brent geese and the regrowth of salt-marsh grass », *Functional Ecology,* 9, p. 931-941.

RSPB, EN AND ITE, 1997, *The wet grassland guide : managing floodplain and coastal wet grasslands for wildlife,* The Royal Society for the Protection of Birds, UK.

SCOTT, D.A. & ROSE, P.M. 1996, *Atlas of Anatidae populations in Africa and Western Eurasia,* Wetland International Publication, n° 41.

SELLARS, R.W., 1997, *Preserving Nature in the National Parks. A History,* Yale University Press, New Haven, UK.

SUTHERLAND, W.J. & ALLPORT, G.A., 1994, « A spatial depletion model of the interaction between bean geese and wigeon with the consequences for habitat management » *Journal of Animal Ecology,* 63, p. 51-59.

TAMISIER, A., 1978, The functional units of wintering ducks : a spatial integration of their comfort and feeding requirements, *Verhandlungen der Ornithologischen Gesellschaft in Bayern,* 23, p. 229-238.

WESTERN, D. (1975). Water availability and its influence on the structure and dynamics of a savannah large mammal community, *East African Wildlife Journal,* 13, p. 254-286.

WOODROFFE, R. & GINSBERG, J.R., 2000, « Ranging behaviour and vulnerability to extinction in carnivores », *in* M. Gosling and W. J. Sutherland, *Behaviour and Conservation* (eds.), Cambridge University Press, Cambridge, p. 125-110.

YDENBERG, R.C. & PRINS, H.H.T., 1981, « Spring grazing and the manipulation of food quality by Barnacle geese », *Journal of Applied Ecology,* 18, p. 443-453.

Réintroductions et renforcements de populations : enjeux et perspectives

Problématique générale des réintroductions et renforcements de populations

Apparue au cours des dernières décennies, l'écologie de la restauration constitue un domaine des sciences de la conservation (Jordan III, 1987 ; Bowles & Whelan, 1994 ; Chapuis *et al.*, 2002 ; Perrow & Davy, 2002) mais s'appuie sur des pratiques de gestion menées depuis plus longtemps à différentes échelles d'intégration (Allen & Hoekstra, 1987 ; Baudry, 2002). Celles-ci vont des espèces, par la restauration de populations ou de métapopulations, aux communautés, et aux écosystèmes. Dans ce dernier cas, il s'agit de restaurer la structure spécifique de ces écosystèmes mais aussi de rétablir leur fonctionnement en termes de flux de matière et d'énergie (Bradshaw, 1987). Nous nous focaliserons ici sur les réintroductions et renforcements de populations qui constituent une pratique extrêmement répandue (Griffiths *et al.*, 1989 ; Beck *et al.*, 1994 ; Wolf *et al.*, 1996) et pour lesquelles on peut distinguer trois enjeux principaux. Quels sont les motivations et les objectifs de ces programmes ? Comment peut-on améliorer leur efficacité ? Quelles sont les conséquences de ces programmes pour les populations humaines concernées et, au-delà des espèces cibles, pour le reste de la biodiversité ? La restauration de populations de Vautour fauve dans le sud de la France nous permettra, après une argumentation générale, d'illustrer certains de ces points[1].

---

1. Les travaux sur la restauration des populations de Vautour fauve sont issus de la collaboration de très nombreuses personnes parmi lesquelles C. P. Arthur, C. Bagnolini, J. Bonnet, J.-P. Choisy, J. de Kermabon, P. Lecuyer, P. Maigre, R. Morvan, D. Peyrusqué, J.-L. Pinna, M. Terrasse, C. Tessier et de nombreux autres observateurs. Les données utilisées ont été obtenues dans le cadre des Conventions de coordination du suivi des populations de vautours fauves en France signées entre le Parc national des Cévennes, le Parc national des Pyrénées, la LPO, le GRIVE, le Parc naturel régional du Vercors, Vautours en Baronnies, Vautours en Haute-Provence. Ces travaux sont soutenus financièrement par le ministère de l'Écologie et du Développement durable et le ministère de la Recherche.

Motivations et objectifs des réintroductions et renforcements de populations

Face au nombre important de ces programmes et à leur échec encore trop fréquent, l'UICN (1998) a émis un ensemble de recommandations. Elle définit les réintroductions comme l'essai d'implanter une espèce dans une zone qu'elle occupait autrefois, mais d'où elle a été éliminée ou d'où elle a disparu. Ceci permet de les distinguer des renforcements au sein de populations encore présentes *in situ*, et des introductions d'espèces dites exotiques qui sont désormais largement prohibées. Elle précise également que l'espèce qui doit être réintroduite dans son habitat et dans son aire de répartition antérieurs ne devrait nécessiter qu'une gestion à long terme minime. Assez clairement, les réintroductions ont concerné par le passé de très nombreuses espèces avec un biais marqué vers les espèces emblématiques souvent d'oiseaux et de mammifères mais aussi de plantes qui constituent la base de la restauration des écosystèmes (Falk *et al.*, 1996 ; Seddon *et al.*, 2005). Les renforcements peuvent être dédiés à des espèces menacées mais aussi à des espèces exploitées. C'est le cas de gibiers qui font régulièrement l'objet de lâchers très nombreux dont les conséquences populationnelles peuvent êtres discutées… Une évolution plus récente a vu cependant la diversité des espèces concernées par ces programmes augmenter fortement. Cette diversité suit celle des motivations, des acteurs et des structures à l'origine de ces programmes. Initialement ancrées dans un contexte de gestion, ces opérations ont été le plus souvent le fait de naturalistes, agissant à titre privé ou dans le cadre d'organismes associatifs ou d'espaces protégés, dans des équipes de structure très variables (Clark & Cragun, 1994). Très majoritairement ils mettent leur passion au service de ces programmes, ce qui s'avère souvent être un moteur indispensable à ces actions à long terme dont la durée dépasse les cadres usuels des plans d'aménagement ou de gestion au travers desquels sont définies les politiques de conservation du patrimoine naturel. Il est ainsi relativement rare que des organismes institutionnels soient à l'origine de ces programmes même s'ils sont nombreux à les soutenir ou à y participer. Plus récemment, des chercheurs, notamment des biologistes, ont souhaité contribuer à une meilleure efficacité de ces programmes (May, 1991) mais aussi en extraire de nombreuses informations fondamentales, la restauration constituant par essence un test ultime des théories écologiques (Bradshaw, 1987 ; Rozensweig, 1987 ; Sarrazin & Barbault, 1996). Ce lien entre recherche et gestion s'est notamment développé dans des pays tels que l'Australie ou la Nouvelle-Zélande ou ces opérations sont nombreuses et relativement coordonnées (Serena, 1995).

Amélioration de l'efficacité des programmes

Si les réintroductions peuvent être définies assez facilement, la mesure de leur efficacité demeure cependant problématique. Ainsi les critères de succès ont-ils beaucoup varié suivant les auteurs (Cade & Temple, 1995) mais, comme l'a très bien souligné Pavlick (1996), la notion même de succès n'est pas un fait mesurable du point de vue strictement écologique, mais bien une construction à l'interface entre processus biologique et enjeux de gestion. On peut cependant admettre que l'objectif initial de ces programmes a longtemps été d'obtenir des populations « autosuffisantes », ce qui peut relier directement à la notion de population viable.

L'analyse de la viabilité des populations a fait l'objet d'un nombre grandissant de travaux et de synthèses récentes en biologie de la conservation (Morris & Doak, 2002 ; Beissinger & Mc Cullough, 2002). Un large débat s'est instauré pour identifier et hierarchiser les rôles respectifs de facteurs d'extinctions « ultimes » (changements environnementaux, catastrophes, altération et fragmentation de l'habitat, introduction d'espèces exotiques, surexploitation...) et de facteurs « proximaux » (stochasticités démographiques et génétiques, effets Allee liés aux baisses de paramètres démographiques dans les populations à très basse densité...) dans la viabilité des populations (Caughley 1994 ; Boyce 2002). Si un consensus semble se dégager sur les impacts respectifs de ces facteurs, de nombreux auteurs ont souligné plus récemment l'impérieuse nécessité d'allier aux approches jusqu'alors essentiellement biologiques, des travaux issus des sciences humaines et de la société (Lacy & Miller, 2002).

Il demeure cependant frappant de constater que si de nombreux travaux théoriques et empiriques concernent ces analyses de viabilité, peu d'entre eux sont dédiés aux populations réintroduites (Gilpin, 1987 ; Pavlick, 1994). Celles-ci présentent pourtant des particularités qui les différencient des populations en déclin ou de petite taille étudiées par ailleurs. Ainsi, elles sont initialement de faibles effectifs, mais sont susceptibles de présenter de fortes croissances sous réserve que les causes à l'origine de l'extinction aient bien été identifiées et éradiquées. De même, la fondation artificielle de ces populations peut faire l'objet d'importantes discussions, au cœur de la définition de ces stratégies de réintroduction... Il est donc possible de replacer les différentes étapes des programmes de réintroduction dans le cadre fourni par cette réflexion sur la viabilité. Par ailleurs, la viabilité d'une population doit nécessairement être définie par rapport à une échelle de temps (souvent 20, 50 ou 100 ans) qui résulte d'un compromis entre la durée des processus biologiques impliqués (par exemple la durée du cycle de vie de l'espèce considérée) et la pertinence des échelles de temps pour le gestionnaire. Idéalement, cette réflexion devrait, dans le cas des réintroductions se placer entre le début de la restauration et la régulation « naturelle » des populations restaurées. Quelles sont alors les composantes de la viabilité de ces populations ?

D'une manière simple, voire simpliste, on peut rassembler ces composantes en trois grands ensembles. Le premier concerne les caractéristiques biologiques de l'espèce considérée : ses traits d'histoire de vie (survie, fécondité, âge à la maturité sexuelle, système d'appariement...) ; les processus génétiques liés à son système de reproduction ; ses comportements dans le cas d'espèces animales... Le second ensemble de facteurs concerne les caractéristiques de l'habitat de réintroduction, entendu ici au sens le plus large du terme. Elles comprennent ses caractéristiques écologiques, les activités humaines pouvant affecter directement ou indirectement l'espèce considérée, mais aussi le niveau de la perturbation de cet habitat qui avait précédemment entraîné l'extinction locale de l'espèce, et la qualité de sa restauration préalablement aux lâchers. On touche là l'enjeu central de ces programmes qui passent toujours, de manière plus ou moins explicite, par une nécessaire acceptation ou, à tout le moins, par une bienveillante neutralité des populations locales vis-à-vis du retour de l'espèce réintroduite. Dans le cas de réintroductions faisant effectivement suite à une extinction due directement ou indirectement aux conséquences des activités humaines sur l'espèce ou sur l'écosystèmes considéré, cette acceptation est un préalable indispensable sans lequel les réflexions strictement biologiques sur ces programmes ont peu de chances d'être efficaces. À l'inverse cependant, une fois cette acceptation acquise, de nombreux problèmes biologiques peuvent se poser... Ainsi, le dernier groupe de facteurs rassemble l'ensemble des caractéristiques de la stratégie de réintroduction : l'effectif et le rythme des lâchers ; la structure d'âge et le sexe ratio au lâcher ; l'origine biogéographique des individus lâchés ; leur prélèvement en nature, on parlera alors de transfert d'individus, ou leur passage, voire leur production, en captivité. Assurément, le choix des individus à lâcher pose, comme la caractérisation de l'habitat à restaurer, la question de la référence vers laquelle on veut tendre et donc renvoie aux objectifs du programme (Donadieu, 2002). L'absence de données historiques précises, surtout dans le cas d'extinctions anciennes, rend souvent cet exercice difficile. Et quand bien même ces données seraient disponibles, l'échelle de temps sur laquelle on souhaite renverser ces extinctions fait nécessairement l'objet de discussions qui, au-delà de dimensions strictement écologiques, appellent la prise en compte de données sociales et culturelles.

On notera que d'un point de vue biologique, les renforcements ne peuvent à eux seuls assurer la viabilité à long terme d'une population cible que si celle-ci, après un déclin marqué et enrayé, se maintient à faible effectif du fait d'effets Allee, de la stochasticité démographique ou d'une forte consanguinité. Dans tous les autres cas, le renforcement ne fait que repousser l'extinction, ce qui peut cependant être mis à profit pour identifier et éradiquer les causes de déclin, notamment au travers d'actions d'information et d'éducation des acteurs locaux.

Mais dans tous les cas et quelle que soit la nature des processus considérés, y compris les activités humaines, ils agiront positivement ou négativement à court, moyen ou long terme sur la viabilité de ces populations nécessairement au travers des paramètres de survie, de reproduction et/ou de dispersion des individus lâchés et de leurs descendants. En ce sens, la démographie constitue bien un cadre de réflexion pour élaborer les quatre phases recommandées de faisabilité, de préparation, de lâcher et surtout de suivi ces programmes (Sarrazin & Barbault, 1996, 1997).

Une aide à la gestion peut ainsi être fournie à deux niveaux. Dans un premier temps, il est possible de valider la stratégie de réintroduction ou de renforcement utilisée afin de la réutiliser en l'amendant si nécessaire dans d'autres programmes portant sur la même espèce ou sur des espèces proches (Sarrazin & Legendre 2000). Le coût souvent élevé de ces opérations et leur relativement faible efficacité ont entraîné de nombreuses critiques sur leur pertinence notamment en comparaison avec d'autres actions à large échelle ciblées non pas sur tel ou tel taxon mais sur des espaces ou des habitats. Ces critiques souvent justifiées rendent d'autant plus impérative une évaluation rigoureuse de chacun de ces programmes et un transfert efficace des savoirs ainsi acquis. Dans un second temps, ces travaux peuvent permettre de cibler la réduction des mesures généralement mises en place pour favoriser la survie, la reproduction et la fixation des premiers individus lâchés afin d'assurer une véritable viabilité à long terme de la population restaurée.

Les approches utilisées pour mener à bien ces travaux s'appuient prioritairement sur l'observation et le suivi à long terme de cas réels. Ces travaux, menés en collaboration étroite avec les organismes gestionnaires à l'origine des programmes, doivent trouver leur équilibre entre expertise locale et généralisation des résultats par leur comparaison entre programmes.

La modélisation peut également permettre de mieux comprendre l'impact relatif des processus impliqués et de réaliser des projections du devenir des populations afin d'évaluer leur viabilité. Pour éviter tout malentendu sur les apports de ces modèles, nous éviterons ici le terme de « prédiction » que nous réservons au contexte strict du test d'hypothèse. Nous privilégierons le terme de « projection » lors de discussions sur le devenir temporel d'un système écologique, ces projections étant pertinentes uniquement dans le champ des possibles défini par les processus considérés dans le modèle utilisé. Les apports et limites de la modélisation en conservation et particulièrement en analyse de viabilité ont fait l'objet de nombreux débats qui tendent globalement à en souligner l'intérêt plus qualitatif, notamment lors de comparaison de scénarios, que strictement quantitatif et ce malgré leur formalisme mathématique et informatique (Beissinger & Westphal, 1998 ; Brook *et al.*, 2000 ; Caswell 2001). Ces modèles ont connu de nombreux développements permettant notamment la prise en compte d'évènements aléatoires (stochasticités environnementale, démographique et génétique), de la structuration spatiale des populations ou par exemple des relations prédateurs/proies (Steury & Murray, 2004). L'intégration de certaines interactions (par exemple démographie/génétique) demeure cependant complexe et nécessite encore des travaux en amont d'une application immédiate (Robert *et al.*, 2003).

Enfin, dans une moindre mesure, l'expérimentation au sens strict du terme peut être utilisée dans des cas ou le statut de l'espèce peut le permettre ou en ayant recours à des espèces proches mais plus communes. La durée du cycle de vie de l'espèce et sa distribution spatiale peuvent également affecter la faisabilité de telles expériences, les rendant plus envisageables chez certaines plantes ou animaux de petite taille (Armstrong *et al.*, 1995).

Conséquences des réintroductions et renforcements de populations

Au-delà de la simple gestion au cas par cas de ces réintroductions et renforcements de populations, on peut distinguer d'intéressantes conséquences de ces programmes.

Dans un contexte fondamental, ces réintroductions et renforcements de populations peuvent être lus comme des expériences uniques à large échelle en écologie (Sarrazin & Barbault, 1996). Portant sur des espèces souvent mal connues par ailleurs, passant de basse à plus forte densité, elles présentent de nombreux intérêts. À l'échelle individuelle, il est possible de mieux comprendre les interactions entre démographie, génétique et comportement, et d'étudier les processus d'adaptation locale, de plasticité phénotypique ou d'apprentissage. À l'échelle des populations et métapopulations, les situations de déséquilibre démographiques et génétiques initiaux, le contexte de colonisation et d'extinction, les processus de dispersion et d'attraction par les congénères, ainsi que les mécanismes de densité dépendance positive ou négative et leurs conséquences, peuvent êtres analysés. Enfin à l'échelle des communautés, les réintroductions peuvent permettre de mieux comprendre les relations plurispécifiques de parasitisme, prédation, compétition ainsi que le rôle relatif de différentes espèces dans le fonctionnement des écosystèmes. L'idée ici n'est pas de détourner ces opérations de leur rôle initial de conservation mais bien de lire leurs résultats dans un contexte plus fondamental, un des buts ultimes de cette compréhension étant l'évitement des processus d'extinction et donc la réduction du recours à ces réintroductions et renforcements de populations.

Dans le champ des sciences humaines, ces programmes fournissent des occasions d'évaluer comment le retour de certaines espèces est conditionné par leur perception et leur représentation, rejoignant ainsi la question initiale des motivations (Reading & Kellert, 1993 ; Kleiman *et al.*, 1994). Les conséquences économiques et sociales de ces programmes, par l'exploitation directe des populations restaurées ou par le développement d'activités touristiques, seraient également à considérer ici (Stanley-Price, 1989). Mais il devient primordial d'évaluer l'impact de ces restaurations sur la perception d'éléments plus larges de la biodiversité. Le rôle éducatif de ces réintroductions, notamment d'espèces emblématiques, est en effet souvent mis en avant et mériterait d'être apprécié objectivement.

Restauration des populations de Vautour fauve dans le sud de la France

Situation du Vautour fauve en Europe

La conservation des populations de vautours est un enjeu important dans de nombreux pays du monde. C'est notamment le cas en Asie où les populations de trois espèces de vautours subissent depuis dix ans un déclin très marqué en Inde et au Pakistan qui pourrait les amener à une extinction imminente (Oaks *et al.*, 2004 ; Sarrazin *et al.*, 2004). Du fait du rôle d'équarriseur joué par ces espèces, les conséquences environnementales et notamment sanitaires de cette extinction dépassent largement la simple perte patrimoniale de ces éléments de la biodiversité. Si le Vautour fauve peut être considéré comme la moins menacée des quatre espèces de vautours présentes en Europe, son statut de conservation a néanmoins évolué dans l'espace et dans le temps durant la période récente (Sarrazin *et al.*, 1999). Le Vautour fauve est un oiseau longévif et colonial. Exclusivement charognard, il se nourrit en groupes sur des carcasses de mammifères. Largement présent autour de la Méditérannée, il déclina à la fin du XIXe siècle du fait de persécutions directes et indirectes, telles que le tir ou l'empoisonnement, et de changements de pratiques pastorales (législation vétérinaire pour l'élimination des carcasses, arrêt de certaines transhumances, etc.) En France, cette espèce était éteinte dans le sud des Alpes à la fin du XIXe siècle et dans les Grands Causses du sud du Massif Central vers 1945. Les populations pyrénéennes déclinèrent de manière similaire jusqu'à atteindre quelques dizaines de couples dans les années 60 en vallée d'Ossau, et au Pays basque. Ces individus furent les premiers à bénéficier de mesures de protection intégrant notamment la création de places d'alimentation. La colonie d'Ossau augmenta ainsi fortement à partir des années 80 pour un total de 500 à 600 couples dans les Pyrénées (Sarrazin & Lecuyer, 2004). La population espagnole déclina et augmenta de la même manière, et en 1999 la population totale y était de plus de 18 000 couples (Del Moral & Marti, 2001). Les populations situées en Europe du Sud-Est sont beaucoup plus relictuelles, et en Afrique du Nord éteintes ou inconnues.

En 1968, des naturalistes proposèrent de réintroduire cette espèce dans les Grands Causses, aux limites de l'Aveyron et de la Lozère (Figure 1). Un premier lâcher de quelques immatures échoua au début des années 70 et un stock d'individus captifs provenant d'Espagne, des Pyrénées françaises, de zoos ou saisis dans des trafics fut constitué dans des volières situées en visibilité des gorges de la Jonte. Durant cette période, le Fonds d'intervention pour les rapaces (désormais rattaché à la Ligue pour la protection des oiseaux) et le Parc national des Cévennes furent créés et suivirent cette opération. Après une longue campagne d'information, 61 individus, d'abord des adultes puis des immatures, furent relachés de 1981 à 1986. Ils se reproduirent en nature dès 1982 et, depuis, une colonie a été établie dans laquelle plus de 660 jeunes vautours ont été produits jusqu'en 2004. La colonie comprend plus de 130 couples début 2005 (Graphique 1).

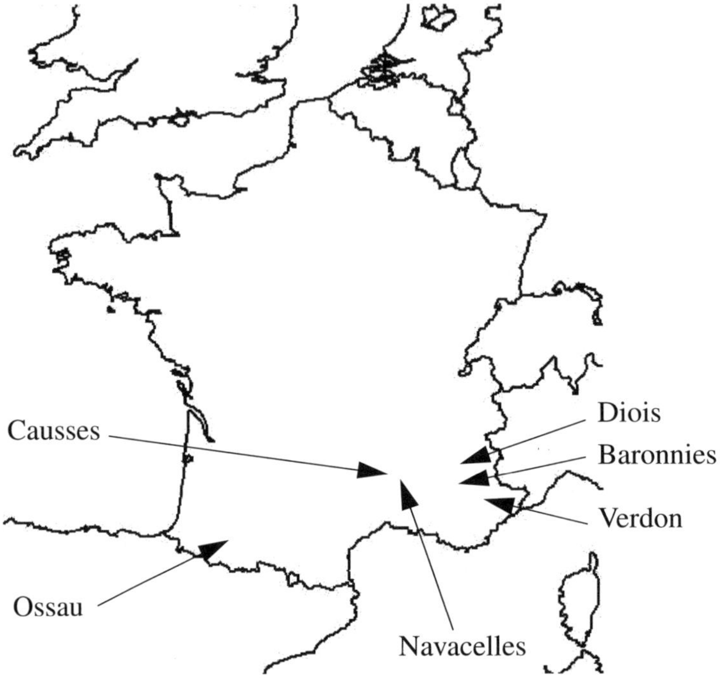

Figure 1. Répartition des populations d'origine naturelle (Pyrénées) ou réintroduites de Vautour fauve en France.

À la suite du succès de cette opération, 50 oiseaux furent lâchés de 1993 à 1997 dans le cirque de Navacelles à environ 40 km du premier site de réintroduction. Après le lâcher des derniers vautours, le nombre d'individus présents dans la zone déclina. À présent, aucun couple n'y est fixé. Il semble que beaucoup de ces individus rejoignirent la colonie de la Jonte. Plus récemment, trois programmes de réintroduction ont débuté dans le sud des Alpes. Dans les Baronnies, plus de 50 individus ont été relâchés depuis 1996 et plus de 20 couples sont fixés. Enfin, en octobre 1999, deux autres programmes commencèrent à relâcher cette même espèce, l'un dans le Diois au sud du Parc naturel régional du Vercors, l'autre dans les gorges du Verdon. Ces programmes devront se poursuivre pendant plusieurs années avant qu'on puisse juger de leur réussite.

Dynamique des populations réintroduites

Le suivi à moyen terme de la réintroduction dans les Causses fut considéré comme un impératif dès le début du projet (Bonnet *et al.*, 1990, Terrasse *et al.*,

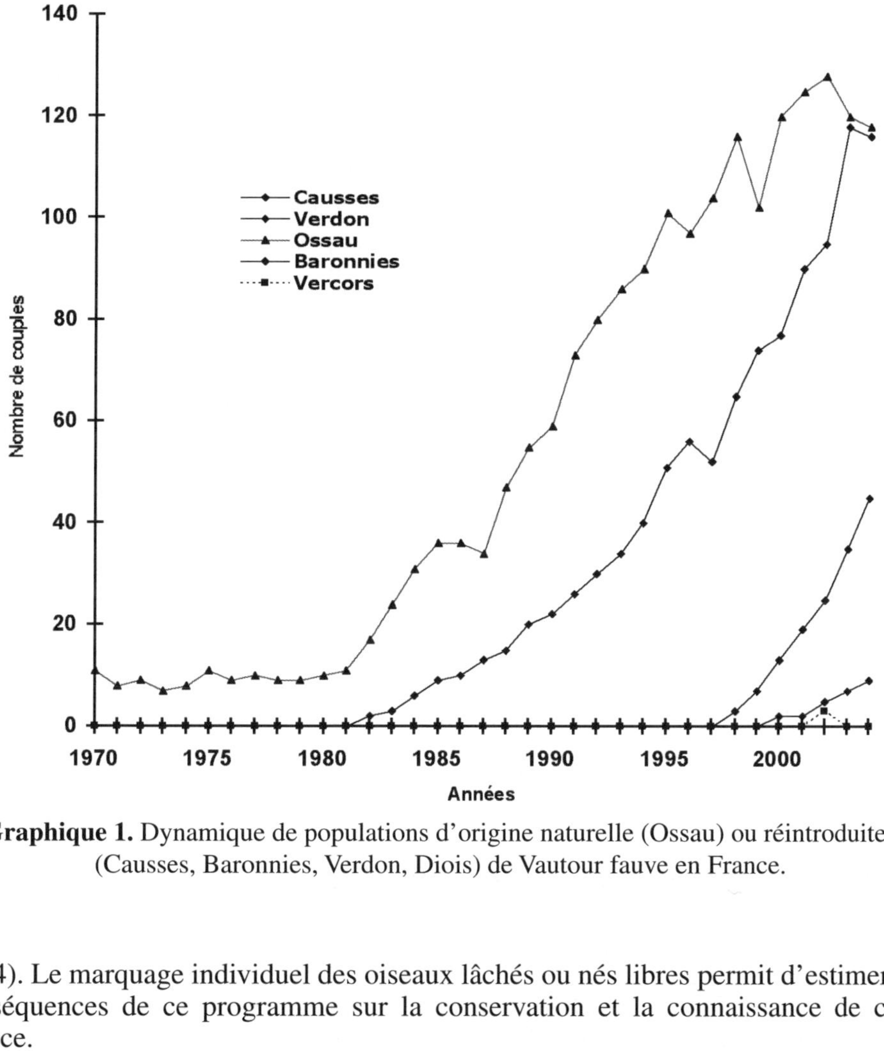

Graphique 1. Dynamique de populations d'origine naturelle (Ossau) ou réintroduites (Causses, Baronnies, Verdon, Diois) de Vautour fauve en France.

1994). Le marquage individuel des oiseaux lâchés ou nés libres permit d'estimer les conséquences de ce programme sur la conservation et la connaissance de cette espèce.

Globalement, les oiseaux adultes présentèrent durant les vingt ans de suivi une survie extrêmement élevée, traduisant l'absence de toute destruction directe ou indirecte par l'homme (Sarrazin *et al.*, 1994 ; Robert, 2003). Des pertes furent cependant observées pour les oiseaux ayant subi une longue captivité ainsi que chez les jeunes oiseaux du fait d'un apprentissage difficile du vol, de l'électrocution sur des lignes EDF et d'une possible compétition défavorable avec les adultes pour s'alimenter. Les conditions de faible densité favorisèrent cependant une certaine accélération de l'accession à la reproduction avec des individus reproducteurs dès 4 ans, voire 3 ans. Bien que le succès reproducteur fût plus faible pour les oiseaux lâchés adultes, le succès de reproduction moyen atteignit des valeurs comparables à celles observées dans les Pyrénées ou en Espagne (Sarrazin *et al.*, 1996). Comme chez d'autres espèces d'oiseaux coloniaux (Danchin *et al.*, 1998), la structuration spatiale de la colonie fit intervenir le succès de reproduction des congénères comme source d'information pour estimer la qualité de l'habitat de reproduction et le sélectionner en conséquence. Cette hypothèse a pu être validée dans les Causses et en Ossau, montrant de manière complémentaire que les processus de réintroduction ne semblent pas modifier cette stratégie de sélection de l'habitat.

Les paramètres démographiques ainsi estimés permirent de modéliser la dynamique de cette population (Ferrière *et al.*, 1996 ; Sarrazin, 1998) à l'aide de modèles de populations structurées (Caswell, 2001). Au-delà de la phase de lâcher, la croissance de cette population resta étonnament forte. Cependant, bien que des effets du lâcher aient été détectés, il demeurait difficile de déterminer si ces paramètres vitaux étaient normaux pour cette espèce ou affectés par le contexte de la réintroduction. Il apparut cependant que les paramètres élevés de survie estimés dans la Jonte furent insuffisants pour expliquer la forte croissance de la population ossaloise à partir de 1980, suggérant une immigration depuis les populations espagnoles. Le marquage individuel d'une partie des oiseaux produits en Ossau mis en place dès 1993 en collaboration avec le Parc national des Pyrénées devrait permettre de mieux comprendre cette dynamique locale. Par ailleurs, la sensibilité du taux d'accroissement de ces populations au taux de survie adulte apparut très élevée alors que des changements de survie juvénile ou de fécondité auraient des rôles plus limités, ce qui est caractéristique de la dynamique d'une telle espèce longévive (Sarrazin, 1998). Ceci permit de hierarchiser des priorités d'action en fonction des menaces portant sur ces différents paramètres et notamment de relativiser l'aide apportée aux jeunes oiseaux en difficulté après leur envol.

Validité des stratégies de réintroduction

S'il est difficile, pour des raisons éthiques et logistiques, de comparer expérimentalement différentes stratégies de réintroduction impliquant des espèces menacées, le recours à la modélisation peut permettre de discuter de la pertinence de telles stratégies. Dans de nombreux programmes de réintroduction de rapaces, seuls des jeunes oiseaux sont habituellement lâchés (Green *et al.*, 1996 ; Bustamante, 1998 ; Meretsky *et al.*, 2000). Des simulations montrent cependant que, pour le Vautour fauve, les lâchers d'adultes peuvent être plus efficaces que les lâchers de jeunes pour fixer une colonie de reproducteurs le plus tôt possible et ce malgré les pertes en survie et reproduction observées après les lâchers (Sarrazin & Legendre, 2000). De plus les résultats concernant la sélection de l'habitat de reproduction en fonction du succès des congénères renforcent l'intérêt du lâcher d'adultes capables de se reproduire rapidement. La prise en compte de processus génétiques peut, dans le cas de populations isolées, modifier ces projections, notamment si des événements de sélection interviennent chez les jeunes oiseaux (Robert *et al.*, 2004).

Cependant, dans le cas de la population caussenarde de Vautours fauves, des analyses moléculaires ont pu confirmer l'absence de goulot d'étranglement et le maintien d'une forte diversité due notamment à une immigration soutenue dans les dernières années, ce qui montre le rôle d'attraction joué par cette population réintroduite (Robert, 2003).

Perspectives de viabilité et de régulation des populations réintroduites

Les travaux précédemment décrits se poursuivent selon deux axes principaux.

Le premier concerne la validation des hypothèses de fonctionnement démographique, génétique et comportemental formulées à partir de l'observation de la réintroduction dans les Causses. Ceci est envisagé par sa comparaison avec les autres programmes français de réintroduction de cette espèce et d'espèces proches telles que le Vautour moine qui fait l'objet d'une réintroduction dans les Causses depuis 1992.

Le second axe concerne le devenir à moyen et long terme de ces populations réintroduites. En effet, au-delà de la réussite de l'installation de ces colonies, l'étude de leur régulation et de leur viabilité à long terme est nécessaire pour juger *in fine* du succès ultime de ces programmes. Dans le cas de la population réintroduite des Causses, ces oiseaux se sont initialement alimentés sur des carcasses d'ovins provenant de la mortalité dans les élevages environnants et déposées par les gestionnaires du programme sur des places de nourrissage. Cependant, les vautours ont également été capables de s'alimenter en dehors de ces charniers sur des carcasses découvertes spontanément. Afin de maintenir ce système dans le cadre légal de la législation de l'équarrissage, un décret a été obtenu en 1998. Il autorise les éleveurs à mettre en place, suivant un cahier des charges strict, leur propre placette d'alimentation, fonctionnant cette fois à l'échelle locale de leur exploitation. Ce système s'est développé au cours des dernières années dans les Causses. Il permet d'alléger les charges de gestion des charniers et de rendre plus aléatoire la répartition spatio-temporelle des ressources disponibles pour les vautours. La finalité de cette gestion étant à la fois le maintien à long terme des populations de vautours et l'optimisation de leur rôle d'équarrisseur, nous nous trouvons ici dans un système éleveur-vautour à bénéfices réciproques. La durabilité de ce système étant le meilleur gage du succès de ces réintroductions, un programme pluridisciplinaire a été récemment lancé pour en évaluer l'efficacité et la pérennité en considérant ses conséquences pour les éleveurs et pour les vautours. Quatre grands axes sont considérés. Une approche ethnologique de la perception du rôle d'équarrisseur des nécrophages par les différents acteurs (éleveurs, équarrisseurs, Direction des services vétérinaires, autorités locales, protecteurs) vise à mieux comprendre, entre autres, le passage d'espèce « nuisible » à espèce « utile » mais également à noter si ce basculement est favorable à d'autres éléments de la biodiversité. Il faut ainsi souligner que le facteur majeur de ce succès a sans aucun doute été l'acceptation du retour de cette espèce par les populations humaines locales. Ceci a été rendu possible par un important travail d'éducation sur l'espèce mené à bien par les promoteurs du projet avant les lâchers, lors de la phase de mise en captivité des oiseaux. Aujourd'hui, la poursuite du programme de réintroduction et le suivi de la population servent de base à l'information et l'éducation du public, touristes ou scolaires, sur la conservation de ces espèces mais aussi la biodiversité et la protection de l'environnement en général. Parallèlement, une approche économique des différents « circuits » d'élimination des carcasses (par les éleveurs, par les protecteurs des vautours, par l'équarrisseur officiel) a permis de mettre en évidence l'intérêt des placettes gérées par les éleveurs. Une approche écotoxicologique vise à évaluer l'éventuel effet de certains traitements des cheptels sur les populations de nécrophages. Enfin, une étude comportementale concerne l'impact de la gestion des charniers sur les méthodes de prospection des vautours et donc à la fois sur la régulation de leurs populations et l'efficacité de l'équarrissage. Il s'agit ici d'établir des liens étroits entre ces approches et de les intégrer pour proposer, à terme, des recommandations globales de gestion à l'échelle des différentes régions concernées, mais aussi aux échelles nationales, européennes et internationales. En effet, la mise en place de règlements européens sur le suivi sanitaire des cheptels ovins et bovins, notamment vis-à-vis des maladies à prions, pourrait prochainement modifier ces pratiques en fragilisant ce lien récemment restauré entre éleveurs et vautours. De même, si le déclin des populations de vautours ne peut être enrayé en Asie, la question de leur réintroduction est d'ores et déjà envisagée. L'attente internationale vis-à-vis des expériences en cours en France est donc forte.

Conclusion et perspectives générales

Le succès de la restauration des populations de Vautour fauve dans le sud de la France illustre les potentialités offertes par ces méthodes de conservation qui doivent cependant rester un recours ultime aux phénomènes d'extinction, du fait de leur coût et de leur difficulté. Mais il fournit également au biologiste une source d'interrogations sur la création, le maintien et le fonctionnement de populations en nature avec pour toile de fond les activités humaines, facteurs de perturbation mais aussi de restauration et potentiellement d'évolution. Au-delà de considérations strictement écologiques, il apparaît que la prise en compte des conséquences directes et indirectes des activités humaines sur ces opérations devrait être plus importante et ce dans plusieurs buts. À un premier niveau, le développement d'analyses de viabilité intégrant explicitement ou implicitement les activités humaines doit être encouragé. Cela peut sembler réducteur et impose de contraindre la formalisation de ces comportements humains, ce qui pose en soi un défi épistémologique, mais ne semble pas *a priori* techniquement insurmontable. Une réflexion plus large à l'interface entre sciences du vivant et sciences de l'homme et de la société s'avérerait également très utile pour hiérarchiser les priorités de conservation et les choix des taxons à restaurer. Enfin, une évaluation du rôle éducatif de ces opérations pourrait aider à prendre en compte l'ensemble de leurs conséquences, et à mieux comprendre en quoi elles sont complémentaires des travaux en apparence plus légitimes sur la conservation à large échelle des habitats et des écosystèmes.

François SARRAZIN

BIBLIOGRAPHIE

ALLEN, T.F.H. & Hoekstra. T.W., 1987, « Problems of scaling in restoration ecology : a practical application, *in* JORDAN III, W.R., GILPIN, M.E. & J.D., ABER., (eds), *Restoration Ecology : A Synthetic Approach to Ecological Research*, Cambridge University Press, p. 289-299.

ARMSTRONG, D.P., SODERQUIST, T. & SOUTHGATE. T., 1995, « Designing experimental reintroductions as experiments », *in* SERENA, M. (ed), *Reintroduction Biology of Australian and New Zealand Fauna*, Surrey Beatty & Sons, p. 27-29.

BAUDRY, J., 2002, « Les échelles d'espace et de temps en écologie de la restauration », *in* CHAPUIS, J.L., DÉCAMPS, H., BARNAUD, G. & V. BARRE., (éds), Programme national de recherche « Recréer la Nature » : réhabilitation, restauration et création d'écosystèmes, *Revue d'écologie (La Terre et la Vie),* supp. 9, p. 149-158.

BECK, B.B., RAPAPORT, L.G., STANLEY-PRICE, M.R. & WILSON. A.C., 1994, « Reintroduction of captive-born animals », *in* OLNEY, P.J.S., Mace, G.M. & FEISTNER, A.T.C., (eds), *Creative Conservation : Interactive Management of Wild and Captive Animals*, Chapman & Hall, p. 265-286.

BEISSINGER, S.R. & MC CULLOUGH, D.R., (eds), 2002 *Population Viability Analysis*, The University of Chicago Press, 576 p.

BEISSINGER, S.R. & WESTPHAL, M.I., 1998, « On the use of demographic models of population viability in endangered species managemen », *Journal of Wildlife Management,* 62, p. 821-841.

BONNET, J., TERRASSE, M., BAGNOLINI, C. & PINNA, J.L., 1990, « Installation et extension d'une colonie de Vautours fauves (*Gyps fulvus fulvus*) réintroduite dans les Grands Causses du Massif Central », *L'Oiseau et la Revue française d'ornithologie*, 60, p. 181-206.

BOWLES, M.L. & WHELAN, C.J., (eds), 1994, *Restoration of Endangered Species. Conceptual Issues, Planning and Implementation*, Cambridge University Press. 394 p.

BOYCE, M., 2002, « Reconciling the Small-Population and Declining-Population paradigms », *in* BEISSINGER, S.R., & MC CULLOUGH D.R., (eds), *Population Viability Analysis*, The University of Chicago Press, p. 41-49.

BRADSHAW, A.D., 1987, « Restoration : an acid test for ecology », *in* JORDAN III, W.R., GILPIN, M.E. & ABER, J.D., (eds), *Restoration Ecology : A Synthetic Approach to Ecological Research,* Cambridge University Press, p. 23-29.

BROOK, B.W., O'GRADY, J.J., CHAPMAN, A.P., BURGMAN, M.A., AKÇAKAYA, H.R. & FRANKHAM, R., 2000, « Predictive accuracy of population viability analysis in conservation biology », *Nature,* 404, p. 385-387.

BUSTAMANTE, J., 1998, « Use of simulation models to plan species reintroductions : the case of the Bearded Vulture in southern Spain », *Animal Conservation,* 1, p. 229-238.

CADE, T. J. and TEMPLE, S. A., 1995, « Management of threatened bird species : evaluation of the hands-on approach », *Ibis*, 137, sup, 1, pp. 161-172.

CASWELL, H., 2001, *Matrix populations models,* 2nd édition, Sinauer, 722 p.

CAUGHLEY, G., 1994, « Directions in conservation biology », *Journal of Animal Ecology,* 6, p. 215-244.

CHAPUIS, J.L., DÉCAMPS, H., BARNAUD, G. & BARRE., V., (eds), 2002, « Programme national de recherche "Recréer la Nature" : réhabilitation, restauration et création d'écosystèmes », *Revue d'Ecologie (La Terre et la Vie)*, supp. 9, 261 p.

CLARK, T. W. & CRAGUN, J.R., 1994, « Organizational and managerial guidelines for endangered species restoration programs and recovery teams », *in* BOWLES, M.L. & WHELAN, C.J., (eds), *Restoration of Endangered Species. Conceptual Issues, Planning and Implementation*, Cambridge University Press, p. 9-33.

DANCHIN, E., BOULINIER, T. & MASSOT, M., 1998, « Conspecific reproductive success and breeding habitat selection : implications for the evolution of coloniality », *Ecology,* 79, p. 2415-2428.

DEL MORAL, J.C. & MARTI, R., 2001, *El Buitre Leonado En La Peninsula Ibérica,* III Censo Nacional y I Censo Ibérico Coordinado, 1999, SEO/Birdlife, Madrid.

DONADIEU, P., 2002, « Les références en écologie de la restauration », *in* CHAPUIS, J.L., DÉCAMPS, H., BARNAUD, G. & BARRE, V., (éds), « Programme national de recherche "Recréer la Nature" : réhabilitation, restauration et création d'écosystèmes », *Revue d'Écologie (La Terre et la Vie),* supp. 9, p. 109-119.

FALK, D.A., MILLAR, C.I. & OLWELL, M., (eds), 1996, *Restoring Diversity,* Island Press, 505 p.

FERRIÈRE, R., SARRAZIN, F., LEGENDRE, S. & BARON, J.P., 1996, « Matrix population models applied to viability analysis and Conservation : Theory and Practice using the ULM software », *Acta Oecologica*, 17 (6), p. 629-656.

GILPIN, M.E., 1987, « Minimum viable populations : a restoration ecology perspective » *in* JORDAN III, W.R., GILPIN, M.E. & ABER, J.D., (eds), *Restoration Ecology : A Synthetic Approach to Ecological Research*, Cambridge University Press, p. 301-305.

GREEN, R.E., PIENKOWSKI, M.W. & LOVE, J. A., 1996, « Long-term viability of the re-introduced population of the White-tailed eagle *Haliiaeetus albicilla* in Scotland », *Journal of Applied Ecology,* 33, p. 357-368.

GRIFFITH, B., SCOTT, J.M., CARPENTER, J.W. & REED, C., 1989, « Translocation as a species Conservation tool : status and strategy », *Science*, 245, p. 477-480.

JORDAN III, W.R., GILPIN, M.E., & ABER, J.D., (eds), 1987, *Restoration Ecology : A Synthetic Approach to Ecological Research*, Cambridge University Press, 342 p.

KLEIMAN, D.G., STANLEY-PRICE, M.R. & BECK, B.B., 1994, « Criterias for reintroductions », *in* OLNEY, P.J.S., MACE, G.M. & FEISTNER, A.T.C., (eds), *Creative*

Conservation : Interactive Management of Wild and Captive Animals, Chapman & Hall, p. 288-303.

LACY, R.C. & MILLER, P., 2002, « Incorporating human populations and activities into population viability analysis », *in* BEISSINGER, S.R. & MC CULLOUGH, D.R., (eds), *Population Viability Analysis,* The University of Chicago Press, p. 490-510.

MAY, R., 1991, « The role of ecological theory in planning re-introduction of endangered species », *Symp. zool. Soc. Lond*, 62, p. 145-163.

MERETSKY, V.J., SNYDER, N.F.R., BEISSINGER, S.R., CLENDENEN, D.A. & WILEY, J.W., 2000, « Demography of the California Condo r : implications for reestablishment », *Conservation Biology,* 14, p. 957-967.

MORRIS, W.F. & DOAK, D.F., (eds), 2002, *Quantitative conservation biology. Theory and Practice of Population Viability Analysis*, Sinauer, 480 p.

OAKS, J.L., GILBERT, M., VIRANI, M.Z., WATSON, R.T., METEYER, C.U., RIDEOUT, B.A., SHIVAPRASAD, H.L., AHMED, CHAUDHRY, M.J.I., ASHAD, M., MAHMOOD, S., ALI, A. & KHA, A.A., 2004, « Diclofenac residues as the cause of vulture population decline in Pakistan », *Nature*, 427, p. 630-633.

PAVLICK B., 1994, « Demographic monitoring and the recovery of endangered plant populations », *in* BOWLES, M.L. & WHELAN, C.J., (eds), *Restoration of Endangered Species. Conceptual Issues, Planning and Implementation*, Cambridge University Press, p. 322-350.

—, 1996, « Defining and measuring success », *in* FALK, D.A., MILLAR, C.I. & OLWELL, M. (eds), *Restoring Diversity*, Island Press, p. 127-155.

PERROW M. R., & DAVY, A.J., (eds), 2002, *Handbook of Ecological Restoration*, vol. 1, *Principles of Restoration*, Cambridge University Press, 444 p.

READING, R. P. and KELLERT, S. R., 1993, « Attitudes toward a proposed reintroduction of Black-Footed ferrets (*Mustela nigripes*) », *Conservation Biology,* 7, p. 569-580.

ROBERT, A., COUVET, D. & SARRAZIN, F., 2003, « The role of local adaptation in metapopulation restorations », *Animal Conservation.*

ROBERT, A., SARRAZIN, F. & COUVET, D., 2004, *Releasing adults versus young in reintroduction : interactions between demography and genetics*, sous presse.

ROBERT, A., 2003, *Interactions démographiques et génétiques dans les petites populations, applications aux populations restaurées*, Thèse de l'université Pierre et Marie Curie.

ROZENSWEIG, M.L., 1987, « Restoration ecology : a tool to study population interactions ? », *in* JORDAN III, W.R., GILPIN, M.E. & ABER, J.D., (eds), *Restoration Ecology : A Synthetic Approach to Ecological Research*, Cambridge University Press, p. 189-203.

SARRAZIN, F., 1998, « Modelling establishment of a reintroduced population of Griffon vultures *Gyps fulvus* in Southern France », *in* CHANCELLOR, R.D., MEYBURG, B.U. & FERRERO, J.J., (eds), *Holartic Birds of Prey,* ADENEX – WWGBP, p. 405-416.

SARRAZIN, F., BAGNOLINI, C., LECONTE, M., MORVAN, R. & ARTHUR, C.P., 1999, « Vautour fauve *Gyps fulvus* », *in* ROCAMORA, G. & YEATMAN-BERTHELOT, D., (éds), *Oiseaux menacés et à surveiller en France. Listes rouges et recherche de priorités. Populations. Tendances. Menaces. Conservation*, Société d'Etude ornitologique de France / Ligue pour la protection des oiseaux : 222-223.

SARRAZIN, F., BAGNOLINI, C., PINNA, J.L. & DANCHI, E., 1996, « Breeding biology during establishment of a reintroduced Griffon Vulture (*Gyps fulvus*) population », *Ibis*, 138, p. 315-325.

SARRAZIN, F., BAGNOLINI, C., PINNA, J.L., DANCHIN, E, & CLOBERT, J., 1994, « High survival estimates in a reintroduced population of Griffon Vultures », *The Auk*, 111 (4), p. 853-862.

SARRAZIN, F. & BARBAULT, R., 1996, « Re-introductions : challenges and lessons for basic ecology. Trends in Ecology and Evolution », 11, p. 474-478.

—, 1997, « Reply to Bullock J.M. and Hodder, K.H », *Trends in Ecology and Evolution*, 12, p. 69.

SARRAZIN, F. & LECUYER, P., 2004, « Vautour Fauve », *in* BRETAGNOLLE, LPO. V. & THIOLLAY, J.M., (éds), *Les Rapaces diurnes nicheurs de France. Distribution, effectifs et conservation*, Delachaux & Niestlé, p. 52-55.

SARRAZIN, F. & LEGENDRE, S., 2000, « Demographic approach to releasing adults versus young in reintroductions », *Conservation Biology*, 14 (2), p. 488-500.

SARRAZIN, F., VIRANI, M.Z., GILBERT, M. & KHAN, A.A., 2004, « Preliminary population viability analyses for Oriental White-Backed Vulture *Gyps bengalensis* in Punjab province Pakistan », *in* CHANCELLOR, R.D. & MEYBURG, B.-U., (eds), *Raptors Worldwilde*, WWGBP, p. 257-262.

SEDDON, P.J., SOORAE, P.S. & LAUNAY, F., 2005, « Taxonomic bias in reintroduction projects », *Animal Conservation*, 8, p. 51-58.

SERENA, M., (ed), 1995, *Reintroduction Biology of Australian and New Zealand Fauna,* Surrey Beatty & Sons, 264 p.

STANLEY-PRICE, M. R., 1989, Reconstructing ecosystems, *in* WESTERN, P. & PEARL, M., (eds), *Conservation for the Twenty First Century,* Oxford Univ. Press, p. 210-217

STEURY, T.D, & MURRAY, D.L., 2004, « Modeling the reintroduction of lynx to the southern portion of its range », *Biological Conservation,* 117, p. 127-141.

TERRASSE, M., BAGNOLINI, C., BONNET, J., & SARRAZI, F.,. 1994, « Re-introduction of Griffon vulture (*Gyps fulvus fulvus*) in the Massif Central-France », *in* MEYBURG, B.-U. & CHANCELLOR, R.D., (eds), *Raptor Conservation Today,* WWGBP / The Pica Press, p. 479-491.

UICN, 1998, *Lignes directrices de l'IUCN relatives aux réintroductions*, Préparées par le Groupe de spécialistes de la réintroduction de la commission de la sauvegarde des espèces de l'IUCN, IUCN, Gland, Suisse et Cambridge, Royaume-Uni, 20 p.

WOLf, C.M., GRIFFITH, B., REED, C. & TEMPLE, S.A., 1996, « Avian and mammalian translocations : update and reanalysis of 1987 survey data », *Conservation Biology,* 10, p. 1142-1154.

Quand l'écologie, science d'observation, devient science de l'action. Remarques sur le génie écologique

Ces réflexions sur le génie écologique proviennent d'une étude qui portait sur les recherches du programme « Recréer la nature », impulsé dès 1994 par le ministère de l'Environnement. Il s'agissait de clarifier le « questionnement éthique des écologues » engagés dans des opérations de restauration, de réhabilitation ou de création de milieux naturels. Ce projet prévoyait des entretiens approfondis avec les différents chercheurs impliqués et la visite de certaines opérations. J'y étais associé à Marie-Angèle Hermitte et Catherine Larrère. Mais ce fut un projet auquel nous n'avons pas donné suite, les restrictions de crédits alloués ne nous ayant pas semblé de nature à justifier l'engagement dans une recherche approfondie de chercheurs déjà largement surbookés. Sollicités néanmoins pour donner un avis, nous avons accepté de travailler sur deux corpus de textes :

– d'une part, les interventions au colloque préparatoire qui s'était tenu en 1994 dans les marais d'Orx[1], les réponses à l'appel d'offres « Recréer la nature » et les discussions qui se sont engagées lors du séminaire de lancement du programme en 1997[2].

– d'autre part, les comptes rendus remis en 2000 au comité scientifique du programme et les articles parus (en 2002) dans la revue d'écologie *La Terre et la Vie*.

---

1. *Cf* : ministère de l'Environnement, *Recréer la nature (17, 18, 19 mai 1994). Réhabilitation, restauration et création d'écosystèmes – Résumé des communications et des posters.*

2. *Cf.* G. Barnaud & J-L Chapuis (éds), *Actes du Séminaire de lancement du programme national de recherche « Recréer la nature »*, ministère de l'Environnement & Muséum national d'histoire naturelle, 1997.

Or, la lecture de ces deux corpus nous a réservé une surprise : dans les textes des années 1994 à 1997 plusieurs chercheurs évoquaient des « problèmes éthiques ». Certains s'engageaient même dans des considérations quasiment philosophiques sur le rapport des hommes à la nature. Dans les rapports scientifiques remis à l'issue des travaux, plus la moindre inquiétude morale, et plus guère de considérations quasi philosophiques sur le rapport à la nature. On a des réponses techniques à des problèmes réduits à leur dimension technique. Nous nous sommes efforcés d'interpréter cet étonnant effacement des considérations éthiques et des inquiétudes morales au cours des recherches engagées[3]. Les réflexions suivantes ont été largement discutées entre nous. Mais, dans la mesure où ce texte privilégie des considérations épistémologiques et que, de ce fait, je m'y suis particulièrement investi, je suis seul responsable de sa stratégie d'argumentation et de ses insuffisances.

Quel était donc le questionnement éthique des scientifiques ?

Dans les textes datant de 1994 à 1997, ce que les scientifiques qualifiaient de « problèmes éthiques » relevait d'une réflexion sur la légitimité de leur intervention. Ce qui justifiait l'utilisation du génie écologique pour réhabiliter, restaurer ou rajeunir des milieux, était une sorte de devoir moral : il fallait réparer les torts portés à la nature, une nature que l'activité humaine avait « dégradée ». Pour des scientifiques plus ou moins imprégnés de l'idée moderne que, l'homme étant le seul sujet moral, il est aussi le seul à pouvoir être l'objet d'un souci moral, affirmer ainsi un « devoir moral » envers la nature avait quelque chose d'incongru. On se situait alors dans une opposition entre naturalisme et humanisme[4], avec la conviction plus ou moins explicite que, ne pouvant œuvrer conjointement pour la nature et pour les hommes, il fallait choisir. Aussi était-il difficile aux promoteurs du génie écologique d'affirmer ouvertement le caractère écocentrique du « devoir de réparation » qui légitimait leur entreprise[5]. Mais, l'inquiétude tenait aussi au caractère paradoxal de

---

3. Signalons que d'autres interprétations sont possibles, mais relèvent plus de la sociologie de la recherche.

4. Fortement exposée en France dans l'ouvrage de Luc Ferry : *Le Nouvel Ordre écologique,* paru en 1992, la dénonciation de l'écologisme comme antihumaniste peut être considérée comme un écho déformé des débats qui traversaient (et traversent encore) les milieux universitaires anglophones spécialisés en éthique environnementale, entre les éthiques anthropocentriques, biocentriques et écocentriques. Confondant ces deux dernières, Luc Ferry en construisait un épouvantail baptisé « *Deep Ecology* » et mettait en garde contre cet écologisme radical qui ne pouvait, selon lui, que nuire à l'humanité et ne pouvait s'imposer que sous la forme d'un fascisme vert.

5. Sur le débat au sujet des éthiques environnementales, voir annexe en fin de chapitre.

ces interventions qui employaient l'artifice comme moyen de naturalisation. Ne convenait-il pas de respecter un « principe de naturalité » et de laisser la nature cicatriser elle-même ses plaies et « reprendre ses droits » ? Le génie écologique ne risquait-il pas de déboucher sur une industrie du faux, celle qu'Umberto Eco avait stigmatisée dans son article *Écologie 1984 et le Coca-Cola s'est fait chair*[6] ? Le malaise ressenti tenait d'ailleurs (partiellement) au titre du programme ministériel : « Recréer la nature ». Cette expression, sous laquelle les rédacteurs de l'appel d'offres avaient rangé toutes les opérations de restauration, de réhabilitation et de réaffectation de milieux naturels, suppose que la nature est chose « créée » (qui peut donc être recréée). C'est d'une *natura naturata* dont il est question – une nature artifice, nature créée – pas d'une *natura naturans* – une nature processus[7]. Cette allusion à la Création est loin d'être neutre : en recréant la nature, l'homme ne se contente pas de réparer les dommages qu'il lui a infligés, il se met à la place du Créateur. Le titre même du programme révélait ainsi une ambition démiurgique qui posait automatiquement la question de la responsabilité des écologues vis-à-vis des effets non intentionnels de leur action. Une responsabilité qui devait se mesurer à l'aune de la puissance technique acquise (ou supposée telle) par le génie écologique. Recréer la nature, c'était, en effet, avoir pouvoir de modifier profondément milieux et paysages, ainsi que leurs usages : *in fine*, cette puissance pouvait aussi bien nuire à la nature qu'aux hommes (du moins à certains éléments naturels et à certains hommes).

L'hypothèse sur laquelle je voudrais réfléchir est la suivante : l'adoption d'une conception dynamique de l'écologie, libérant les scientifiques des oppositions classiques entre écocentrisme et anthropocentrisme, entre nature et artifice, a implicitement apporté une réponse aux inquiétudes morales des textes des années 90. Je voudrais ensuite montrer que cela soulève néanmoins de nouveaux problèmes, et que le relatif confort octroyé par le choix scientifique d'une écologie des perturbations a occulté certaines questions, qui se posent encore… et parmi elles, celle de la déontologie que doivent adopter les scientifiques impliqués dans de telles opérations.

---

6. Umberto Eco, « Écologie 1984 et le Coca-Cola s'est fait chair », in *La Guerre du faux*, Paris, Grasset, 1985, p. 50-59.

7. Sur cette distinction et son importance dans l'histoire de la conception de la nature, voir Catherine et Raphaël Larrère : *Du bon usage de la nature. Pour une philosophie de l'environnement*, Paris, Aubier, 1997.

Des choix scientifiques qui ont rendu caduques les questions sur la légitimité de l'action et ont dédramatisé la responsabilité des promoteurs du génie écologique

La lecture des rapports remis au comité scientifique du programme montre très clairement que les chercheurs et ingénieurs qui ont travaillé sur ces projets sont sortis d'une écologie focalisée sur les équilibres de la nature. Tous, pratiquement, ont adopté une conception dynamique de l'écologie[8]. Tous font ainsi référence à la théorie des successions secondaires et intègrent les perturbations comme éléments de cette dynamique – le régime des perturbations étant un facteur important de la structuration des communautés biotiques. Tous considèrent, plus ou moins explicitement, que les systèmes écologiques sont hétérogènes (dans l'espace) et variables (dans le temps) et que l'on ne saurait comprendre leur fonctionnement indépendamment de ceux avec lesquels ils interagissent. Enfin pour tous, les milieux qui nous entourent sont le produit d'une histoire, celle des perturbations qu'ils ont subies. La plus ou moins grande diversité spécifique, comme la structure des mosaïques d'écosystèmes, résultent d'une histoire où s'articulent perturbations naturelles et perturbations d'origine anthropique. Cela conduit à transformer la manière de concevoir les activités humaines : si la nature co-évolue avec les sociétés humaines, on ne peut plus considérer l'homme comme le grand perturbateur. S'il est certain que bien des activités humaines sont ainsi défavorables à la diversité biologique, d'autres à l'inverse lui sont, ou peuvent lui être, favorables[9]. Les opérations de restauration et de réhabilitation dont il est question font, par leur objectif, partie de ces activités humaines qui peuvent être favorables à la nature.

L'objectif de ces entreprises de génie écologique n'est donc pas de restaurer la nature *stricto sensu*, encore moins de la « créer » ou « recréer », mais d'infléchir, d'initier ou d'entraver, bref de piloter (avec des moyens plus ou moins lourds) des processus naturels, des dynamiques écologiques afin d'aboutir à des états plus ou

8. L'écologie, des années 1960 à la fin des années 1980, fut dominée par le paradigme écosystémique. Odum avait synthétisé tous les éléments de cette discipline grâce à une conception thermodynamique des systèmes écologiques. Cette écologie, focalisée sur les mécanismes d'autorégulation des écosystèmes et sur les équilibres naturels, laissait l'homme hors de son champ et considérait les activités humaines comme autant de perturbations dommageables des systèmes écologiques. C'est cette conception qui est remise en cause par le développement d'une écologie dynamique, qui considère que les milieux naturels ont une histoire (donc que les équilibres de la nature sont des équilibres dynamiques), et que cette histoire est celle de toutes les perturbations qu'ils ont subies, que ces perturbations aient été naturelles (épisodes climatiques, catastrophes naturelles, invasions d'espèces) ou d'origine humaine (prélèvements, culture, élevage). L'écologue se préoccupe alors de comprendre les relations entre le régime de perturbations qu'un milieu a subi et les caractéristiques de ce milieu. Il intègre les activités humaines dans ces régimes de perturbation.

9. C'est ainsi que la fauche, dans les prairies d'altitude, est favorable à la diversité de la végétation et de l'entomofaune. Le bocage, construction humaine, présente, sous nos climats, une diversité spécifique bien plus importante que les milieux les moins anthropisés.

moins auto-reproductibles, qui sont jugés préférables, tant à la situation actuelle qu'à celle vers laquelle tendrait spontanément une succession secondaire.

Cette adhésion à une écologie des perturbations, par laquelle les écologues se déprennent de l'écologie écosystémique classique (celle des frères Odum[10]) focalisée sur les équilibres naturels et les mécanismes d'auto-régulation, a quatre conséquences quant à la conception même de ces opérations.

1. Elle permet de dépasser l'opposition entre ce qui est bon pour la nature et ce qui est bon pour les hommes. Si les perturbations d'origine anthropique ne sont pas nécessairement plus mauvaises pour la nature que les perturbations naturelles, la légitimité des opérations de réhabilitation, de réaffectation ou de rajeunissement ne se pose plus guère. Si l'on parvient (par un régime particulier de perturbations) à piloter la dynamique naturelle, ou bien à infléchir une succession secondaire, on peut viser un état qui soit à la fois favorable à la nature (encore faut-il disposer d'indicateurs pour cela) et désirable pour les hommes (encore faut-il savoir comment cet objectif a été défini et pourquoi tel état est, d'un point de vue anthropocentrique, préférable à un autre).

2. Elle permet aussi de dépasser l'opposition entre nature et artifice. On peut en voir l'indice dans le fait que la seule recherche qui évoque la « naturalité » comme principe d'action du génie écologique (il s'agit d'une étude sur les ripisylves et les bras du Rhin) justifie cette adoption par des raisons fonctionnelles : il s'agit de préserver (ou de rétablir) les interactions entre l'hétérogénéité spatio-temporelle des systèmes écologiques alluviaux et la fonctionnalité hydrologique du fleuve[11]. Dans l'ensemble des recherches (du moins dans celles dont l'objectif n'est pas explicitement d'entraver les dynamiques spontanées qui conduisent à la « fermeture des milieux »), « laisser faire la nature » et minimiser les interventions techniques sont moins une question de principe que d'économie (il s'agit de diminuer les coûts). Si l'évaluation des réaménagements de carrières conclut que les successions secondaires sans intervention humaine sont, à tout prendre, préférables dans bien des cas aux restaurations entreprises, il s'agit bien d'une évaluation de résultat, et non d'une pétition de principe[12]. Chacun conçoit que les milieux, même les plus naturels en apparence, sont issus d'une histoire dans laquelle les interventions humaines se sont combinées aux perturbations naturelles pour structurer les communautés biotiques.

L'objectif d'infléchir au moindre effort des dynamiques naturelles considère implicitement les milieux « naturels » comme autant d'objets « hybrides », co-productions de la nature et de la technique. L'opposition nature/artifice est ainsi

10. ODUM, E.P., 1953, *Fundamentals of Ecology*, Philadelphia, Saunders, (3e éd., 1971).

11. TREMOLIÈRE, M., SCHNITZLER, A., & CARBIENER, J., 2002, « Quel système de référence pour la restauration des systèmes alluviaux rhénans ? », in *La Terre et la Vie – Revue d'écologie*, Supplément 9, p. 131-145.

12. FROCHOT, B., 2002, « Comment évaluer l'intérêt biologique des réaménagements de carrière ? », *in La Terre et la Vie – Revue d'écologie*, Supplément 9, p. 251-261.

rejetée dans la conception même du génie écologique qui est expérimenté (ou évalué) dans ces travaux.

3. Même dans les cas où sont utilisés des moyens relevant des travaux publics et où l'on frise l'industrie du faux[13], le discours tenu sur le génie écologique insiste sur les limites de l'action, bien plus que sur la puissance de transformation des techniques. Dans ces textes, à l'inverse des discours que tiennent les généticiens sur la biologie moléculaire, les auteurs ne se lancent jamais dans des fantasmes de toute-puissance, et leurs résultats n'annoncent jamais un avenir radieux. Pas plus qu'ils n'oublient la nature et les limites que sa complexité impose à l'action humaine. Conjointement, ce n'est pas à l'aune de la puissance technique du génie écologique qu'il convient d'évaluer la responsabilité des scientifiques impliqués dans ces opérations, mais à celle des limites de leur savoir et de leur pouvoir. Cette modestie tient incontestablement au fait que le génie écologique qu'ils expérimentent s'inscrit dans le paradigme technique du « pilotage » de processus naturels, et non dans celui de la fabrication d'artifices[14]. D'où leur réticence vis-à-vis du titre du programme : il ne s'agit pas de « recréer », moins encore de « créer » la nature, mais d'initier et d'infléchir des processus naturels. Bref, il s'agit de « faire avec » et de « jouer sur » les processus de la *natura naturans* et non de (re)créer une *natura naturata*. L'annonce démiurgique du programme, qui pourrait laisser entendre que ces opérations sont le triomphe de l'artifice, leur semble quasiment déplacée.

4. L'adhésion à une écologie des perturbations permet de légitimer le génie écologique qui s'en inspire et d'éliminer une inquiétude morale qui se nourrissait de la conception classique de l'écologie. Mais elle impose aussi de distinguer les bonnes perturbations des mauvaises, les évolutions que l'on se propose d'infléchir, ou d'initier, de celles qu'il convient d'entraver. Puisque les « bonnes » perturbations ne sont plus nécessairement les perturbations naturelles, par opposition aux perturbations anthropogènes nécessairement « mauvaises » ; puisque l'on peut s'orienter vers diverses trajectoires tout aussi « hybrides » les unes que les autres, c'est sur le résultat que l'on va juger du bien et du mal, de ce qui est favorable à la nature et de ce qui lui est défavorable. En effet, si les développements récents de l'écologie permettent de poursuivre des objectifs qui soient à la fois favorables à la nature et aux sociétés humaines, les recherches du programme « Recréer la nature » ne se sont, dans l'ensemble (et à l'exception de celles qui concernent les paysages – j'y reviendrai), préoccupées d'évaluer les trajectoires évolutives que du point de vue de la nature : une nature dont, en tant qu'écologues, les scientifiques compliqués se posent en porte-parole. Si l'on peut déplorer qu'elles n'aient pas ainsi tiré tout le

13. J'évoque ici l'expérience de création d'un « jardin corallien ». *Cf.* Salvat, B. Chancerelle, Y., Schim, M., Morancy, R., Porcher, M. & Aubanel, A., 2002, « Restauration d'une zone corallìene dégradée et implantation d'un jardin corallien à Bora-Bora, Polynésie française », in *La Terre et la Vie – Revue d'écologie,* Supplément 9, p. 81-96.

14. Sur cette question des deux paradigmes de la technique, voir Larrère, R., 2002, « Agriculture : artificialisation ou manipulation de la nature ? », *in* « La nature n'est plus ce qu'elle était », *Cosmopolitiques*, n° 1, p. 158-173.

parti d'un paradigme écologique qui intègre les activités humaines dans son champ, elles ont néanmoins précisé sur quels critères on pouvait évaluer les trajectoires des milieux, d'un point de vue naturaliste.

L'écologie classique proposait des critères simples de distinction : tout ce qui favorisait les équilibres naturels, tout ce qui assurait la stabilité des écosystèmes était bon. Tout ce qui perturbait ces équilibres (et en particulier les activités humaines) et tout ce qui portait atteinte à l'intégrité et à la stabilité des écosystèmes était mauvais[15]. Or, dans la conception qui inspire ces recherches, se soucier de la nature ne peut plus se traduire par la volonté d'en respecter les équilibres, ni par celle de préserver l'intégrité des communautés biotiques. On admet, en effet, que la stabilité et l'intégrité des systèmes écologiques sont constamment remises en cause dans la nature. Plus que de stabilité, on se préoccupe donc de l'adaptabilité des populations, des peuplements, des milieux, des mosaïques de milieux, aux modifications de leur environnement. Il s'agit de maintenir la capacité de ces systèmes à dégager des solutions, lorsqu'ils sont confrontés à des contraintes ou à des perturbations inédites. Or, l'une des hypothèses que l'écologie contemporaine tente de valider est que la diversité biologique aurait un rôle essentiel – et positif – dans l'adaptabilité et la résilience des systèmes écologiques. Cette diversité se définit à différents niveaux d'organisation du vivant : diversité génétique des populations, diversité spécifique des groupes fonctionnels (peuplements, niveaux trophiques), diversité fonctionnelle des systèmes écologiques, hétérogénéité des paysages (c'est-à-dire des mosaïques d'écosystèmes). C'est donc logiquement sur le terrain de la biodiversité que les scientifiques vont effectuer leurs évaluations et hiérarchiser les situations du point de vue de la nature[16]. Mais, à vrai dire, d'autres considérations militent en faveur de l'adoption de la diversité biologique comme norme d'action et comme critère d'évaluation des évolutions repérées : son maintien se trouve en effet aussi bien justifié d'un point de vue anthropocentrique (qui y voit un ensemble de ressources matérielles, scientifiques esthétiques ou spirituelles) que d'un point de vue écocentrique (pour qui préserver la diversité aux différents niveaux d'organisation du vivant revient à préserver leurs capacités évolutives)[17]. Aussi, et bien que les travaux du corpus ne se soient guère interrogés sur les scénarios qui seraient les plus désirables pour les hommes, l'adoption de la diversité biologique comme norme intègre *a minima* un compromis entre anthropocentrisme et écocentrisme.

15. *Cf.* Larrère, R., « L'écologie ou le geste d'exclusion de l'homme », *in* Guery, F., Roger, A., 1991, *Maître et protecteur de la nature*, Champ-Vallon, p. 173-196.

16. *Cf.* Larrère, R., « Biodiversités », *in* Larrère, C. & Larrère, R. (ed), 1997, *La Crise environnementale*, INRA Éditions.

17. Voir annexe en fin de chapitre sur les considérations éthiques qui justifient la préservation de la biodiversité.

La focalisation sur l'évaluation des trajectoires (en terme de biodiversité) pose – ou révèle – de nouveaux problèmes

L'interrogation sur l'action, qui relevait (au milieu des années 90) de questions de principe, s'est déplacée en direction d'un examen des conséquences. C'est la raison pour laquelle la plupart des études s'appliquent à justifier leur méthode d'évaluation, l'échelle (ou les échelles) retenue(s) et les indicateurs choisis[18].

Je n'évoquerai pas ici les questions relatives aux échelles spatio-temporelles et aux niveaux d'organisation sur lesquels peut être évaluée la biodiversité[19]. Je ne discuterai pas non plus de la pertinence des indicateurs choisis (pourquoi tel groupe taxonomique et pas tel autre ?[20]). Ces questions ne sont d'ailleurs pas spécifiques aux opérations de génie écologique : on retrouve les mêmes débats au sujet de la détermination des espèces et des habitats dont le suivi et la protection seront jugés prioritaires dans les parcs nationaux[21]. En dépit de leur intérêt épistémologique, et bien que le corpus des rapports et des articles mériterait, de ce point de vue, un examen approfondi, je me contenterai d'insister sur un aspect de l'évaluation qui m'a semblé d'autant plus problématique qu'il n'est pratiquement jamais discuté : l'introduction de la notion de « valeur patrimoniale ».

---

18. Une remarquable synthèse en est donnée par Baudry, J., 2002, « Les échelles d'espaces et de temps en écologie de la restauration », *in La Terre et la Vie – Revue d'écologie,* Supplément 9, p. 149-158.

19. Je remarquerai seulement l'absence de considérations sur l'échelle temporelle à laquelle on doit évaluer (en terme de diversité spécifique) ces évolutions. On aurait pu penser que, les dynamiques initiées et les processus infléchis (ou entravés) impliquant des évolutions lentes, voire des successions susceptibles de prendre de nombreuses années, les chercheurs affirmeraient que toute évaluation ne peut se faire que sur le moyen ou le long terme. La majorité des études (à l'exception de celles qui ont été focalisées sur l'évaluation des expériences passées : les carrières, les pistes de ski, les reboisements RTM dans les Alpes-Maritimes) se satisfait d'une évaluation à court terme – celle qui leur est demandée pour le rapport à rendre au comité scientifique, celle qui leur permettra sans doute de publier rapidement des « résultats » dans des revues scientifiques. On est donc en droit de se demander si les résultats des nombreuses évaluations à court terme, qui ont été proposés à l'appréciation du comité scientifique, ont un sens écologique et s'il n'y a pas incompatibilité, au moins partielle, entre les exigences institutionnelles d'évaluation des programmes de recherche (lesquels ne durent guère plus de cinq ans, et demandent un rapport « définitif » pour boucler le budget) et d'évaluation des chercheurs (lesquels, étant en concurrence pour un nombre limité de postes, sont tenus de publier le plus et le plus rapidement possible), et ce que devrait être une évaluation pertinente des opérations engagées ou observées (laquelle devrait être effectuée sur différents pas de temps).

20. Comme on pouvait s'y attendre, compte tenu de l'énormité de la tâche, la diversité spécifique n'est jamais appréhendée globalement. Les choix se portant parfois sur de grands ensembles (la flore, l'avifaune ou l'entomofaune, etc.), plus souvent sur des groupes taxonomiques plus restreints. Or, seules quelques recherches s'emploient à justifier le choix des groupes ainsi sélectionnés comme indicateurs de diversité biologique. L'observateur extérieur est en droit de se demander si ces indicateurs ont été judicieusement choisis, ou s'ils l'ont été par simple opportunité (la présence ou non de spécialistes des groupes taxonomiques considérés dans l'équipe de recherche).

21. *Cf.* Larrère, R. & Larrère, C., 2003, *L'Adoption de la biodiversité comme norme et ses effets sur les discours et les pratiques – Enquête dans les parcs nationaux*, Document provisoire, INRA/TSV.

Tout se passe comme si la diversité biologique – quelle que soit l'attention qui lui est accordée et les niveaux d'organisation auxquels on l'appréhende – ne constituait pas un critère suffisant pour évaluer les trajectoires évolutives des milieux. Presque systématiquement, intervient un critère complémentaire (parfois même, il s'agit d'un critère correctif) : la « valeur patrimoniale » qui serait celle de certains milieux ou de certaines espèces. Affirmée, cette « valeur patrimoniale » n'est, la plupart du temps, ni discutée ni justifiée[22]. Or, si on la peut considérer le plus souvent comme un argument d'appui en faveur de telle ou telle option, il arrive qu'elle l'emporte sur toute autre considération. Le cas le plus flagrant est celui de la restauration des biocénoses des îles subantarctiques[23] : c'est au nom de la valeur patrimoniale exceptionnelle (et internationale) que constituent les espèces végétales endémiques de ces isolats, que les scientifiques se sont proposés de diminuer la diversité spécifique et fonctionnelle de certaines de ces îles, par l'éradication de mammifères introduits qui y avaient manifestement trouvé leur niche écologique[24]. Mais on en pourrait prendre d'autres exemples : ainsi, après avoir remarqué que les futaies de pins sylvestres présentent une diversité floristique équivalente (ou supérieure) aux pelouses calcicoles, les chercheurs qui ont à cœur de maintenir ouverts les paysages du Causse Méjean affirment que la « valeur patrimoniale » des pelouses est néanmoins supérieure : de ce fait, celles-ci méritent d'être préservées d'un processus naturel d'enfrichement, une fois disparu le régime de

---

22. *Cf.* aussi DELAVIGNE, A.-E., 2001, *Les Espèces d'intérêt patrimonial et la Particularisation des espèces*, MNHN.

23. Les îles de l'archipel de Kerguelen étaient originellement dépourvues de mammifères. Les espèces végétales, les insectes et les oiseaux de ces isolats avaient donc évolué à l'abri des herbivores et des prédateurs. Des mammifères ont été introduits (de façon plus ou moins intentionnelle) dans certaines de ces îles : souris, lapins, chats. Comme les communautés biotiques originelles étaient tronquées de groupes fonctionnels entiers, ces espèces ont rapidement trouvé leur place dans ces îles. Mais les espèces autochtones se sont révélées vulnérables, ne pouvant guère résister à l'action de ces nouveaux organismes. Si bien que la végétation autochtone s'est réfugiée dans les sites inaccessibles aux lapins (ailleurs elle a été remplacée par une végétation d'espèces introduites, ubiquistes et banales, comme le pissenlit) et que seuls les plus gros oiseaux ont résisté aux chats. Les expériences entreprises ont consisté à éradiquer sur certaines îles lapins, souris et/ou chats et à repérer les effets de cette éradication sur la végétation, l'entomofaune et l'avifaune. Cette opération de restauration d'un état favorable aux espèces autochtones s'est donc bien opérée par une diminution de la diversité spécifique (deux ou trois espèces en moins) et plus encore de la diversité fonctionnelle (puisque l'on fait disparaître le groupe fonctionnel des herbivores et le niveau trophique des carnassiers). Ce qui la justifie, c'est le caractère exceptionnel d'espèces n'existant que dans ces îles (qui sont donc des espèces endémiques) et ayant évolué dans des communautés biotiques incomplètes et sans mammifères.

24. BARNAUD, G. & CHAPUIS, J.-L., 1996, « Questions scientifiques et éthiques relatives à la restauration des systèmes insulaires. L'éradication des mammifères introduits dans les îles subantarctiques françaises », in *Vie Milieu*, n° 46, p. 291-303. *Cf.* aussi : CHAPUIS, J.-L., FRENOT, Y., LEBOUVIER, M., 2002, « Une gamme d'îles de référence, un atout majeur pour l'évaluation de programmes de restauration dans l'archipel des Kerguelen », in *La Terre et la Vie – Revue d'écologie,* Supplément 9, pp. 121-129.

perturbations qu'imposaient le pâturage des ovins et la mise en culture temporaire[25].

Quand on repère les notions auxquelles la « valeur patrimoniale » est associée, il apparaît que, si les définitions varient d'une recherche à l'autre, sont généralement supposées avoir une « valeur patrimoniale » les espèces dont la présence n'est pas banale (et, par voie de conséquence, les milieux qui leur servent d'habitat). Cette originalité est donc souvent synonyme de rareté (une rareté qui peut être appréciée au niveau local, à celui de la région biogéographique, à celui d'un continent ou de la biosphère – la valeur accordée allant alors par ordre croissant). La question est de savoir quel est le sens écologique de cette rareté : si une espèce rare, dans une aire donnée, excite la curiosité, elle n'est pas nécessairement fragile et menacée (mais, bien sûr, elle peut l'être). C'est ainsi que certaines plantes caractéristiques de stades pionniers qui colonisent des biotopes après une perturbation quelconque ne sont rares qu'en raison du caractère exceptionnel de ladite perturbation et du faible laps de temps pendant lequel la dynamique de la végétation leur offre une place dans la communauté biotique. La rareté d'une espèce peut aussi provenir de ce qu'elle est inféodée à des conditions de milieu très particulières, que l'on ne rencontre qu'exceptionnellement : c'est le cas d'espèces vivant dans des conditions climatiques extrêmes ou sur des supports peu accueillants (roches, sols arides ou salés). Rares sont aussi les espèces endémiques, celles dont l'aire de répartition se limite à une île, quelques centaines d'hectares de forêt tropicale ou une petite région présentant une association particulière d'écosystèmes. Si ces espèces, dont les effectifs sont relativement faibles et concentrés dans des milieux spécifiques, sont vulnérables, elles ne sont pas nécessairement menacées. Or, c'est bien la menace de disparition d'une population (et *a fortiori* d'une espèce) qui en révèle la « valeur »[26]. C'est parce qu'ils ont constaté une importante érosion de la diversité biologique et qu'ils imputent aux activités humaines la responsabilité d'une phase d'extinction présentant un rythme bien supérieur à ceux des grandes extinctions des temps géologiques, que les scientifiques ont alerté les pouvoirs publics et milité pour la protection des populations d'espèces menacées et des milieux qui leur sont indispensables. Il serait donc logique de dissocier plus clairement rareté et vulnérabilité, vulnérabilité et menaces, et de n'accorder de « valeur patrimoniale » qu'aux

---

25. Chassany, J.-P., Crosnier, C., Cohen, M., Lardon, S., Lhuillier, C. & Osty, P.-L., 2002, « Réhabilitation et restauration des pelouses sèches en voie de fermeture sur le Causse Méjan. Quels enjeux pour une recherche en partenariat ? », *in La Terre et la Vie – Revue d'écologie,* Supplément 9, p. 31-49.

NB. On trouve la même argumentation dans Alard, B., 2002, « La restauration des systèmes calcicoles de la basse vallée de la Seine : l'importance des échelles spatio-temporelles pour définir un système de référence », in *La Terre et la Vie – Revue d'écologie,* Supplément 9, p. 159-173.

26. *Cf.* Hans Jonas, pour qui c'est la menace qui nous révèle l'objet de nos affections : « Tant que le péril est inconnu, on ignore ce qui doit être protégé et pourquoi il le doit… C'est ce péril qui nous apparaît d'abord et nous apprend par la révolte du sentiment qui devance le savoir, à voir la valeur dont le contraire nous affecte de cette façon. Nous savons seulement ce qui est en jeu lorsque nous savons que cela est en jeu » (Hans Jonas, *Le Principe Responsabilité*, 1998, Paris, Flammarion, collection « Champs », n° 402, p. 49.

populations d'espèces dont l'avenir est compromis, soit par des activités ou des infrastructures qui détruisent leurs habitats, soit au contraire par l'abandon d'activités humaines qui leur étaient favorables.

La « valeur patrimoniale » est parfois associée à la notion de « remarquable », sans que jamais ne soient évoqués les arguments qui militent en faveur de cette « remarquabilité ». Or, en toute logique, une chose est « remarquable » quand elle a été remarquée. Les inventaires font systématiquement appel au travail bénévole d'associations de naturalistes amateurs et de militants de la protection de la nature. Ces naturalistes sont issus d'une longue tradition de collectionneurs et, même s'ils ont abandonné la récolte de spécimens au profit de l'observation *in situ*, ils focalisent souvent leur attention sur les espèces qui, jadis, faisaient la gloire des herbiers, des collections de papillons ou des cabinets de curiosités. Sont ainsi qualifiées de « remarquables » les espèces qui sont des « pièces rares », mais aussi celles dont la découverte est un exploit (elles sont exceptionnellement ou difficilement observables, ou bien encore peu accessibles), celles qui fascinent par leur beauté (par exemple les orchidées sauvages, les papillons, les libellules) ou leurs particularités (par exemple les plantes carnivores). Remarquables aussi, sont les espèces qui ont été étudiées par des sommités scientifiques et dont l'écologie est bien connue, celles enfin qui ont acquis une valeur emblématique dans la lutte en faveur de la faune sauvage. La « remarquabilité » est une construction sociale, sans rapport évident avec l'intérêt naturel de la présence d'une espèce (ou d'un habitat) sur un site (ou dans un ensemble paysager plus vaste).

C'est sans doute en raison de ces incertitudes que certains chercheurs spécifient cette « valeur patrimoniale » en l'assimilant à la protection que le droit accorde à certaines espèces (ou la directive Habitats à certaines associations végétales). Ont une « valeur patrimoniale » les espèces inscrites sur une des multiples « listes » emboîtées d'espèces protégées par le droit international, européen, ou national. Tout se passe alors comme si la « valeur patrimoniale » était indexée sur le statut (international, européen, national ou régional) de la liste en question. Si cette référence au droit permet de disposer d'un argument d'autorité, elle n'en est pas pour autant plus pertinente (d'un point de vue naturaliste) que l'évocation pure et simple de la rareté ou de la « remarquabilité » : après tout, le droit ne fait que protéger les objets que les scientifiques lui ont eux-mêmes désignés comme étant « remarquables », rares ou menacés.

Les gestionnaires des parcs nationaux ont une définition plus rigoureuse des espèces qui représentent à leurs yeux un « enjeu patrimonial » : il s'agit des espèces (en général, mais pas nécessairement, protégées par la loi) dont les populations paraissent fragiles et menacées, et envers lesquelles ils ont une responsabilité particulière, compte tenu de leur aire de répartition et de la proportion relative des effectifs présents sur le territoire du parc[27].

---

27. *Cf.* Larrère, C., et Larrère, R., 2003, *L'Adoption de la biodiversité comme norme et ses effets sur les discours et les pratiques – Enquête dans les parcs nationaux*, INRA – TSV (59 p.).

De façon plus ou moins explicite, la valeur accordée à l'originalité et le refus de la banalité conduisent à octroyer une « valeur patrimoniale » particulière (et importante) aux espèces endémiques, et à déprécier (jusque dans les termes employés) les espèces dites « opportunistes », « ubiquistes », parfois même qualifiées de « cosmopolites ». Ce choix en faveur de l'endémisme n'est, à vrai dire, jamais argumenté. Je serais donc tenté de demander ce qui justifie, du point de vue de la dynamique des processus naturels, ce parti pris en faveur de l'endémisme. L'est-il dans toutes les situations, ou seulement dans certains contextes et pourquoi ? Moins appréciée que l'espèce endémique, parce qu'elle peut être relativement banale, est l'espèce autochtone, celle dont la présence est avérée de longue date et qui ne provient pas d'une introduction (volontaire ou involontaire) d'origine humaine. Il est certain que des arguments militent en faveur de ces partis pris : les espèces endémiques ont une aire de répartition et des effectifs en général limités et, en cas de menace, toutes leurs populations sont à préserver pour éviter une extinction irréversible ; les espèces autochtones sont adaptées au régime de perturbations de leur région et sont donc susceptibles de s'insérer à long terme dans les communautés biotiques. Néanmoins, ne pourrait-on envisager à un stade de la trajectoire évolutive initiée (souvent à un stade pionnier) l'utilisation d'espèces allochtones, dès lors qu'elles seraient capables d'assurer une bonne couverture du sol et que les espèces autochtones parviendraient à prendre le dessus lors d'un stade ultérieur[28] ?

On comprendra que j'ai quelques bonnes raisons de penser que la « valeur patrimoniale » est, dans bien des cas, un critère entaché de subjectivité. Il serait d'autant plus nécessaire de clarifier cette question que, s'il convenait de prendre en considération une « valeur patrimoniale », et donc de considérer des biens (espèces, variétés ou milieux) comme des patrimoines, il faudrait alors préciser quels en sont les titulaires (humains ou non-humains). Un objet quelconque n'a pas de « valeur patrimoniale » en soi. Il n'en a que pour ses titulaires. Or, les différents acteurs humains qui prétendent en être titulaires ne lui accordent pas la même « valeur ». C'est la raison pour laquelle les conflits d'usage n'ont cessé de marquer l'histoire de tous les territoires ruraux. Et les différents êtres naturels (qui peuvent aussi être considérés comme des titulaires) n'y recherchent pas les mêmes ressources. Comme l'a fort justement remarqué Pierre Donadieu[29], les travaux entrepris dans le cadre du programme sont assez discrets sur la question de savoir « pour qui » ces milieux naturels sont restaurés ou réhabilités. Faute de précision, tout se passe ici, comme si la « valeur patrimoniale » des espèces et des milieux ne se référait qu'à une seule catégorie de titulaires : celle des scientifiques qui s'y intéressent.

---

28. *Cf.* Crosaz, Y., 2002, « Motivations, objectifs et contraintes des opérations de végétalisation dans le domaine ferroviaire » *in La Terre et la Vie – Revue d'écologie,* Supplément 9, p. 97-106.

Cf. aussi un rapport qui n'a pas été reproduit dans le n° spécial de la revue *La Terre et la Vie*, Dinger, F., Bedecarrats, A., 2000, « Étude de l'évolution et du fonctionnement des sols reconstitués en altitude au niveau des pistes de ski, ainsi que de la dynamique de reconquête de ces espaces par les espèces natives », CEMAGREF-Grenoble, Rapport remis au Ministère.

29. Donadieu, P., 2002, « Les références en écologie de la restauration », *in La Terre et la Vie – Revue d'écologie,* Supplément 9, p. 109-119.

En relation avec cette évaluation de la « valeur patrimoniale » des espèces, un consensus semble se dégager pour considérer que la « fermeture des milieux » est une évolution naturelle qu'il convient d'entraver. Lorsqu'elles sont invoquées – rarement – les raisons en sont que, sous nos climats, la forêt est une formation végétale moins riche que ne le sont les associations de la strate herbacée. Or, cet argument ne me paraît pas décisif. Admettons qu'un milieu qui se ferme recèle une diversité biologique décroissante, jusqu'à l'établissement d'un peuplement forestier. Et admettons que ce dernier représente, lorsqu'il s'agit d'une forêt climacique sous un climat tempéré, un très faible niveau de diversité spécifique. L'argument vaut pour une parcelle, mais il ne convient pas à un « paysage » : un plateau calcaire, un fond de vallée ou le bassin versant d'un torrent. Les abandons de toute mise en valeur n'étant pas synchrones, la déprise agricole initie des processus de « fermeture » successifs (et sans doute différents selon l'utilisation agronomique antérieure de chaque parcelle). On a donc, à tout moment, une mosaïque relativement complexe d'écosystèmes, représentant les stades différents de successions secondaires divergentes. En outre, des perturbations – d'origine naturelle ou anthropique – comme le feu, les invasions de ravageurs, les tempêtes et les chablis, peuvent, sur un registre de temps suffisamment long, réamorcer par place des séries évolutives, et maintenir de la sorte une certaine diversité de la mosaïque paysagère. L'imbrication d'écosystèmes différents et de leurs écotones[30] ne peut-elle alors aboutir à des biocénoses relativement riches ?

L'argument d'une moindre richesse spécifique des forêts sous nos climats, du fait de la configuration Est/Ouest des barrières naturelles à la recolonisation forestière à l'issue des grandes glaciations du Quaternaire, est certes tout à fait convaincant pour la flore (et en particulier pour sa strate arbustive). Mais on est en droit de se demander s'il en est de même pour la mycoflore, pour l'entomofaune, l'avifaune, les mammifères, etc. En d'autres termes, est-il bien établi que la plus faible diversité spécifique des formations forestières concerne tous les compartiments de l'écosystème forestier, et tous les groupes taxonomiques ? De même est-il bien établi que la diversité fonctionnelle est plus faible dans les milieux fermés que dans les milieux ouverts ? Ces questions ne sont pas abordées. D'où vient alors le rejet consensuel de la reforestation spontanée ? Il est certes des cas où il a manifestement des raisons fonctionnelles : risques d'embâcles[31] ou risques d'incendies[32] –

30. On désigne par écotone la zone frontière entre deux écosystèmes, zone où l'on retrouve des espèces caractéristiques des deux écosystèmes en question et qui est, en outre, fréquentée par des espèces qui exploitent ces deux milieux. En général, les écotones présentent une diversité spécifique supérieure à celle des écosystèmes limitrophes.

31. *Cf.* Vautier, F., Perray, J.-L. & Girel, J., 2002, « Dévelopement végétal dans le lit endigué de l'Isère en amont de Grenoble : du diagnostic à l'évaluation des pratiques de gestion », *in La Terre et la Vie – Revue d'écologie*, Supplément 9, p. 65-79.

32. Lorsque j'écris ces lignes le Causse Méjan est en flammes. Mais s'il s'agit d'un dommage pour les hommes, s'agit-il d'une catastrophe naturelle ou de la révélation d'un phénomène inéluctable dès lors qu'un espace se « ferme » dans cette région ?

arguments non négligeables au demeurant[33]. Mais pour les autres, j'avancerais volontiers deux hypothèses.

Pour certains écologues, pour les paysagistes et certains agronomes qui ont participé au programme, le génie écologique qu'ils expérimentent doit prendre la relève des éleveurs et des agriculteurs – avec, bien évidemment, le concours de ceux qui survivent encore – après la déprise agricole des espaces où l'agriculture « productiviste » n'a pu se développer. Ces chercheurs aspirent à devenir les gestionnaires des milieux abandonnés par notre époque post-agricole et post-pastorale. Le génie écologique doit simuler au moindre coût l'équivalent du régime de perturbations qu'imposait la mise en culture du sol, ou le pâturage des pelouses. L'hostilité de ces chercheurs à la fermeture des milieux serait ainsi consubstantielle à ce qui légitime, à leurs yeux, leur métier : la mission d'aider les derniers agriculteurs à entretenir un paysage ouvert (et à justifier des aides spécifiques pour cette action), et/ou celle de prendre leur relève[34].

Autre hypothèse : pour construire un métier nouveau (celui d'ingénieur écologue) et promouvoir une famille de techniques nouvelles (le génie écologique), il faut se démarquer des expériences précédentes d'utilisation du « génie végétal » et/ou du « génie forestier » (qui, tous deux relèvent aussi d'un « pilotage » de dynamismes naturels). Il faut donc se distinguer des agronomes (qui sont intervenus très tôt dans la végétalisation des pistes de ski, des talus d'autoroutes ou de chemins de fer) et des forestiers (qui, avec la RTM[35], peuvent prétendre être les ancêtres de la réhabilitation et de la restauration des milieux). On peut se démarquer des agronomes en insistant sur l'intérêt des plantes autochtones ou endémiques (bien adaptées au climat et au régime local de perturbations) pour reverdir[36]. De ce point

33. Certaines recherches portant sur la préservation de milieux ouverts ont en outre (ce sont les seules qui se sont préoccupées de savoir si ces paysages étaient ou non appréciés par les hommes) procédé à des enquêtes sur la perception de ces paysages de steppe. Mais elles n'emportent guère la conviction. Lorsque l'on interroge sur leur perception des paysages ouverts ceux qui les ont entretenus, ceux qui (par choix ou habitude) y habitent, les fréquentent et plus encore ceux qui y ont développé leurs pratiques et leurs loisirs, il y a tout lieu de supposer que l'on obtiendra un jugement largement favorable à ce type de paysage. De même, lorsque l'on interroge forestiers, bûcherons, chasseurs, randonneurs et saucissonneurs du dimanche en forêt, on obtient des appréciations très favorables aux paysages forestiers. Ce genre d'étude ne permet pas de dire que le public préfère les paysages ouverts aux forêts, ou l'inverse. Il n'a d'ailleurs pas été conçu pour cela, mais pour montrer que la présence de ces milieux correspond à une aspiration, voire à une « demande sociale », et donc de la justifier, en dehors de toute considération économique (ou écologique).

34. C'est manifestement le cas de l'étude sur le Causse Méjan (Chassany *et al.*, *op. cit.*), de celle qui concerne les pelouses calcicoles de la basse vallée de la Seine (Alard, *op. cit*) et des travaux de Aronson, J., Le Floc'h, E., Gondard, H. Romane, F. & Shater, Z., 2002, « Gestion environnementale en région méditerranéenne : références et indicateurs liés à la biodiversité végétale », *in La Terre et la Vie – Revue d'écologie,* Supplément 9, p. 225-240.

35. La loi de Restauration des terrains de montagne, de 1882, a engagé l'administration forestière dans une vaste entreprise de correction des torrents, de protection contre les éboulis, les glissements de terrains et les avalanches, qui a fait appel aussi bien au génie civil (ouvrages de protection passive ou active) qu'au génie forestier (reboisement de versants érodés).

36. *Cf.* Crosaz, Y., *op. cit.*

de vue, l'intérêt de la recherche sur les pistes de ski, est de montrer que cette distinction ne tient pas plus de trente ans[37].

Refuser la fermeture des milieux, et donc les peuplements forestiers, serait-il le moyen de distinguer le génie écologique de la tradition du génie forestier ? Si les forestiers entendaient s'inspirer des processus naturels et intervenir pour « hâter » l'œuvre de la nature, les ingénieurs du génie écologique, tout en s'inspirant des processus naturels, entendent, pour leur part piloter, dévier, voire entraver l'œuvre de la nature, et donc éviter le processus spontané de « fermeture des milieux », dès lors qu'ils ne sont plus soumis au régime de perturbations associé au pastoralisme.

Mais, si ces hypothèses sont exactes, on est conduit à se demander si c'est en tant que porte-parole de la nature que ces scientifiques entendent entraver la dynamique spontanée de la végétation, ou si ce n'est pas aussi en tant que promoteurs d'une ingénierie écologique en cours de construction qu'ils privilégient de la sorte l'utilisation des espèces autochtones (ou endémiques) et se proposent de préserver des milieux ouverts.

Quelle éthique professionnelle pour le génie écologique ?

La discussion précédente suggère que les scientifiques qui se sont impliqués dans les recherches du programme « Recréer la nature » ont opté pour l'expérimentation, l'évaluation et la promotion d'une nouvelle technologie : le génie écologique – art du pilotage de trajectoires naturelles. La question de la légitimité des opérations pour lesquelles elle a été conçue étant réglée, se pose néanmoins celle des objectifs de ces entreprises de restauration, réhabilitation et rajeunissement de milieux naturels. Dans les discussions du séminaire introductif au programme, plusieurs intervenants se demandaient ainsi, si ces opérations relevaient de l'art de l'ingénieur ou s'il convenait de les comparer à la restauration de tableaux, de monuments ou de jardins. D'autres évoquaient même l'art du thérapeute : ne s'agissait-il pas de rétablir la « santé » de systèmes écologiques, fortement compromise par les activités humaines passées ?

Or, ces analogies impliquent des missions différentes. De ce fait, elles ont une incidence sur la déontologie professionnelle dont les promoteurs du génie écologique peuvent se doter. Censé apporter une solution technique dans un contexte

---

37. *Cf.* Dinger, F. & Bedecarrats, A., *op. cit.* Cette étude a porté sur des pistes de ski ayant été engazonnées à différentes époques (les plus anciennes il y a une quarantaine d'années) avec des espèces (allochtones) sélectionnées pour assurer rapidement une bonne couverture du sol et le protéger ainsi de l'érosion. Il s'avère que, sous condition que ces pistes aient été pâturées comme les prairies naturelles contiguës, elles se trouvent progressivement envahies par des espèces prairiales autochtones, si bien qu'au bout d'une trentaine d'années leur composition spécifique est identique à celle des pâtures qu'elles traversent.

donné, l'ingénieur écologue est soumis à une obligation de résultat[38] : il lui faut soit préserver (ou développer) la diversité biologique, soit rétablir certaines fonctions du paysage, soit limiter les risques d'érosion ou d'incendie. Les moyens employés ne sont évalués qu'au regard de leur efficacité et de leur coût.

L'analogie avec la restauration d'œuvres d'art a de tout autres implications. Elle suppose, en effet, que les écosystèmes de référence soient recherchés parmi ceux qui se sont succédé jadis sur les lieux. Elle suppose aussi que ces écosystèmes du passé furent les produits des activités humaines, et donc l'expression d'une société à un moment donné de son histoire. Les problèmes des « restaurateurs » de milieux (ou de paysages) seraient alors analogues à ceux que rencontrent les spécialistes de la restauration de monuments historiques et de jardins. Faut-il rétablir l'état primitif du monument ou un état ultérieur, si l'on considère que les ajouts en ont plutôt amélioré l'aspect ? Faut-il, autant que faire se peut, reconstituer un état historiquement déterminé ou, simplement, en retrouver l'esprit dans un contexte différent ? Comment arbitrer entre les aspirations divergentes des différents acteurs concernés ? Dans quelles limites le « restaurateur » a-t-il le droit d'imposer son propre point de vue ?

Le thérapeute, enfin, ne se propose pas de rétablir un état antérieur, mais d'aider le malade à guérir et, à la différence de l'ingénieur, il est soumis à une obligation de moyens, non à une obligation de résultats (d'où l'importance de la déontologie professionnelle en médecine).

Dans les rapports remis au comité scientifique du programme, comme dans les articles qui en sont issus, c'est implicitement la conception de l'ingénieur qui l'a emporté. Seuls les programmes qui concernent l'évolution de paysages pourraient d'ailleurs défendre une analogie avec la restauration de monuments ou de jardins. C'est ce qui explique l'insistance de ces travaux sur l'histoire de la mise en valeur des territoires concernés et les discussions concernant l'état de référence et l'objectif visé. Néanmoins, l'analogie n'est jamais travaillée (sinon dans l'article introductif de Pierre Donadieu[39]). Elle est pourtant au cœur, me semble-t-il, de l'hostilité consensuelle à la fermeture des « paysages » : ne s'agit-il pas de retrouver une diversité biologique dont on a quelques raisons de supposer qu'elle fût maximale lors du XIXe siècle ? Si le génie écologique se démarque des forestiers de la RTM, n'est-ce pas parce qu'il prend pour référence l'apogée de la mise en valeur

38. Ce qui ne signifie pas que l'on puisse faire l'impasse d'une interrogation sur les fins. Ainsi, on peut s'interroger sur l'expérience de reconstitution d'un récif corallien à des fins touristiques. Non seulement son coût paraît fort élevé au regard des bénéfices écologiques espérés : comme le remarquent les chercheurs eux-mêmes, il interdit la transposition de la technique à des pays pauvres et ne la conseille que lorsqu'un enjeu touristique peut en justifier la charge. Mais en outre, il a pour objectif de développer l'attrait touristique de Bora-Bora, et donc de favoriser le développement d'une mise en valeur touristique peu respectueuse de l'environnement, comme on peut en juger par une concentration hôtelière anarchique et par les causes invoquées de la destruction des massifs coralliens du lagon. *Cf.* Salvat *et al.*, *op. cit.*

39. Donadieu, P., *op. cit.*

paysanne, alors que ses prédécesseurs entendaient restaurer une prétendue forêt primitive (postérieure aux grandes glaciations et antérieure à la mise en culture).

Plus surprenante est l'absence quasi complète d'analogie avec l'art du thérapeute. On ne relève que quelques expressions métaphoriques dans le rapport d'Aronson *et al.* : il y est question de « rajeunissement » des milieux, de « chirurgie des paysages » et de « thérapie écologique ». Pourtant, les questions relatives à la « santé des écosystèmes » font l'objet d'une littérature relativement abondante en Amérique du Nord et inspirent de nombreuses applications de la biologie de la conservation[40].

L'insistance sur l'évaluation me semble donc solidaire de choix, plus ou moins implicites. Le génie écologique serait ainsi affaire d'ingénieur et non de restaurateur : il s'agit de faire œuvre scientifique, et donc de bannir des considérations ouvertement subjectives. Pour quelles raisons préférer le paysage du XIXe siècle à celui des lendemains de la dernière glaciation ? Est-ce uniquement pour des considérations liées à la biodiversité ? N'y a-t-il pas aussi des raisons esthétiques ? Le scientifique peut-il s'autoriser ouvertement de telles « préférences esthétiques » ? On peut objecter à ces inquiétudes que, si les scientifiques ont, si l'on en croit Roqueplo[41], un devoir d'objectivité, ils ont aussi le droit à la subjectivité et peuvent fort bien, pour peu qu'ils acceptent d'en discuter, faire valoir les valeurs auxquelles ils tiennent, qu'il s'agisse de considérations esthétiques ou morales[42].

Le génie écologique serait aussi affaire d'ingénieur et non de thérapeute. Il y a donc obligation de résultats (quels qu'en soient les moyens) et non simple obligation de moyens. On peut se demander de même, si ce choix est judicieux en toutes circonstances et si les chercheurs impliqués ne devraient pas reconsidérer la question. Si le génie écologique relève d'un art du pilotage, s'il s'inscrit dans un contexte naturel si complexe que l'on ne saurait en prévoir l'évolution, il serait pour le moins prudent de ne pas s'imposer une obligation de résultat, mais de se juger satisfait d'avoir mis tout en œuvre pour tenter d'y parvenir.

40. *Cf.*, entre autres, COSTANZA, R., NORTON, B.-G., HASKILL, B.-D., (eds), 1992, *Ecosystems Health: New Goals for Environmental Management*, Ismand Press, Washington DC.

41. ROQUEPLO, P., 1997, *Entre savoir et décision, l'expertise scientifique*, INRA Éditions, « Sciences en questions ».

42. Cela suppose, bien évidemment, que cette subjectivité soit assumée et non occultée par un discours prétendant à l'objectivité scientifique.

Annexe
Les considérations éthiques qui justifient la préservation de la biodiversité

On évoque fréquemment des raisons éthiques qui militent en faveur de la préservation de la diversité biologique et qui justifient de faire de celle-ci une norme de gestion et un critère d'évaluation des actions humaines. En fait, plusieurs éthiques concurrentes proposent des argumentations destinées à légitimer le souci de la biodiversité.

Dans le cas d'une éthique anthropocentrée, on ne prend en considération dans la nature que les « ressources » qu'elle procure aux hommes. Confrontés à des éthiques concurrentes (voir plus loin), les tenants de l'anthropocentrisme ont élargi la notion de « ressources ». Il ne s'agit plus uniquement des usages (alimentaires, médicaux, de loisirs, etc.), mais aussi de « ressources » scientifiques (on est loin de connaître toutes les espèces vivant sur terre et *a fortiori* toutes leurs vertus), esthétiques (beauté des espèces, des paysages naturels), voire spirituelles et religieuses. De même, ne concentre-t-on plus l'attention sur les utilisations et représentations actuelles : on prend en compte les générations futures à qui il conviendrait de transmettre un « patrimoine naturel » capable de satisfaire leurs aspirations et leurs besoins. Les économistes ont déjà engagé des recherches pour intégrer l'anthropocentrisme élargi dans leurs modèles… mais il n'est pas évident d'octroyer un prix fictif à la simple existence d'objets naturels (qui d'ailleurs ne sont pas tous connus) et l'intégration du long terme dans des modèles économiques soulève des problèmes délicats (comment prendre en considération les intérêts des générations futures, alors que leurs préférences sont, par définition, inconnues ?).

Ce point de vue a été critiqué. On a fait valoir que chacun peut avancer ses propres objectifs et faire reconnaître qu'on fasse place à son désir, au nom de la légitimité du divers : le risque est alors que les objets naturels jugés dignes de protection ne le soient qu'en fonction d'une construction sociale. On a fait remarquer que, même élargi à la prise en considération des générations futures, l'anthropocentrisme fait dépendre la préservation de la diversité biologique des préférences humaines et non de la dynamique de l'évolution. En pratique, il s'avère enfin que l'anthropocentrisme dérive aisément en ethnocentrisme (américano ou européanocentrisme). C'est pourquoi l'on a tenté d'élaborer des éthiques environnementales accordant une valeur intrinsèque soit à la vie en général, soit aux systèmes écologiques.

Dans le cas d'une éthique biocentrique, tout être vivant a une valeur en soi, indépendante des préférences humaines. Paul Taylor[43] et Holmes Rolston III[44] ont

---

43. Taylor, Paul W., 1986, *Respect for Nature : A Theory of Environmental Ethics*, Princeton University Press.

44. Holmes Rolston (III), 1992, « Disvalues in Nature », *The Monist : The Intrinsec Value of Nature*, vol. 75, n° 2, Holmes Rolston (III), 1994, *Conserving Natural Values. Perspectives in Biological Diversity*, New York, Columbia University Press.

ainsi examiné si l'on peut, sans remettre en question la qualification morale de l'humanité, faire bénéficier tout être vivant d'une considération morale. Observant les organismes dans la nature, Holmes Rolston III voit ainsi à l'œuvre des comportements, des stratégies adaptatives, qui sont autant de moyens mis au service d'une fin : tout être vivant tend à se maintenir dans l'existence et à se reproduire. Il peut ainsi être considéré comme une « fin en soi ». Les ressources qu'il puise dans son environnement ont, de son point de vue, une « valeur instrumentale ». Cette façon d'établir la « valeur intrinsèque » des êtres vivants conserve la structure kantienne, qui fait des « fins en soi » un principe objectif de la moralité. Caractériser un vertébré, un insecte, une plante, un protozoaire ou une bactérie… comme une « fin en soi », c'est trouver dans les comportements qui leur permettent de subsister et de prospérer l'équivalent fonctionnel des actes intentionnels qui sont ceux des personnes humaines. Pour Paul Taylor, les « fins en soi » sont des entités que l'on peut considérer comme des « centres de vie téléologiques » et qui peuvent toutes prétendre – et toutes au même titre – avoir une « valeur intrinsèque ». Il n'y a plus de privilège humain. Sans en trahir l'argumentation, on est passé de l'anthropocentrisme kantien à un biocentrisme : les centres de valeur sont les êtres vivants[45].

Si cette « valeur intrinsèque » n'interdit pas de porter atteinte à tout organisme (ce qui serait, bien évidemment, impossible), elle demande que de telles atteintes soient justifiées (nécessité de s'alimenter, de se défendre, de lutter contre des maladies, des parasites, etc.). Mais il n'est pas évident de traduire cette reconnaissance de la « valeur intrinsèque » des êtres vivants en normes de comportement. Tout être vivant doit se nourrir ou se protéger d'autres êtres vivants ; toute « valeur intrinsèque » vit aux dépens d'autres « valeurs intrinsèques » et les considère comme des « valeurs instrumentales ». En outre, ce qui importe dans la préservation de la biodiversité, ce n'est pas le sort de tel ou tel spécimen, mais celui des populations et des espèces. Néanmoins, on peut considérer que les listes d'espèces protégées (au niveau international, européen, national ou régional) sont, par l'interdiction qu'elles stipulent de porter atteinte à tout spécimen appartenant à ces espèces, inspirées de cette éthique biocentrique. C'est d'ailleurs la raison pour laquelle ces textes juridiques et ces réglementations sont difficilement applicables et bien souvent peu efficaces[46].

Protéger une population quelconque, c'est protéger les milieux dont elle dépend, pas la vie de tous les individus qui la composent, car la vie de tout organisme est naturellement menacée. L'éthique écocentrique ne se soucie donc guère du sort de tel ou tel spécimen d'animal (ou de plante), mais elle invite à respecter les milieux et les processus naturels, les paysages (au sens de la *landscape ecology*),

45. Pour la critique de cette construction, voir LARRÈRE Catherine, 1997, *Les Philosophies de l'environnement*, PUF.

46. LARRÈRE, R., 2000, « La loi sur la protection des espèces sauvages : des mesures inefficaces, inadéquates… et pourtant bien utiles », *in* « Le droit rural : analyses économiques juridiques et sociologiques », *Économie rurale*, n° 260, p. 126-134.

enfin la diversité biologique en tant que telle. C'est qu'elle se propose moins d'établir que les êtres naturels peuvent bénéficier de droits moraux : elle ne cherche qu'à découvrir des règles de comportement judicieuses vis-à-vis de la nature. Elle s'inspire pour cela de la démarche qui fut celle d'Aldo Leopold[47]. De même que l'éthique s'est développée dans les sociétés humaines parce que les hommes ont toujours fait partie de « communautés » d'individus interdépendants, de même faut-il une éthique spécifique lorsque l'on admet qu'ils appartiennent aussi à des « communautés » d'êtres naturels interdépendants. L'éthique écocentrique invite donc à respecter les autres membres des « communautés biotiques » (et cela d'autant plus qu'ils sont issus de la même aventure : celle de l'évolution) et ces « communautés » en tant que telles.

L'éthique leopoldienne est une éthique locale, circonstancielle. Selon le lieu où il se trouve agir, l'individu fait partie d'une « communauté biotique » ou d'une autre. Or, il n'y a aucune raison pour que les règles de comportement soient les mêmes partout. Ainsi, l'acte de défricher une parcelle dans une plaine boisée n'a pas le même sens, écologiquement parlant, que celui d'araser l'un des derniers bosquets d'une région, ou de défricher une pente abrupte, au risque d'entraîner une reprise d'érosion. Il en est de même de la chasse. Il ne s'agit donc pas de définir des règles universelles, mais d'inviter à « se bien comporter » en fonction des circonstances. Il s'agit moins de prescrire (ou d'interdire) que de permettre (ou de déconseiller).

Ne commandant pas de se fondre (comme on l'a trop souvent dit) dans les « communautés biotiques », mais recommandant d'y agir avec perspicacité, l'éthique écocentrique engage à juger les activités humaines du point de vue de ces entités écologiques que sont les populations, les peuplements, les habitats, les paysages, les biomes, la biosphère. C'est à ces différents niveaux que l'on peut distinguer les actions favorables, ou permises, de celles qui sont nocives. Dans la mesure où la diversité biologique favorise les capacités d'adaptation des systèmes écologiques aux modifications affectant leur environnement, elle considère que c'est sur le critère de l'évolution de cette diversité que l'on peut évaluer les effets de l'action. Néanmoins elle reconnaît qu'il peut alors y avoir contradictions entre ces évaluations selon le niveau d'organisation du vivant auquel on appréhende la biodiversité. Une action favorable à une population menacée ne l'est pas nécessairement au niveau de ses habitats ou des paysages qu'elle fréquente. Il peut exister des cas (espèces invasives et banales menaçant des espèces endémiques) où une diminution de la diversité spécifique au niveau local peut être favorable au niveau de la diversité spécifique globale. Faut-il, dans les décisions, privilégier le local ou l'englobant ?

L'anthropocentrisme donne de bonnes raisons de préserver la diversité biologique, dans la mesure où elle constitue un ensemble de ressources utilitaires, scientifiques, esthétiques, etc., pour l'humanité actuelle et pour les générations futures. Le biocentrisme invite à protéger toutes les espèces au travers de tous leurs

47. LEOPOLD, Aldo, 1997, *Almanach d'un comté des sables*, trad. fr., Aubier.

spécimens. Enfin, les conséquences sur la diversité biologique sont, pour l'écocentrisme, un critère de discrimination des comportements judicieux et des comportements répréhensibles. Aussi la préservation de la biodiversité peut-elle constituer un compromis entre ces différentes éthiques.

Raphaël LARRÈRE

Activités humaines et production des espaces naturels

Les relations tissées entre sociétés et nature, parce qu'elles sont au cœur de la géographie comme discipline scientifique[1] (Robic, 1992 ; Veyret & Pech, 1997), constituent une question récurrente. De manière générale, l'action de l'homme sur les systèmes écologiques est envisagée à partir de deux points de vue opposés. Une lecture pessimiste insiste sur les effets négatifs de l'action humaine (Chew, 2001). Que l'on parle de « faits d'économie destructive » comme Jean Brunhes (1946) ou que, plus récemment, on évoque les conséquences des pratiques agricoles de type productiviste (Carson, 1962 ; Pain, Hill *et al.*, 1999 ; Pinto-Correia & Mascarenhas, 1999) ou la déforestation des régions tropicales (Skole, Chomentowski *et al.*, 1994 ; Ochoa-Ganoa & Gonzalez-Espinosa, 2000 ; Sierra 2000), l'action humaine est une dégradation des systèmes naturels, de leurs propriétés et de leur fonctionnement. Le pillage des ressources, les extinctions d'espèces notamment par destruction des habitats, l'altération du fonctionnement des écosystèmes et des cycles biogéochimiques (eau, azote) ainsi que les pollutions qui y sont liées sont les éléments qui sont les plus souvent cités lorsqu'on adopte ce point de vue (Robinson & Sutherland, 2002 ; Donald, Green & Heath, 2001).

Les conceptions des relations entre activités humaines et espaces naturels sont également envisagées sous un angle positif et plus optimiste, notamment lorsqu'on insiste sur les modes de mise en valeur supposés harmonieux entre les sociétés dites traditionnelles et leur environnement (Dongmo, 1981 ; Bisson, 1958), lorsqu'on évoque l'intérêt écologique des « paysages culturels » produits dans le cadre des systèmes agraires pré-productivistes (Aitchinson, 1995 ; Nassauer, 1997) ou bien encore lorsqu'on considère les paysages sous l'angle du patrimoine culturel (von

1. « […] la géographie humaine poursuit un double objet. Elle n'a pas seulement à dresser le bilan des destructions qui, avec ou sans la participation de l'homme, ont si singulièrement réduit depuis les temps pliocènes le nombre des grandes espèces animales. Elle trouve aussi, dans une connaissance plus intime des relations qui unissent l'ensemble du monde vivant, le moyen de scruter les transformations actuellement en cours et celles qu'il est permis de prévoir. » Vidal de la Blache, 1922, p. 18.

Droste *et al.*, 1995), comme des témoins ou des archives des systèmes sociaux du passé. Enfin, concernant le patrimoine naturel, les écologues soulignent la très forte contribution des paysages culturels à la biodiversité en montrant comment les milieux semi-naturels, résultat des activités humaines, fournissent à de nombreuses espèces les conditions pour accomplir leur cycle de vie (Perevolotsky & Seligman, 1998).

Malgré cela, société et nature sont encore très souvent pensées dans un rapport d'exclusion : les milieux naturels où l'impact de l'homme est considéré comme nul ou négligeable s'opposeraient aux milieux artificialisés tels les espaces agricoles ou, *a fortiori*, les villes[2]. Dans le même ordre d'idées, on opposerait les milieux riches, à forte biodiversité (la nature), aux milieux appauvris en espèces (les milieux anthropisés). Enfin, pour la dimension temporelle, la nature serait dans le temps cyclique de la reproduction alors que les milieux artificialisés ne montreraient qu'une longue histoire de dégradations et de destructions. Cette position duale, malgré des réfutations sérieuses (Larrère, 2002), reste dominante.

L'objectif de ce texte est de contribuer à une analyse des relations entre activités humaines et milieux naturels en dehors d'une dichotomie opposant espaces naturels et espaces artificialisés. Cela implique de comprendre la biodiversité comme un élément d'analyse ou un paramètre commun à tous les systèmes écologiques, quelle que soit l'intensité de leur utilisation par les sociétés. Par ailleurs, les politiques publiques et les divers dispositifs de conservation de la biodiversité introduisent un nouvel élément, le volontarisme gestionnaire, qui pose la question du pilotage et de l'orientation des dynamiques en cours par les acteurs économiques et sociaux (Mermet, 1992). Des dispositifs institutionnels (aides agri-environnementales, directives Oiseaux et Habitats de l'Union européenne) stipulent que la conservation de la biodiversité doit s'appliquer également en dehors des espaces protégés. Une des questions importantes est de savoir comment mener à bien la conservation d'espèces et d'habitats dans des paysages agro-pastoraux que les systèmes agraires contemporains ne peuvent plus maintenir.

Articuler l'analyse autour de la notion de biodiversité incite à prendre de la distance avec un système de classement des espaces selon un gradient de naturalité. L'opposition ne serait plus entre des espaces naturels et des espaces artificiels, mais elle se structurerait autour de l'intentionnalité ou de la non-intentionnalité dans leur mise en place.

Le texte abordera d'abord le thème des paysages ruraux comme une co-production société-nature non intentionnelle. Dans un deuxième temps, nous montrerons que des écosystèmes considérés comme « naturels » sont directement reliés à des moments de l'histoire humaine et à des modes d'utilisation des ressources. La dernière partie sera consacrée à l'examen des difficultés posées par l'ambition de reproduire intentionnellement des paysages et des structures spatiales hérités du passé.

2. Dans l'inventaire Corine Land Cover, les « territoires artificialisés » sont : les zones urbanisées (continues ou discontinues), les zones industrielles ou commerciales, les réseaux de communication, les mines, décharges et chantiers et enfin les espaces verts artificialisés, non agricoles.

Les « paysages culturels » : une co-production société-nature

L'intensité des activités des groupes humains sur l'espace a changé d'amplitude à la suite du phénomène le plus important des treize mille dernières années d'histoire humaine (Diamond, 2000) : la domestication des plantes et des animaux. Les activités d'élevage et d'agriculture ont changé la nature et l'intensité des interactions homme/nature.

La géographie en tant que discipline scientifique (Berdoulay, 1995) s'est fortement positionnée dans le champ de l'analyse du paysage rural comme un ensemble d'interactions nature/sociétés. La lecture classique des paysages par la géographie insiste sur la mise en valeur différentielle des sols en fonction de leurs propriétés topographiques et géomorphologiques (De Martonne, 1932 ; Demangeon, 1946). Les paysages des bassins sédimentaires, dont le Bassin parisien est un archétype, organisés en compartiments subparallèles et donnant des reliefs de côtes, montrent des alternances de bandes forestières, de prairies permanentes et de cultures. L'analyse de géomorphologie structurale montre que les occurrences de types d'occupation des sols sont réglées par les différents affleurements (Figure 1) : les sols sableux à faible capacité de stockage de l'eau sur grès correspondent en général aux forêts, les prairies humides aux substrats argileux peu drainants et les cultures aux plateaux calcaires et aux pentes des talus. Les autres structures du système socioéconomique (habitat, voies de communication) se disposent en fonction des moindres contraintes de relief.

L'exemple du parcellaire et de ses relations avec les contraintes topographiques fournit un exemple supplémentaire de co-construction société/nature. Aux États-Unis, le parcellaire agricole issu du système du *Township* est organisé en un quadrillage de carrés (*sections*) de 1 *mile* de côté, indépendamment des conditions de relief. Il permet de mesurer la dépendance des modes d'organisation du parcellaire par rapport à la topographie. Si on suppose que le parcellaire a été formé par la déclinaison à plus grande échelle du carroyage général, on peut s'attendre à une relative indépendance du dessin des parcelles par rapport à la topographie. Or, à l'intérieur de chaque *section*, les groupes de colons ont découpé les parcelles de manière très différente. Dans un relief d'épandages morainiques de l'État du Wisconsin, sans directions préférentielles, le parcellaire est géométrique (quadrilatères). Dans la même région, mais avec des reliefs de drumlins, les parcelles sont des quadrilatères longs et étroits ; leur orientation s'aligne sur celle du champ de drumlins, indépendamment de l'orientation du quadrillage général (Hart, 1998). Enfin, des travaux sur les clôtures des champs en Angleterre (Hart, 1998) ont montré que les matériaux utilisés dépendaient des ressources fournies par le sous-sol et variaient d'un affleurement à l'autre. Dans le Yorkshire, les haies et les clôtures de bois étaient dominantes sur des substrats meubles ou à roches friables. Les murets étaient dominants sur substrat calcaire. Sur grès, les clôtures sont un mélange de murets et de haies.

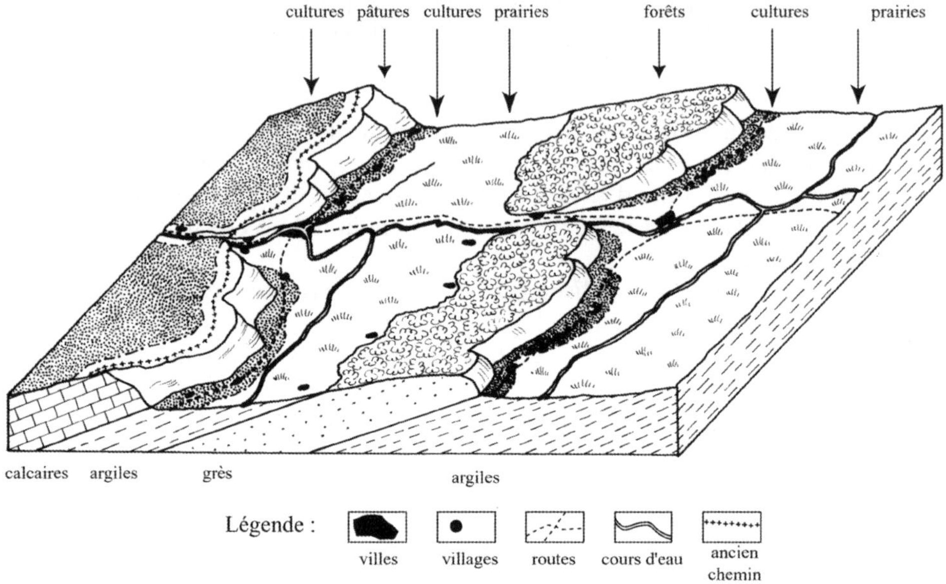

Figure 1. Utilisation des sols dans les reliefs à structure monoclinale : un modèle ? (D'après Hart, 1998. Modifié) © Émilie Andrieu – CEFE

Les interactions entre activités humaines et dynamiques des systèmes écologiques aboutissent à un nouvel agencement spatial de la végétation, une mosaïque de taches plus ou moins durablement mise en place par les sociétés pour répondre à leurs besoins. Les contraintes naturelles contribuent à déterminer certaines caractéristiques de la mosaïque (taille, disposition des taches). Le constat des relations étroites entre milieu naturel et éléments constitutifs du paysage culturel (Birks *et al.*, 1988 ; Aitchinson, 1995) ne signifie pas que les liens observés soient immuables et nécessaires. Le paysage culturel est la résultante matérielle d'un mode particulier d'appropriation des ressources naturelles. Les types de pouvoir et de rapports sociaux en vigueur règlent l'accès aux ressources. Ces règles déterminent un ensemble de pratiques qui contribuent à forger la géométrie du terroir. Enfin, les techniques et savoir-faire maîtrisés et transmis conditionnent les types et les rythmes d'usage des sols. Les organisations sociales n'étant pas historiquement stables, les configurations du paysage et les modalités d'interaction avec le milieu naturel sont susceptibles de varier fortement. Il est donc à peu près impossible de définir des relations idéales, en équilibre ou « naturelles » entre les sociétés et leur environnement.

En fonction des périodes historiques, les paysages ont été reproduits et entretenus de manière variable. Les changements des patrons de paysages ont fortement dépendu de l'histoire des groupes humains et de l'évolution de leurs caractéristiques politiques, économiques ou techniques. Dans le cas de repli ou d'arrêt des activités humaines, ces configurations se modifient selon les processus à l'œuvre dans les successions végétales. Mais, en devenant organisé par l'espèce humaine afin de pourvoir à la reproduction des groupes sociaux, l'espace ne s'est pas « dénaturé » ou artificialisé (voir Larrère dans cet ouvrage et Larrère, 2002). Approprié et modifié, il est devenu un territoire : des pouvoirs, des normes et des conventions règlent l'accès aux ressources. Mais l'espace reste naturel dans le sens où les processus écologiques ne sont pas abolis même s'ils sont davantage dépendants des stratégies des groupes humains qui basent leur alimentation sur les plantes et animaux domestiqués et qui visent à se reproduire avec des modes d'organisation de plus en plus complexes (division du travail, échanges commerciaux, techniques).

CONSTRUCTION NON INTENTIONNELLE DES MILIEUX NATURELS

Les milieux naturels, au sens d'espaces non concernés par les activités humaines, sont-ils le résultat non intentionnel de l'action humaine ? Les transformations de la surface terrestre par les activités humaines peuvent aussi concerner des milieux considérés comme totalement naturels et dans le fonctionnement desquels les sociétés interviennent à un niveau très faible. L'exemple des tourbières est, de ce point de vue, significatif.

Moore (1973, 1975) a cherché à connaître l'origine des couvertures tourbeuses des îles Britanniques. Vers 5300-5100 BP, on note un déclin de l'orme dans les enregistrements polliniques et que ce déclin correspond avec le début des accumulations de tourbe. Ce déclin de l'orme est accompagné d'indications palynologiques d'activités humaines et de défrichements. Dans les niveaux supérieurs des accumulations tourbeuses, les taxons marqueurs des pâturages et des landes tourbeuses, des habitats aquatiques, des pelouses et habitats aménagés pour les activités agropastorales ainsi que des terres cultivées, sont beaucoup plus représentés.

Pourtant, jusque dans les années 1970, les hypothèses dominantes pour expliquer la turfigenèse ne faisaient pas référence aux activités humaines. On supposait que l'accumulation tourbeuse et le déclin de l'orme étaient liés à une courte période froide intervenue vers 5400-5000 BP. Une autre hypothèse était que le manteau tourbeux était le résultat de l'évolution des profils de sols et qu'il représentait le stade terminal du processus de pédogenèse pour les régions à fortes précipitations.

Or, vers le milieu des années 1970, des chercheurs font l'hypothèse que les activités humaines de l'Holocène ont pu suffisamment modifier le fonctionnement des milieux pour entraîner le développement de tourbières sur de grandes superficies. On introduit alors dans le raisonnement des pratiques telles que les éclaircies pratiquées dans les forêts par abattages sélectifs afin de favoriser les ressources pour le pâturage, les défrichements (feux, abattage) pour dégager des espaces à mettre en culture.

Dès l'Âge du bronze, les activités humaines auraient donc eu des influences sur l'hydrologie des bassins versants dans leur partie amont. Du point de vue de leur ampleur, ces effets seraient comparables à ceux produits par des changements climatiques majeurs. Les enregistrements polliniques ont apporté des éléments de nature à étayer ces hypothèses et à conforter très sérieusement l'idée d'un impact des activités humaines sur la mise en place des tourbières.

À la base des accumulations tourbeuses on constate la présence d'assemblages polliniques indiquant l'influence des sociétés humaines. Les dates de début du processus de formation des couvertures tourbeuses sont synchronisées et comprises entre environ 5100 et 5300 BP. Les sites où ces dates sont enregistrées montrent des variations régionales, topographiques et altitudinales dans le développement des nouvelles pratiques d'utilisation des ressources. Cette dispersion géographique et temporelle reflète les degrés variables d'intensité de l'action humaine ainsi qu'une mise en valeur de l'espace contrastée.

Dans le cadre de cette explication, l'ancienne hypothèse de la tourbière comme stade final de la pédogènèse dans certains secteurs n'est pas contradictoire avec l'augmentation de l'hydromorphie liée à l'ouverture et au recul de la forêt.

Les modes d'organisation des groupes humains ont modifié les fonctionnements écologiques au point de considérablement élargir régionalement l'aire de distribution de certains milieux naturels, par exemple des tourbières. Dans ce cas, il s'agit de production non intentionnelle de milieux naturels qui, une fois en place, ont un fonctionnement quasi indépendant des activités humaines et qui s'assimile à des cycles naturels : accumulation et minéralisation de la tourbe, colonisation par les ligneux de la périphérie des tourbières. En dehors des tourbières, on retrouve un motif semblable avec, en région méditerranéenne, des systèmes de mares issus de l'abandon de carrières de surface, puis ensuite soumis à une lente dynamique de comblement.

Reproduction intentionnelle des systèmes naturels

La montée des préoccupations concernant la biodiversité s'est traduite en Europe par une attention accrue aux paysages agricoles et pastoraux. La diffusion de la notion de « paysage culturel » traduit cet intérêt pour les milieux semi-naturels dont les caractéristiques portent la marque de l'histoire des sociétés rurales autour de la Méditerranée (Matvejevic, 1999), en Europe du Nord ou dans le Nouveau Monde (Birks *et al.*, 1988). Le constat dressé est que les paysages produits et maintenus dans le cadre de l'activité agropastorale, en plus de leur intérêt comme témoignage des sociétés rurales du passé, contribuent fortement à la biodiversité. Or, les pratiques d'agriculture et de sylviculture intensive appuyées par les pouvoirs publics et relayées par les organisations professionnelles agricoles et forestières depuis l'après-Seconde Guerre mondiale se sont traduites par la disparition ou la modification de configurations paysagères héritées de périodes antérieures. Que l'espace soit envisagé à travers la volonté affichée de préserver des espèces et habitats prioritaires ou des paysages caractéristiques, la question qui se pose est celle de la reproduction intentionnelle de paysages forgés non intentionnellement au cours de l'histoire. L'exemple de la contraction des espaces de landes et de pelouses semi-naturelles permet d'aborder le problème à partir de deux interrogations.

Freiner la contraction des « milieux ouverts » : du diagnostic aux préconisations

L'exode rural et agricole, la concentration des exploitations agricoles et l'abandon de nombreux terroirs se sont traduits par d'importantes modifications des couverts végétaux et en particulier par la progression constante des formations forestières, par reboisements volontaires mais surtout par recolonisation spontanée des landes et pelouses. Pour les milieux ouverts des montagnes du sud de l'Europe, cette évolution fait l'objet d'une perception très négative et tout particulièrement sur le plan de la biodiversité. L'exemple des pelouses et des landes à caractère pastoral des régions péri-méditerranéennes montre que, si le nombre d'espèces ne varie pas significativement avec le passage à la forêt, ce ne sont plus les mêmes espèces qui sont présentes. Or la contribution des milieux ouverts de ces régions à la biodiversité d'espaces de référence plus larges (Régions, États, Union européenne) est très forte dans la mesure où certaines espèces ne sont présentes que dans ces types de milieux. Ces territoires ont donc une forte responsabilité patrimoniale en termes de diversité. Ces espèces sont mises en danger par la raréfaction et la fragmentation de leurs habitats. En revanche, les espèces liées aux habitats forestiers progressent. Mais, dans la mesure où ces espèces de type médio-européen sont déjà présentes ailleurs et que leurs populations ne sont pas en déclin, on peut conclure à une diminution de la biodiversité suite à la colonisation des milieux ouverts par la forêt.

La contraction des milieux ouverts est, depuis le début des années 1990, interprétée comme un problème par la quasi-totalité des acteurs du territoire (Lepart *et al.*, 2000 ; Trivelly, 2004) à cause de l'érosion des ressources pastorales (même si les éleveurs les mobilisent très inégalement et de moins en moins) et de la perte d'un patrimoine autant culturel que naturel. L'exemple des grands ensembles de pelouses calcaires du sud-est du Massif Central est, de ce point de vue, tout à fait exemplaire des difficultés à résoudre. La dynamique de reforestation spontanée, même si elle mobilise un nombre limité d'espèces ligneuses colonisatrices (Pin sylvestre, Pin noir, Chêne pubescent, Genévrier commun, Buis, rosacées diverses…), y est très forte. Parallèlement, les systèmes d'élevage se sont fortement intensifiés à partir des années 1960 (Osty & Auricoste, 1989) et la contribution des landes et pelouses agropastorales à l'alimentation des troupeaux a régulièrement diminué. Cette diminution globale de la pression de pâturage a été mise en relation avec la progression des arbres et buissons.

Du point de vue de la gestion des territoires, l'objectif de maintien de la biodiversité entraîne une réflexion sur les moyens à mettre en œuvre pour sauvegarder des configurations de paysage que l'activité agricole ne peut plus maintenir. Après avoir posé comme objectif la protection du paysage ouvert, il reste à définir des moyens susceptibles de réaliser cet objectif. Deux catégories d'outils sont disponibles pour freiner la progression des plantes ligneuses. Le recours à des solutions mécaniques est une première possibilité. Dans ce cas, et considérant l'augmentation des performances du matériel agricole et de génie civil, le coût serait le seul vrai facteur limitant. Toutefois, les interventions mécaniques (gyrobroyage ou coupe) sont d'une efficacité variable selon que les espèces rejettent ou non de souche. Des traitements chimiques (phytocides systémiques) sont également disponibles. Leur préconisation reste très limitée chez les protecteurs de l'environnement. Le pâturage, en revanche, présente plusieurs avantages comme outil de contrôle de la colonisation des ligneux. Le redéploiement pastoral a été soutenu par des mesures agri-environnementales (surfaces primées, aménagements pastoraux financés) ou bien par la commercialisation de produits labellisés. L'utilisation accrue des parcours, après avoir été considérée comme un marqueur d'archaïsme, fait désormais partie des stratégies de conduite d'exploitation considérées comme valides par les professionnels. Enfin, le pâturage est supposé être un des éléments clefs de la mise en place du paysage culturel, non seulement pour les Causses du sud-est du Massif Central mais plus largement dans les montagnes d'Europe et du bassin méditerranéen au cours de l'histoire (Le Lannou, 1941). La préservation de la diversité par des mesures volontaires de soutien au pâturage permettrait donc de maintenir des paysages ouverts, en accord avec les pratiques pastorales passées qui auraient, jadis, été le moteur principal de contrôle des espèces ligneuses colonisatrices.

La contraction des « milieux ouverts » : le temps et l'espace

L'évaluation de l'impact du pâturage sur la progression des plantes ligneuses donne des résultats qui relativisent assez fortement l'efficacité du pâturage, du moins tel qu'il a été pratiqué selon les cahiers des charges des mesures agri-environnementales, c'est-à-dire selon des critères acceptables par la profession agricole et en conformité avec des objectifs de production. Les résultats obtenus sur les Causses (Rousset & Lepart, 1999 et 2000) sont cohérents avec des suivis faits dans d'autres contextes géographiques et techniques (Bartolomé, Franch *et al.*, 2000). Le pâturage n'est pas systématiquement efficace pour contrôler les ligneux. L'abondance des semenciers et les interactions positives entre plantes (les buissons peu consommés par le troupeau offrent un abri aux arbres susceptibles d'être consommés au stade juvénile au prix d'une croissance plus lente) font que le troupeau peut limiter mais pas contrôler la colonisation. Le pâturage n'est donc probablement pas un outil suffisamment efficace pour reproduire volontairement des paysages ouverts.

Ce projet reposait sur le postulat que les temporalités du changement des sociétés humaines et celles du changement de végétation ont un pas de temps commun : 1) le paysage serait le résultat stable d'une interaction entre société et milieu physique, ici, un paysage ouvert dominé par les herbacées et une société d'éleveurs de brebis. 2) Comme les milieux ouverts se seraient créés et maintenus grâce aux pratiques pastorales, l'arrêt du pâturage à la suite de la modernisation de l'agriculture aurait entraîné l'embroussaillement.

Or, à l'idée de la co-variabilité des configurations économiques et sociales et paysagères on peut apporter deux objections. Tout d'abord, le paysage de landes et pelouses à herbacées dominantes n'est pas le seul résultat du pâturage. L'analyse des interactions homme/milieu sur les Causses montre que d'autres éléments que le pâturage doivent être pris en compte pour expliquer les dynamiques du paysage et en comprendre les temporalités (Chassany, 1978 ; Chassany & Crosnier, 2000 ; Cohen, 2003 ; Marres, 1935 ; Mathieu, 1989 ; Petit, 1978). Tout d'abord, les éléments matériels du paysage ainsi que les sources historiques disponibles (enquêtes, compoix, etc.) démontrent que les espaces définis comme « parcours » ont, pour la plupart d'entre eux, été cultivés jusqu'à la fin du XIXe siècle dans le cadre de systèmes agraires fondés sur la céréaliculture (Marty *et al.*, 2003a et 2003b). Pour le Causse Méjan, dans le contexte social d'une société rurale pléthorique et très hiérarchisée, en plus des cultures permanentes, des cycles brûlis-culture-pâture sont attestés sur les espaces actuellement en pelouses. Ces cultures temporaires suivies de jachères longues permettaient un blocage efficace de la dynamique de la principale espèce colonisatrice (*Pinus sylvestris*) présente en taches isolées dans la partie ouest du territoire. Dans ce système, le cheptel ovin avait une fonction de transfert de fertilité vers les espaces cultivés. Nourri quasi exclusivement au pâturage, il contribuait à ralentir la colonisation par les ligneux, entre deux phases de culture et dans les secteurs jamais cultivés (affleurements de dolomie ou de calcaire, chaos dolomitiques).

À la fin du XIXe siècle et au début du XXe, les systèmes agraires de montagne calcaire perdent tout avantage comparatif dans la production des grains et se spécialisent dans la production ovine. Le début de l'exode rural diminue la pression sur les ressources naturelles, le départ du prolétariat rural entraîne l'abandon des cultures temporaires. Progressivement, les cultures fourragères sont développées en même temps que diminue la superficie cultivée de manière permanente. La filière laitière se structure autour de l'industrie du fromage de roquefort : le système d'alimentation des troupeaux de brebis laitières change et les parcours sont moins sollicités. Dans ce nouveau contexte, le potentiel colonisateur des pins s'exprime pleinement. Toutefois, on ne prend réellement la mesure de leur progression que dans les années 1980 (Cohen & Hotyat, 1995).

Ensuite, changement de paysage et changements socio-économiques n'ont pas la même temporalité. Ce jeu complexe (Cohen, Alexandre *et al.*, 1997) s'est traduit ici par un décalage chronologique entre l'arrêt des pratiques de l'agriculture céréalière et ses conséquences sur le paysage. Pour les observateurs de la première moitié du XXe siècle, les pratiques pastorales d'agriculteurs spécialisés dans l'élevage semblent en équilibre avec un espace à caractère steppique. Or, à cette période, la dynamique des espèces colonisatrices démarre, mais les individus encore au stade plantule ou juvénile, quoique de plus en plus nombreux, passent inaperçus. D'autres éléments freinent l'observation du phénomène. Les boisements denses paraissent stables et sont peu étendus. Concernant l'utilisation pastorale de l'espace, le paradigme dominant est celui des dégradations liées au surpâturage. Lorsque la mesure est prise de la dynamique du pin, les changements de pratiques agraires sont appréhendées dans un autre référentiel chronologique : la modernisation agricole de l'après-Seconde Guerre mondiale et l'histoire récente de l'intensification des systèmes d'élevage. On note bien le paradoxe de l'intensification des systèmes d'élevage : le nombre de moutons est quasiment multiplié par deux mais la végétation colonise fortement les espaces de parcours. Les gestionnaires intègrent des éléments de biologie des populations à la fin des années 1990 et un plan local d'aménagement concerté (PLAC), destiné à éliminer des pins semenciers sur le Causse Méjan, est lancé. Au même moment, la période de très faible utilisation des ressources des parcours (compensée par l'intensification fourragère et par les achats de foins et de concentrés) semble se terminer : les limitations de la production par les industriels de roquefort ainsi que le renchérissement des aliments pour le bétail sont favorables à davantage de recours au pâturage des parcours (Quetier *et al.*, 2005) par les éleveurs. Mais cette requalification des parcours intervient dans un contexte écologique très différent. Les semenciers de ligneux bas et hauts sont désormais présents en nombre important sur toute la superficie des grands Causses à l'exception du sud-est du Causse Méjan et du secteur du camp militaire du Larzac. Une pression de pâturage très forte, qu'elle intervienne en réponse à des années sèches comme 2003 ou qu'elle résulte de mesures agri-environnementales, ne garantit pas un arrêt de la dynamique de transformation du paysage.

Enfin, les déterminants de l'installation et de la colonisation des plantes peuvent varier très vite. Le pâturage participe au contrôle des ligneux, mais la préconisation d'une trop forte pression peut entraîner une plus grande occurrence des taches de sol nu, qui sont autant de sites favorables à l'installation de ces mêmes plantes ligneuses.

Conclusion

Les débats dans l'espace public ont réussi à donner aux projets de protection des paysages culturels une légitimité qui permet de réunir le monde de l'agriculture et celui de la protection de la nature autour de projets locaux. Toutefois, en se donnant comme objectif la re-production des paysages, on introduit une intentionnalité qui n'existait pas dans le rapport des sociétés passées avec leur espace. Les configurations de l'espace rural sont le résultat d'une sédimentation de choix faits dans des contextes très différents, et les multiples formes détectables dans le paysage sont susceptibles d'avoir occupé des fonctions très différentes au cours de l'histoire. La biodiversité des espaces agricoles et pastoraux était le résultat involontaire des stratégies agraires sédimentées dans le paysage[3]. Le lien entre mode d'occupation du sol et couvert végétal ne sc fait ni sur un mode mécanique ni sur un mode linéaire. Il est le résultat d'interactions très difficiles à prédire et agissant à des échelles d'espace et de temps très différentes entre les stratégies des plantes, des animaux, des éleveurs, des firmes et de la puissance publique.

La préconisation de pratiques agricoles à but essentiellement paysager présente des risques importants d'effets de bords et de conséquences non désirées. En revanche, dans un contexte de crise des modes d'élevage les plus intensifs, le développement par les éleveurs de stratégies de conduite d'exploitation visant à réduire les coûts et à davantage utiliser les ressources des parcours ouvre des perspectives. L'espace n'est plus considéré comme un stock ou un support, mais comme un milieu naturel conduit de manière à rendre durablement des services agricoles. Or dans le contexte d'une agriculture peu intensive, si la logique agricole ne s'oppose pas à la qualité environnementale dont la biodiversité est un des meilleurs marqueurs, on peut considérer comme très secondaire l'adéquation entre les configurations de paysage constatées et celles d'un très problématique état de référence.

Pascal MARTY

BIBLIOGRAPHIE

AITCHINSON, J., 1995, *Cultural Landscape in Europe : a Geographical Perspective. Cultural Landscapes of Universal Value*, VON DROSTE, B., PLACHTER, H. & RÖSSLER, M., STUTTGART, Jena, New York, Gustav Fischer Verlag, p. 272-288.

BARTOLOMÉ, J., FRANCH, J., *et al.*, 2000, « Grazing alone is not enough to maintain landscape diversity in the Montseny Biosphere Reserve », *Agriculture Ecosystems and Environment* 77, p. 267-273.

BERDOULAY, V., 1995, *La Formation de l'école française de géographie*, Paris, CTHS, 253 p.

3. « L'homme intervient en associé autant qu'en maître. À la suite des plantes et des animaux qu'il introduit, beaucoup d'autres se glissent sans sa permission et travaillent pour d'autres buts. Lui-même sert à son insu à des fins qu'il ne soupçonnait guère. Il vous est arrivé, marchant sur des chaumes, de faire lever des nuées d'insectes : vous verriez, en vous retournant, que des oiseaux épient vos pas ; vous leur servez de rabatteur. » VIDAL DE LA BLACHE, 1922, p. 105.

BIRKS, H. H., BIRKS, H. J. B., *et al.*, (eds), 1988, *The Cultural Landscape. Past, Present and Future*, Cambridge, Cambridge University Press.

BISSON, J., 1958, *Le Gourara, étude de géographie humaine*, Alger, impr. d'Imbert 223 p.

BRUNHES J., 1934, *La Géographie humaine*, Paris, PUF.

CARSON, R. L., 1962, *Silent Spring*, Boston, Houghton Mifflin Co ; Cambridge, Riverside Press, 368 p.

CHASSANY, J.-P., 1978, « Le Causse Méjan. Éléments d'histoire agro-écologique », in *Le Causse Méjan*, BRUN, A., CHASSANY, J. P., PETIT, F. & OSTY, P. L., Paris, INRA-ESR, 150 p.

CHASSANY, J.-P., CROSNIER, C., 2000, *Réhabilitation et restauration des pelouses sèches du Causse Méjan*, Paris, MATE, MNHN.

CHEW, S.C., 2001, *World Ecological Degradation. Accumulation, Urbanization, and Deforestation 3000 B.C. – A.D. 2000*, Walnut Creek, Altamira Press.

COHEN, M. (coord.), 2003, *La Brousse et le Berger*, Paris, CNRS Éditions, 356 p.

COHEN, M. et HOTYAT, M., 1995., *Embroussaillement et boisement sur le Causse Méjean entre 1965 et 1992 : une approche par photo interprétation diachronique. Grands Causses, nouveaux enjeux, nouveaux regards*. A. SAUSSOL et J.-L. BONNIOL, Millau, Fédération pour la vie et sauvegarde du Pays des Grands Causses : p. 113-124.

COHEN, M., ALEXANDRE, F., *et al.,* 1997, *Les Temporalités dans l'environnement : une opportunité de dialogue interdisciplinaire*, Journées PIREVS, Toulouse.

DEMANGEON, A., 1946, *Géographie universelle,* T. VI, *La France* ; (Deuxième partie : *France économique et humaine*), P. Vidal de la Blache et L. Gallois, (dir), Paris, A. Colin.

DIAMOND, J., 2000, « Evolution, consequences and future of plant and animal domestication », *Nature,* 418 (august 2000) : p. 700-707.

DONALD, P.F., GREEN, R.E., HEATH, M.F., 2001, « Agricultural intensification and the collapse of Europe's farmland bird populations », *P. Roy. Soc. Lond. B Bio.,* 268, (1462), p. 25-29

DONGMO, J-L., 1981, *Le Dynamisme bamiléké*, vol. 1, *La Maîtrise de l'espace agraire,* Yaoundé, Centre d'édition et de production pour l'enseignement et la recherche, 424 p.

LARRÈRE, R., 2002, « Agriculture : artificialisation ou manipulation de la nature ? », *Cosmopolitiques,* 2002 (1), p.158-173.

LE LANNOU, M., 1941, *Pâtres et paysans de la Sardaigne*, Tours, Arrault et Cie, 365 p.

LEPART, J., MARTY, P., ROUSSET, O., 2000, « Les conceptions normatives du paysage. Le cas des Grands Causses », *Natures Sciences Sociétés*, 8 (4), p. 16-25.

MARRES, P., 1935, *Les Grands Causses, étude de géographie physique et humaine*, Tours, Arrault et Cie. 2 vol., 213 p et 445 p.

MERMET, L., 1992, *Stratégies pour la gestion de l'environnement – La nature comme jeu de société ?* Paris, L'Harmattan, 205 p.

MARTONNE, E. de, 1932. *Géographie universelle,* t. VI, *La France*, (Première partie : *France physique*), P. Vidal de la Blache et L. Gallois, (dir.), Paris, A. Colin

MARTY, P., LEPART, J., PÉLAQUIER, E., VERNET, J.-L., BAZILE, F., BOHBOT, H., DEBAIN, S., JAUDON, B., JAMET, M., MARTIN, A., OGEREAU, P., VERNET, M.-F., 2003a, « Espaces boisés et espaces ouverts : les temporalités d'une fluctuation. Le cas du Causse Méjan (Massif Central, France) » in MUXART, T., VIVIEN, F.-D., VILLALBA, B. & BURNOUF,

J., (eds), *Des milieux et des hommes : fragments d'histoires croisées,* coll. environnement, p. 103-114, Paris, Elsevier.

MARTY, P., PÉLAQUIER, E., JAUDON, B., LEPART, J., 2003b, « Spontaneous reforestation in a peri-Mediterranean landscape : history of agricultural systems and dynamics of woody species », *in* FOUACHE, E., (ed), *Environmental dynamics and history in Mediterranean regions*, p. 179-186, Paris, Elsevier.

MATHIEU, N., 1989, « Solidarité, identité, innovation, les tensions fondatrices de la société méjanaise », *Annales du Parc national des Cévennes,* 1989 (4), p. 229-261.

MATVEJEVIC, P., 1999, *Mediterranean. A Cultural Landscape.* Berkeley-Los Angeles, University of California Press.

MOORE, P. D., 1973, « The Influence of Prehistoric Cultures upon the Initiation and Spread of Blanket Bog in Upland Wales », *Nature,* 241 (2-02), p. 350-353.

—, 1975, « Origin of blanket mires », *Nature*, 256 (24-07), p. 267-269.

NASSAUER, J. I., 1997, *Cultural Sustainability : Aligning Aesthetics and Ecology. Placing Nature. Culture and Landscape Ecology.* J. I. Nassauer. Washington & Covelo, Island Press, p. 65-83.

OCHOA-GANOA, S. & GONZALEZ-ESPINOSA, M., 2000, « Land use and deforestation in the highlands of Chiapas, Mexico », *Applied Geography,* 20, p. 17-42.

OSTY, P. L., AURICOSTE C., 1989, « Une image des élevages du Causse : évolutions récentes (1975-1983) et questions pour l'avenir », *Annales du PNC,* 1989 (4), p.15-54.

PAIN, D. J., D. HILL et MCCRACKEN, D. I., 1999, « Impact of agricultural intensification of pastoral systems on bird distribution in Britain (1970-1990) », *Agriculture Ecosystems and Environment,* 64, p. 19-32.

PEREVOLOTSKY, A. & SELIGMAN, N. G., 1998, « Role of Grazing in Mediterranean Rangeland Ecosystems. Inversion of a paradigm », *Bioscience* 48 (12), p. 1007-1017.

PETIT, F., 1978, « Le Causse Méjan. Exode rural et utilisation du territoire (de 1850 à nos jours) », *in* BRUN, A., CHASSANY, J.P., PETIT, F. et OSTY, P.L., *Le Causse Méjan*, Paris, INRA-ESR, 131 p.

PINTO-CORREIA, T. & MASCARENHAS, J., 1999, « Contribution to the extensification/ intensification debate : new trends in the Portuguese montado », *Landscape-And-Urban-Planning,* 46 (1-3), p. 125-131.

QUÉTIER, F., MARTY, P., LEPART, J., 2005, « Farmers management strategies and land use in an agropastoral landscape : the Roquefort cheese production rules as a driver of change », *Agricultural Systems*, 84 (2), p. 171-193

ROBIC, M. C., (dir.), 1992, *Du milieu à l'environnement. Pratiques et représentations du rapport homme/nature depuis la Renaissance*, Paris, Economica, 343 p.

ROBINSON, R.A., SUTHERLAND, W.J., 2002, « Post-war changes in arable farming and biodiversity in Great Britain », *J. Appl. Ecol.*, 39 (1), p. 157-176

ROUSSET, O. & LEPART, J., 1999, « Evaluer l'impact du pâturage sur le maintien des milieux ouverts. Le cas des pelouses sèches », *Fourrages* 1999 (159), p. 223-235.

—, 2000, « Positive and negative interactions at different life stages of a colonizing species », *Journal of Ecology,* 88, p. 401-412.

SIERRA, R, 2000, « Dynamics and patterns of deforestation in the western Amazon : the Napo deforestation front, 1986-1996 », *Applied Geography,* 20, p. 1-16.

SKOLE, D.L., CHOMENTOWSKI, W.H., SALAS, W.A. et NOBRE, A.D, 1994, « Physical and Human Dimension of Deforestation in Amazoni », *Bioscience,* 44 (5), p. 314-322.

TRIVELLY, E., 2004, *Quand les moutons s'en vont…*, Aix-en-Provence, Publications de l'Université de Provence, 263 p.

VEYRET, Y., PECH P., 1997, *L'homme et l'Environnement*, Paris, Presses Universitaires de France, 432 p.

VIDAL DE LA BLACHE, P., 1922, *Principes de géographie humaine,* Paris, A. Colin, 327 p.

VON DROSTE, B., PLACHTER, H. *et al.*, (eds), 1995, *Cultural Landscapes of Universal Value. Components of a Global Strategy,* Stuttgart, New York, Gustav Fisher Verlag.

Quatrième partie

Les politiques publiques et les institutions de conservation de la biodiversité

La biodiversité dans les négociations internationales : de la Convention de Rio sur la diversité biologique au Protocole de Carthagène sur la biosécurité

« La situation mondiale en matière de diversité biologique est fort préoccupante. En dépit de l'action que continue de mener la communauté internationale, les espèces végétales et animales continuent de disparaître partout dans le monde et la situation de la biodiversité – en termes d'espèces, d'habitats et d'écosystèmes – ne s'est pas sensiblement améliorée dans la plupart des pays[1]. » Ainsi commence l'un des nombreux rapports produits par le Secrétariat général de l'ONU dans le cadre de la préparation du sommet mondial pour le développement durable qui s'est tenu à Johannesburg, en Afrique du Sud en août-septembre 2002.

Dix ans plus tôt, du 3 au 14 juin 1992, en écho à la première grande conférence onusienne sur ces sujets, celle de Stockholm organisée en 1972, se tenait à Rio de Janeiro la Conférence des Nations unies sur l'environnement et le développement (CNUED), dite aussi sommet de la Terre. Cette conférence marquait une étape dans la perception des enjeux environnementaux (Doumbe-Bille et Kiss, 1992) et suscitait de vifs espoirs. Un programme d'action pour le XXIe siècle, *Action 21,* dont le chapitre 15 est consacré à la préservation de la diversité biologique, y était adopté. Une convention sur la diversité biologique, adoptée le 22 mai précédent, y était également ouverte à la signature. Ce texte recevait lors du sommet de Rio 157 signatures. Entrée en vigueur dès 1993, la Convention compte aujourd'hui

---

1. Rapport du Secrétaire général, *Situation mondiale de la diversité biologique*, Commission du développement durable constituée en comité préparatoire du sommet mondial pour le développement durable, E/CN.17/2001/PC/18, p. 1.

186 parties, ce qui en fait, à n'en pas douter, l'une des conventions internationales, toutes matières confondues, les plus largement ratifiées.

Or, les différents rapports et études réalisés depuis lors concluent tous à une aggravation des problèmes environnementaux, au premier rang desquels la diminution de la diversité biologique. Le dernier bilan environnemental publié par le Programme des Nations unies pour l'environnement, dit « GEO3 » pour *Global Environmental Outlook*, met en relief une diminution de la diversité biologique à un rythme sans précédent dans l'histoire de l'humanité (PNUE, 2002). Selon la Liste rouge 2000 des espèces menacées publiée par l'Union internationale pour la conservation de la nature (UICN), la troisième phase d'une crise mondiale majeure de la disparition des espèces s'amorce : on assiste à une augmentation spectaculaire du nombre d'espèces menacées de disparition ces cinq dernières années (une espèce de mammifères sur quatre et une espèce d'oiseaux sur huit seraient concernées), la menace la plus fréquente et la plus importante étant la destruction d'habitats. Les grandes réunions politiques se font l'écho de ces inquiétudes. Récemment, la Déclaration politique adoptée à l'issue du sommet de Johannesburg en 2002 reconnaissait que : « L'environnement mondial demeure fragile. L'appauvrissement de la diversité biologique se poursuit[2] […]. » Force est de constater qu'en dépit d'une activité diplomatique relativement soutenue, la Convention sur la diversité biologique n'a pour l'instant pas produit les résultats escomptés. Récemment entré en vigueur, son premier Protocole, et peut-être son résultat le plus significatif, vise à sécuriser les échanges internationaux d'organismes génétiquement modifiés.

Les fragilités du cadre conventionnel

Le cadre que constitue la Convention sur la diversité biologique, pour ambitieux qu'il soit, n'est pas sans présenter certaines ambiguïtés. L'examen des moyens, après dix ans de fonctionnement, en révèle par ailleurs les faiblesses.

Objet, objectifs : ambitions et ambiguïtés de la Convention

Le caractère à la fois ambitieux et ambigu de la Convention est sensible, tant sur le plan de l'objet que sur celui des objectifs.

2. Déclaration de Johannesburg sur le développement durable, A/CONF.199/L.6/Rev.2, 4 sept. 2002, § 13.

L'objet de la Convention : la « diversité biologique »

Particulièrement ambitieuse, la Convention de Rio est globale à la fois dans son appréhension du sujet et dans son champ d'application. La coopération internationale en la matière est relativement ancienne – fin du XIXe siècle – mais jusqu'alors le droit international n'avait appréhendé la diversité biologique qu'à travers certaines de ses composantes. Les conventions adoptées, bien qu'assez nombreuses, ne s'intéressaient qu'à certaines espèces ou certains groupes d'espèces (oiseaux, baleines, ours blancs, etc.) et/ou à certaines méthodes ou à certains aspects (réglementation de la chasse ou de la pêche, du commerce international, protection des espèces mais pas de leurs habitats ou vice versa, etc.). Certaines ONG, au premier rang desquelles l'UICN, ont joué un rôle important dans cette évolution. La Convention est le résultat d'une longue maturation des idées dans laquelle la *Stratégie mondiale de la conservation*, adoptée dès 1980, a joué un rôle déterminant. De fait, la Convention sur la diversité biologique est la première convention aussi complète dans le traitement du sujet, couvant à la fois les espaces, les espèces, et les relations entre eux, la conservation *in situ* et *ex situ,* les activités de planification, réglementation, recherche, éducation et information, etc., tout en ayant une vocation non pas régionale, mais universelle. Elle marque une étape dans le processus législatif international, censée donner plus de cohérence aux accords sectoriels ou régionaux adoptés jusqu'alors sans qu'aucun lien formel ne soit toutefois établi avec eux.

Ambitieuse, la Convention se veut également moderne car répondant à une éthique « moderne » de la conservation. Que l'on songe simplement au chemin parcouru depuis la Convention de Paris de 1902 sur la protection des oiseaux « utiles à l'agriculture » dont le titre même reflète la conception utilitariste qui a présidé à son adoption. La convention de Rio proclame au contraire, dès son préambule, que les parties contractantes sont « conscientes de la valeur intrinsèque de la diversité biologique et de la valeur de la diversité et de ses éléments constitutifs sur les plans environnemental, génétique, social, économique, scientifique, éducatif, culturel, récréatif et esthétique ». Même si la convention s'inscrit dans une perspective résolument antropocentriste, la « valeur » reconnue à la diversité biologique est ainsi à la fois « intrinsèque » et multiple, et notamment « environnementale ».

La Convention se veut aussi moderne car fondée scientifiquement, parce que s'appuyant sur des méthodes et des concepts scientifiques. L'objet en témoigne : il ne s'agit plus seulement de protéger des espèces ou des espaces, mais la convention s'attache à un concept forgé par les scientifiques, celui de « diversité biologique ». La définition donnée de celle-ci, qui s'attache aux trois niveaux de hiérarchie biologique, est d'ailleurs très souvent citée et constitue une référence[3]. Les méthodes

3. « *Diversité biologique :* Variabilité des organismes vivants de toute origine y compris, entre autres, les écosystèmes terrestres, marins et autres écosystèmes aquatiques et les complexes écologiques dont ils font partie ; cela comprend la diversité au sein des espèces et entre espèces ainsi que celle des écosystèmes » (art. 2).

préconisées reflètent également la volonté d'asseoir la Convention sur le plan scientifique, par la recherche permanente de systématisme et de rationalité, voire le recours à des approches nouvelles telle celle de « précaution[4] ». Le terme « scientifique » lui-même apparaît 24 fois dans le texte de la Convention. Pour autant, celle-ci n'est pas exempte d'ambiguïtés d'abord parce que les concepts sur lesquels elle s'appuie ne sont pas eux-mêmes exempts d'ambiguïtés. Il en est ainsi, et au premier rang, de celui de *diversité biologique,* éminemment complexe et à certains égards fuyant, discuté, et dont ni le contenu ni la réalité qu'il est censé recouvrir ne sont encore clairement appréhendés par les scientifiques eux-mêmes.

Le triple objectif conventionnel : conservation, utilisation durable, partage des avantages

Les objectifs conventionnels eux-mêmes sont ambigus. En passant des catégories plus classiques (nature, faune, flore, espèces, espaces d'intérêt écologique) figurant de longue date dans les discours politiques et juridiques à la *diversité biologique,* souhaite-t-on mieux fonder scientifiquement et donc rendre plus efficaces les politiques conservationnistes ou glisse-t-on discrètement vers un instrument se préoccupant davantage de l'exploitation des ressources biologiques et notamment du matériel génétique ? Aux fins de l'article 1er de la Convention : « Les objectifs de la présente Convention, dont la réalisation sera conforme à ses dispositions pertinentes, sont la conservation de la diversité biologique, l'utilisation durable de ses éléments et le partage juste et équitable des avantages découlant de l'exploitation des ressources génétiques, notamment grâce à un accès satisfaisant aux ressources génétiques et à un transfert approprié des techniques pertinentes, compte tenu de tous les droits sur ces ressources et aux techniques, et grâce à un financement adéquat. » Il n'y a donc pas un, mais trois objectifs conventionnels. Relier la conservation à l'utilisation durable et au partage des avantages n'est pas incohérent en soi. Mais l'objectif de conservation perd alors le caractère central qu'il avait dans un premier projet de texte préparé par l'UICN. La Convention est plutôt le fruit de la rencontre entre les grandes ONG conservationnistes et les groupes d'intérêts dont l'activité économique dépend des ressources génétiques tels les semenciers, les industriels de l'agro-alimentaire et de la pharmacie, ces différents acteurs possédant des visions opposées sur les causes du mal, les moyens d'y remédier et les objectifs à atteindre (Aubertin *et al.*, 1998).

Déjà envisageable en 1992 (Hermitte, 1992) au regard d'un texte exprimant une vision plutôt utilitariste de la biodiversité, un glissement s'est peu à peu opéré et

4. Le préambule note que « lorsqu'il existe une menace de réduction sensible ou de perte de la diversité biologique, l'absence de certitudes scientifiques totales ne doit pas être invoquée comme raison pour différer les mesures qui permettraient d'en éviter le danger ou d'en atténuer les effets » (al. 9). Il s'agit de l'une des premières formulations de l'approche ou du principe de précaution.

aujourd'hui les institutions établies en son sein s'intéressent tout autant, sinon davantage, à l'exploitation des ressources génétiques qu'à la conservation de la biodiversité. Même s'il est sans doute excessif de considérer qu'elle ramène « la biodiversité à une simple question de ressources génétiques dont il s'agit de tirer les bénéfices les plus élevés possible » (Maréchal, 1999), le sujet et la tonalité des débats se déroulant dans l'enceinte de la Convention, tout comme le fait que le premier – et unique à ce jour – protocole à la Convention porte sur la prévention des risques biotechnologiques pour l'environnement et tente notamment de « *sécuriser* » le commerce international des OGM, en fournissent des indices assez sûrs. « Le texte de droit international, qui devrait entériner la création d'un bien collectif mondial et fixer les responsabilités de chacun pour son usage durable, peut se lire comme un texte essentiellement préoccupé de fixer le cadre juridique qui garantira le développement des biotechnologies » (Aubertin *et al.*, 1998). Les institutions conventionnelles s'empêtrent quelque peu dans ces contradictions initiales, non résolues. De plus, le texte, très général, contenant des obligations très atténuées, appelait de nombreuses concrétisations. Mais si la Convention fournit un utile cadre de débats, et participe peu à peu à la création de référentiels mondiaux sur la biodiversité et sa gestion, elle peine à aboutir à des résultats concrets. Il faut dire que, sur le plan des moyens, elle révèle aussi de nombreuses faiblesses.

Moyens : les faiblesses de la Convention

C'est également sur le plan des moyens que la Convention révèle ses faiblesses, aussi bien sur le plan institutionnel ou financier que s'agissant de contrôler sa mise en œuvre, voire d'en sanctionner le non-respect.

Les institutions : foisonnement *versus* cloisonnement

L'espace conventionnel, comme bien d'autres dans le domaine de l'environnement, se caractérise par un relatif foisonnement. La Convention établit, selon un triptyque classique, un organe politique, la Conférence des parties ou COP (art. 23), qui se réunit tous les deux ans, un organe administratif, le secrétariat (art. 24), et un organe expert, l'organe subsidiaire chargé de fournir des avis scientifiques, techniques et technologiques (art. 25). En raison à la fois de l'aspect technique du sujet et de son caractère controversé, l'organe politique et l'organe expert se sont démultipliés en de très nombreux bureaux, groupes d'experts « à composition non limitée », groupes de travail, ateliers et autres si bien que le calendrier des réunions est chargé et que la négociation devient quasi permanente. Ils ont également mis en place un « centre d'échange », mécanisme destiné à promouvoir la coopération scientifique et technique. La Convention est devenue, sur le plan institutionnel, une « grosse machine ». À elle seule, la dernière COP a réuni quelque deux mille participants.

Ce foisonnement institutionnel interne s'accompagne d'un relatif cloisonnement vis-à-vis de l'extérieur. En tant qu'espace normatif et institutionnel, la Convention sur la diversité biologique est *a priori* bien placée pour régir les questions qu'elle traite, car jouissant d'une participation quasi universelle. Mais elle subit la concurrence des autres conventions environnementales, tout comme celle des nombreuses organisations internationales qui se sont saisies de ces questions avant ou depuis son adoption en 1992 (Organisation mondiale du commerce, FAO, Organisation mondiale de la propriété intellectuelle notamment). La multiplicité des forums internationaux où sont débattues ces questions, l'appréhension différente qu'ils en ont, l'insuffisante articulation entre eux, expliquent ainsi pour partie les résultats mitigés obtenus dans la mise en œuvre de la Convention (PNUE, 2002). Le problème se pose aussi avec une acuité toute particulière dans le domaine des forêts, pour lesquelles les travaux conventionnels recoupent largement ceux du Forum des Nations unies sur les forêts[5], ou plus encore de l'accès et du partage des avantages, pour lesquels les initiatives internationales sont multiples[6].

Le financement

En application du principe des « responsabilités communes mais différenciées », les pays développés, en ratifiant la Convention, s'engagent notamment à fournir « des ressources financières nouvelles et additionnelles » aux pays en développement, pour leur permettre de faire face aux surcoûts que représente la mise en œuvre de la Convention (art. 20, § 2). Sans quoi les pays en développement « ne pourront s'acquitter effectivement des obligations qui leur incombent » (art. 20, § 3). Au titre de l'article 21, le Fonds pour l'environnement mondial (FEM) a été désigné comme mécanisme multilatéral de financement de la Convention. Le FEM, principal levier financier des conventions environnementales, s'avère un outil original, empreint de souplesse et pragmatisme dans son fonctionnement (Boisson de Chazournes, 1999)[7]. Mais il ne repose que sur des contributions volontaires et l'absence de contributions obligatoires pénalise la mise en œuvre de la Convention.

5. *Cf. Diversité biologique des forêts*, Rapport de l'atelier de travail d'Accra sur les forêts et la diversité biologique, Accra, Ghana, 28-30 janvier 2002, Note du Secrétaire exécutif, UNEP/CBD/COP/6/INF/7, 4 mars 2002.

6. Rapport de l'atelier d'experts à composition non limitée sur le renforcement des capacités pour l'accès aux ressources génétiques et le partage des avantages, UNEP/CBD/ABS/EW-CB/1/3, 16 décembre 2002.

7. Voir le mémorandum d'accord entre le Conseil du FEM et la COP de la Convention sur la diversité biologique, qui en fait un mécanisme d'application des politiques et critères définis par la COP. De même pour le climat, la Conférence des parties le prie d'appuyer la mise en œuvre du cadre défini pour servir de guide aux activités de renforcement des capacités aux fins de l'application de la Convention. Voir Décision 2/CP.7, Renforcement des capacités dans les pays en développement, (Parties non visées à l'annexe I), Accords de Marrakech, FCCC/CP/2001/13/Add.1, § 5.

Le contrôle de la mise en œuvre et la sanction du non-respect

L'établissement de procédures de contrôle de la mise en œuvre et de sanction en cas de non-respect est une importante condition d'effectivité des conventions multilatérales adoptées dans le domaine de l'environnement (Sand, 1992). Elle l'est d'autant plus lorsque, comme c'est le cas pour la Convention de Rio, les obligations conventionnelles ne sont pas auto-exécutoires en droit national.

De ce point de vue, le texte conventionnel ne contenait aucune innovation particulière. La pratique conventionnelle n'a pas contribué non plus, comme cela peut être observé dans d'autres systèmes conventionnels, au développement de procédures originales et/ou intrusives.

Le contrôle international de la mise en œuvre par les parties de leurs obligations conventionnelles est un contrôle politique. Il repose très largement sur la COP. Ni l'organe expert, ni le secrétariat ne jouent un rôle majeur en la matière. D'essence diplomatique, le contrôle perd nécessairement en objectivité. Les ONG, présentes de plus en plus massivement lors des Conférences des parties, auprès desquelles elles ont obtenu le statut d'observateur, servent toutefois de « caisse de résonance » aux débats qui s'y tiennent.

Sur le plan technique, le contrôle repose presque exclusivement sur le système dit « des rapports » (*reporting system)*. L'article 26 de la Convention dispose que « Selon une périodicité qui sera déterminée par la Conférence des Parties, chaque Partie contractante présente à la Conférence des Parties un rapport sur les dispositions qu'elle a adoptées pour appliquer la présente convention, et la mesure dans laquelle elles ont permis d'assurer la réalisation des objectifs qui y sont énoncés ». La COP a peu à peu précisé le contenu de cette obligation, et le travail se poursuit à cet égard. Cependant, la technique de contrôle reste imparfaite sur le principe dès lors qu'il y a identité entre le contrôleur et le contrôlé. En outre, les États s'acquittent fort mal de cette obligation en pratique, en ne remettant pas leur rapport, ou bien en le faisant avec retard, ou encore en remettant des rapports peu soignés et donc peu utiles[8]. D'autres systèmes conventionnels ont établi, en complément, des procédures d'enquête, voire d'inspection sur place. Mais ce n'est pas le cas de la Convention sur la diversité biologique. Ajoutons que les organes conventionnels sont fort démunis pour réagir aux violations de la Convention qui pourraient être identifiées ; on ne voit guère quels types de sanctions pourraient être mis en œuvre. Il existe certes une possibilité, aux fins de l'article 27, de mettre en cause la responsabilité d'une partie « En cas de différend entre Parties contractantes touchant l'interprétation ou l'application de la présente Convention ». Mais la procédure de règlement des différends instituée est très souple et ne pourrait que très hypothé-

8. Il faut dire que les conventions environnementales recourent presque toutes à cette technique et que sa mise en œuvre nationale devient de plus en plus lourde, en particulier pour les pays en développement.

tiquement déboucher sur un règlement juridictionnel (arbitrage ou Cour internationale de justice). Elle n'a d'ailleurs jamais été utilisée.

Un résultat significatif : le Protocole de Carthagène sur la prévention des risques biotechnologiques

Le premier protocole à la Convention, adopté en janvier 2000, a pour objet la biosécurité, soit l'évaluation, la prévention et la gestion des risques environnementaux et sanitaires associés aux biotechnologies. Le développement rapide de ces dernières dessine en effet de nouvelles fractures au sein de la société internationale, notamment entre pays producteurs et exportateurs de produits biotechnologiques d'un côté et pays importateurs de l'autre. Parmi ces derniers, l'Union européenne, mais aussi le Groupe des 77 – les pays en développement ne disposant bien souvent pas des moyens d'évaluer ou gérer efficacement ces risques – ont particulièrement poussé pour l'adoption d'un instrument international consacré à ces questions. L'objectif était tant d'harmoniser des législations nationales encore disparates, voire inexistantes, que d'organiser la coopération et prévenir, voire résoudre d'éventuels conflits interétatiques. Mais, dans une situation d'« *univers controversé* » (Godard, 1993), où les enjeux financiers sont énormes, de longues négociations ont été nécessaires à sa définition. Au final, le contenu du Protocole, bien que marqué par de multiples compromis, est assez novateur. Mais les perspectives de mise en œuvre sont fragilisées, notamment par la force d'attraction qu'exerce le droit de l'OMC sur ces questions.

Une lente maturation

La technique de la convention-cadre, largement utilisée en droit international de l'environnement, permet de procéder par étapes, en adjoignant au texte d'origine des protocoles additionnels. Cette technique s'est révélée ici particulièrement utile. Car, si dès 1992, *Action 21* prône le développement de la coopération internationale en matière de biosécurité (§ 16.29), la Convention elle-même est assez laconique sur la question[9]. Il faudra sept années supplémentaires pour faire péniblement mûrir un consensus et aboutir à la définition d'un protocole.

Le déroulement des négociations est particulièrement laborieux. Schématiquement, un premier groupe de pays, dit « Groupe de Miami », qui rassemble les

9. *Cf.* son article 8 (g) qui invitait les États à adopter des mesures pour gérer le risque biotechnologique dans ses impacts potentiels sur la conservation de la diversité biologique et la santé humaine. L'article 19 (3) de la Convention évoquait le besoin d'un protocole international sur la question.

principaux pays exportateurs d'OGM[10], considère que les restrictions au commerce des OGM ne sont pas justifiées et relèvent du protectionnisme déguisé. Les États-Unis disposent d'un statut particulier. N'ayant pas ratifié la Convention de Rio, ils ne peuvent prendre part aux débats avec droit de vote. Simple observateur, ils influent pourtant considérablement sur l'issue des négociations, en soutenant très fortement ce Groupe de Miami. Au contraire, l'Union européenne, suivie par les PECO et la plupart des pays en développement[11], défend une position assez protectrice. Un cinquième et dernier groupe, dit « Groupe de compromis », adopte une position intermédiaire[12].

Malgré la prolongation des négociations, la COP extraordinaire organisée à Carthagène en février 1999 ne parvient pas à adopter le Protocole et doit être suspendue. Près d'une année d'intenses discussions, largement informelles, est encore nécessaire pour que le Protocole de Carthagène puisse finalement voir le jour à... Montréal le 29 janvier 2000[13]. Cent trente États l'adoptent alors par consensus. Un comité intergouvernemental *ad hoc* à durée indéterminée pour le Protocole de Carthagène (CIPC) est établi pour préparer l'entrée en vigueur ; il tient trois réunions entre octobre 2001 et avril 2002. Ayant reçu les cinquante ratifications nécessaires, le Protocole entre en vigueur le 11 septembre 2003. La première Réunion des parties s'est tenue en Malaisie en février 2004.

Un contenu novateur

Des difficiles négociations, est sorti un instrument qui paraît dans l'ensemble assez protecteur, conformément aux vœux de l'Union européenne et des pays en développement, même si certains compromis, imprécisions ou lacunes y figurent comme des concessions aux pays du Groupe de Miami.

Le champ d'application

La définition du champ d'application du Protocole figurait parmi les enjeux majeurs des négociations. Certains souhaitaient qu'il ne concerne que les OGM

10. Le Canada, l'Australie, l'Argentine, le Chili et l'Uruguay.

11. L'Union européenne formait un groupe, de même que les PECO. Les pays en développement formaient le « Groupe des pays ayant le même point de vue » comprenant le Groupe des 77 plus la Chine, moins le Chili, l'Uruguay, et l'Argentine.

12. Comprenant le Japon, le Mexique, la Norvège, la Corée du Sud, la Suisse et Singapour.

13. La COP-Ex avait décidé à Carthagène que le Protocole serait dénommé ainsi, sachant qu'il ne serait pas adopté dans cette ville. Outre l'hommage rendu aux négociateurs colombiens, cet artifice permet de distinguer le Protocole sur la biosécurité de celui sur les substances nuisibles pour la couche d'ozone, dit Protocole de Montréal (1987). *Cf.* décision concernant la reprise de la 1re réunion extraordinaire de la Conférence des parties à la Convention sur la diversité biologique, UNEP/CBD/ExCOP/1/3, p. 17.

destinés à être introduits dans l'environnement, comme les semences, seuls susceptibles de menacer l'environnement et la diversité biologique. D'autres envisageaient un champ d'application beaucoup plus vaste, englobant outre les produits agricoles, les OGM utilisés pour la nourriture humaine ou animale, directement ou après transformation, ou encore les OGM utilisés pour la médecine. Une solution intermédiaire a finalement été retenue. Le Protocole n'emploie pas l'expression usuelle d'organisme génétiquement modifié, mais s'attache aux « organismes vivants modifiés » définis comme « tout organisme vivant possédant une combinaison de matériel génétique inédite obtenue par recours à la biotechnologie moderne » (art. 3). Est un organisme « vivant » « Toute entité biologique capable de transférer ou de répliquer du matériel génétique, y compris des organismes stériles, des virus et des viroïdes ». Par « vivant », le Protocole signifie ainsi qu'il ne couvre que les produits biologiquement actifs, comme les semences et les produits agricoles non transformés destinés à l'alimentation humaine ou animale (céréales). Les produits dérivés, tels que l'huile ou la farine, des sauces tomate, des œufs de poules nourries au maïs transgénique, qui ne peuvent se reproduire ou transmettre du matériel génétique, sont donc exclus du champ d'application du Protocole. De même, les OVM pharmaceutiques sont *a priori* hors champ, même si les parties demeurent libres de les soumettre à une évaluation des risques avant d'accepter leur importation.

L'institution d'une procédure d'accord préalable en connaissance de cause

Figurant parmi les principaux apports du Protocole, cette procédure (APCC) contraint l'État exportateur à notifier par écrit l'exportation d'OVM à l'État importateur, non pas à l'occasion de chaque exportation, mais seulement une fois, « avant le premier mouvement transfrontière intentionnel » (art. 7). La notification doit s'accompagner d'un grand nombre d'informations, dont le contenu minimum est spécifié à l'Annexe I. Le pays importateur doit en effet établir ses décisions sur la base d'une évaluation des risques reposant sur des critères environnementaux et de santé publique. Le Protocole pose ici des obligations procédurales précises. Il fournit par là un outil précieux pour l'harmonisation des procédures d'évaluation scientifique. Élément notable, l'évaluation repose à la fois sur l'importateur et l'exportateur. Le pays importateur peut exiger de l'exportateur la réalisation d'une analyse des risques et même que le coût de cette évaluation soit pris en charge par l'exportateur (art. 15). Le Protocole opère ici, par rapport aux procédures traditionnelles, un certain renversement. L'État importateur peut refuser l'importation, l'autoriser, la conditionner, ou encore demander des renseignements supplémentaires, voire prolonger le délai de réflexion. Son consentement écrit est nécessaire. Le Protocole prévoit aussi la possibilité de suspendre l'importation si un risque apparaît. La précision possède son importance dès lors que la procédure APCC ne vaut que pour le premier mouvement d'un OVM.

La procédure APCC, particulièrement lourde et contraignante, s'applique aux OVM agricoles destinés à être introduits directement dans l'environnement (semences, poissons vivants). En revanche, en sont exclus les produits pharmaceutiques, les OVM en transit ou destinés à être utilisés en milieu confiné ou encore les OVM que la Conférence des parties aura définis comme « peu susceptibles d'avoir des effets défavorables sur la conservation et l'utilisation durable de la diversité biologique, compte tenu également des risques pour la santé humaine » (art. 7). De manière plus significative encore, les OVM destinés directement à l'alimentation humaine ou animale ou à la transformation se verront appliquer une procédure beaucoup plus souple définie à l'article 11. Ainsi, par exemple, les céréales destinées à être consommées ne bénéficieront pas de la procédure APCC. Le Groupe de Miami et les États-Unis ont obtenu gain de cause sur ce point. Pour ces produits, le Protocole institutionnalise et généralise un échange d'information entre les parties reposant sur le « Centre d'échange pour la prévention des risques biotechnologiques », établi par le Protocole et fonctionnant sous l'égide de son secrétariat. Le Protocole s'avère ici particulièrement flou et difficile à mettre en œuvre, d'autant que la géométrie variable des obligations comporte des risques de fraude.

La reconnaissance du principe de précaution

Le contenu et la portée du principe de précaution ont fait l'objet d'âpres débats, témoignant que ce principe que certains considèrent comme coutumier n'est pas des plus consensuels. Le Protocole s'inscrit indiscutablement dans une approche de précaution, mais encore fallait-il déterminer si le principe de précaution devait figurer en tant que tel dans son texte – et, si oui, dans son préambule ou dans le corps – et la portée à lui conférer. Ces questions sont demeurées conflictuelles quasiment jusqu'à la fin des négociations. La référence – somme toute assez neutre – au principe 15 de la Déclaration de Rio sur l'environnement et le développement a été assez facilement acceptée par le Groupe de Miami. Elle figure ainsi à la fois dans le préambule et à l'article 1er du Protocole. En revanche, le Groupe de Miami a eu beaucoup plus de mal à accepter l'inscription du principe de précaution aux articles 9 et 10, c'est-à-dire comme un élément à invoquer pour refuser l'importation d'OVM agricoles ou destinés directement à l'alimentation ou la transformation. Le principe acquiert en effet par là un contenu opérationnel, conformément aux vœux des Européens.

L'étiquetage

La question de l'étiquetage n'en était pas moins épineuse et a d'ailleurs failli faire échouer les négociations à Montréal. Le Groupe de Miami s'est battu jusqu'au bout pour éviter la séparation entre OVM et non-OVM et l'étiquetage clair des deux filières, alors que l'Union européenne maintenait fermement la position inverse. En se fondant autant sur la nécessaire liberté de choix des consommateurs que sur des exigences de sécurité sanitaire et environnementale, les pays européens ont en effet fait leur cheval de bataille de l'étiquetage des OGM, non seulement des bactéries, animaux ou plantes génétiquement modifiés, mais aussi des produits agricoles ou alimentaires. Le droit communautaire, plutôt complexe et même confus en la matière, pose d'ores et déjà des obligations d'étiquetage pour les produits alimentaires, les additifs et les arômes et doit être prochainement complété concernant les semences et les produits destinés à la consommation animale. La traçabilité, qui permet de limiter des contrôles, par nature difficiles et coûteux, repose sur l'organisation de filières séparées. Elle ne peut toutefois être mise en œuvre si l'étiquetage ne constitue pas une obligation internationale. De récentes contaminations accidentelles l'ont particulièrement mis en lumière. L'Union européenne avait donc tout intérêt à ce que le Protocole pose des obligations claires en la matière.

Finalement, en forme de compromis, le protocole est ici aussi à géométrie variable. Les OVM destinés à être utilisés directement pour l'alimentation humaine ou animale ou à être transformés doivent être étiquetés « peuvent contenir des OVM ». La formule laisse bien sûr la possibilité de donner plus d'informations, mais le Protocole ne contient aucune obligation de préciser la nature des produits, ni d'en garantir la présence ou non. La difficulté a, là aussi, été repoussée : le Protocole laisse deux années à la Réunion des parties après l'entrée en vigueur du Protocole pour décider ultérieurement d'exigences plus spécifiques et détaillées pour l'identification des OVM (art. 18). La première Réunion des parties a mis en évidence de nombreux blocages en la matière, que l'on retrouve également dans d'autres espaces de négociation, comme la Commission du *Codex alimentarius*, chargée de l'élaboration des normes techniques internationales dans le domaine de la sécurité alimentaire. Le Protocole est un peu plus précis pour les OVM destinés à une utilisation en milieu confiné, qui doivent être clairement identifiés ; les règles de sécurité à observer pour le transport, le stockage et l'utilisation doivent aussi être précisées. Enfin, des obligations relativement lourdes sont définies pour les OVM destinés à être introduits intentionnellement dans l'environnement, comme les semences.

La prise en compte des besoins des pays en développement

Le principe des « responsabilités communes mais différenciées » n'a pas été repris par le Protocole, en dépit de la volonté des pays en développement. Ces États, qui s'inquiètent des conséquences économiques et sociales du développement des biotechnologies, ont tout de même obtenu que le texte reconnaisse que les États peuvent tenir compte de considérations socio-économiques lorsqu'ils prennent des décisions dans le cadre du Protocole (art. 26). Beaucoup d'entre eux n'ont pas les moyens de gérer la biosécurité. Le développement de leurs « capacités » – selon le jargon onusien – aussi bien techniques que scientifiques ou juridiques sera une condition importante pour une mise en œuvre effective du Protocole. Ce dernier devait prolonger ici l'article 19 de la Convention sur la diversité biologique, relatif au « partage des avantages » tirés de la biotechnologie. Plutôt décevant de ce point de vue, son contenu est sans doute trop timide et général au regard des enjeux.

Une mise en œuvre incertaine

De nombreux points déjà évoqués appellent une concrétisation par la Réunion des parties. Au rang des incertitudes, figurent aussi la question des procédures de contrôle et de sanction du non-respect et celle des relations entre le Protocole et le droit de l'OMC.

Contrôle de la mise en œuvre et règlement des différends

Dans son article 29, le Protocole est assez laconique sur ce point. Lors de sa première réunion, la Réunion des parties a adopté des procédures de « non-conformité » – nommées *Procédures et mécanismes de respect des obligations* – organisant le contrôle de la mise en œuvre. Mais elles demeurent très limitées. Le contrôle de type *peer-review* revêt un caractère très politique, marginalisant le secrétariat et les ONG. Les procédures sont en outre peu précises quant à d'éventuelles sanctions qui iraient au-delà de l'effet *name and shame.*

L'article 34 du Protocole, en semblant établir un pont avec le mécanisme de règlement des différends de la Convention de Rio, ouvre en complément la porte à des mises en cause de la responsabilité des États, sous une forme plus classique. Celles-ci peuvent d'ailleurs être plus adaptées, dans certaines circonstances, par exemple lorsque les différends sont très « bilatéralisés ». Le mécanisme de la Convention de Rio n'est toutefois – rappelons-le – pas très contraignant.

Enfin, la mise en place d'un régime particulier de responsabilité et de réparation des opérateurs privés est également envisagée, mais sa forme – instrument contraignant ou simples lignes directrices ? – et plus encore son contenu restent largement à déterminer[14].

14. *Cf.* Rapport de l'atelier sur la responsabilité et la réparation aux termes du Protocole de Carthagène sur la prévention des risques biotechnologiques, UNEP/CBD/BS/WS-L&R/1/3, 14 décembre 2002.

Le Protocole et le droit de l'OMC

Parce qu'il est situé au carrefour du droit international de l'environnement et du droit du commerce international, le Protocole conduit inévitablement à s'interroger sur ses relations avec les accords de l'OMC. La problématique n'est pas nouvelle, car d'autres accords environnementaux multilatéraux (AEM) prévoient des restrictions aux échanges à titre principal ou subsidiaire. Le Comité du commerce et de l'environnement de l'OMC, créé en 1994 à l'issue de la Conférence de Marrakech, s'est intéressé de près à la question de leur licéité au regard des règles de l'OMC. Mais contrairement à des AEM plus anciens, le Protocole de Carthagène a été adopté six années après l'entrée en vigueur des accords de Marrakech. Le droit de l'OMC et les premières « jurisprudences » rendues dans des affaires intéressant la santé ou l'environnement par les groupes spéciaux, voire l'Organe d'appel, étaient donc en toile de fond des négociations.

La question a empoisonné les négociations jusqu'à la toute dernière minute. Au final, les pays exportateurs d'OGM ne sont pas parvenus à faire admettre la subordination du Protocole aux règles du commerce international, pas plus que les autres pays n'ont réussi à y faire figurer sa supériorité vis-à-vis des règles du commerce international. De ce fait, le contenu du Protocole est relativement ambigu. En refusant d'établir une hiérarchie entre les deux systèmes juridiques, il laisse non résolues les difficultés pratiques les plus aiguës que pourrait causer leur coexistence. Leur issue devant un groupe spécial de l'OMC demeure donc incertaine. La question est d'autant plus importante qu'en raison de la supériorité des mécanismes de règlement des différends de l'OMC sur ceux du Protocole – à la différence de celles du Protocole, les procédures de l'OMC peuvent être déclenchées unilatéralement et aboutissent, dans des délais relativement brefs, à une décision obligatoire – la plupart des conflits risquent d'être réglés à l'OMC. Or, pour utiles et effectives qu'elles soient, les procédures OMC n'en présentent pas moins l'inconvénient d'appliquer prioritairement le droit de l'OMC[15]. Le différend engagé par les États-Unis contre l'Union européenne possède, de ce point de vue, valeur de test. Si la procédure n'est pas interrompue avant terme, la décision du Groupe spécial, voire de l'Organe d'appel, permettra peut-être de clarifier un contexte juridique complexe[16].

---

15. Même si l'Organe d'appel a considéré qu'il ne fallait pas lire les accords de l'OMC en les « isolant cliniquement » du droit international public (*États-Unis – Normes concernant l'essence ancienne et nouvelle formule*, rapport de l'Organe d'appel, WT/DS2/AB/R, 29 avril 1996, p. 19) ou encore, dans l'affaire *Crevettes*, interprété le GATT à la lumière du droit international de l'environnement (*États-Unis – Prohibition à l'importation de certaines crevettes et de certains produits à base de crevettes*, WT/DS58/AB/R, §§ 125 et ss.).

16. Dans l'affaire *Communautés européennes – Mesures affectant l'approbation et la commercialisation des produits biotechnologiques*, une demande d'établissement d'un groupe spécial a été présentée par les États-Unis (DS291), suivis par le Canada (DS292) et l'Argentine (DS293). Un Groupe spécial a été établi le 29 août 2003.

Conclusion

Le Protocole sur la biosécurité constitue, en dépit de ses imperfections et même si sa mise en œuvre est encore entachée d'incertitudes, une indiscutable réussite. Pour le reste, les travaux conventionnels vont dans de multiples directions. En dépit de récents recentrages, l'impression dominante est celle d'une dispersion des énergies, qui ne peut que freiner la mise en œuvre d'un instrument dont les ambiguïtés et faiblesses ont été rappelées. Le blocage est évident dès lors qu'il s'agit de sortir du « ronronnement » pour définir, dans des secteurs déterminés, des moyens d'action concrets, assortis de financements et encadrés par des échéances précises. Cela ressort tout particulièrement de la dernière COP, dont les débats ont été très conflictuels en particulier sur les questions des forêts, de l'accès aux ressources génétiques et des espèces envahissantes[17]. La Déclaration ministérielle dite « de La Haye » adoptée à cette occasion reconnaît la nécessité d'« établir des objectifs et des calendriers clairs […] et de mettre en place des mécanismes pour atteindre ces objectifs et faire le bilan des progrès faits en matière de mise en œuvre des programmes de travail de la Convention » et contient l'engagement de *« passer du dialogue à l'action concrète »*. Les parties y admettent que « En dehors de quelques exceptions honorables, nos réactions sont peu nombreuses, insuffisantes, et tardives » et y réaffirment « l'engagement consistant à mettre en place des instruments pour freiner et inverser l'appauvrissement alarmant actuel aux niveaux régional, sous-régional et international d'ici 2010[18] ». Si la prise de conscience est réelle, le cadre conventionnel est sans doute, en l'état, trop fragile et trop isolé pour que cet engagement puisse se concrétiser dans un avenir aussi proche.

Sandrine Maljean-Dubois

Bibliographie

Aubertin, C., Boisvert, V. & Vivien, F.-D., 1998, « La construction sociale de la question de la biodiversité », *Natures, Sciences, Sociétés*, vol. 6, p. 7-19.

Boisson de Chazournes, L., 1999, « The global environment facility galaxy : on linkages among institutions », *Max Planck Yearbook of United Nations Law*, vol. 3, p. 243 ss.

17. *Earth Negociations Bulletin,* Sixth Meeting of the Conference of the Parties to the Convention on Biological Diversity, 7-19 april 2002, COP-6 final, vol. 9, n° 239 <http://www.iisd.ca/linkages/biodiv/cop6/>.

18. Déclaration ministérielle de La Haye adoptée à l'occasion de la Sixième Conférence des parties à la Convention sur la diversité biologique, UNEP/CBD/COP/6/20, p. 365.

DE KLEMM, C., 1980, « La protection des zones d'intérêt écologique », *in* M. Bothe (éd.), *Tendances actuelles de la politique et du droit de l'environnement*, Erich Schmidt Verlag, Berlin, p. 169-197.

—, 1994, « Des "Red Data Books" à la diversité biologique », in *A Law for the environnement, Mélanges en l'honneur de W.E. Burhenne*, UICN, Gland, p. 173-179.

DOUMBE-BILLE, S., 1997, « L'apport du droit international à la protection de la nature : la convention des Nations Unies sur la conservation de la diversité biologique », in *Vingt ans de protection de la nature. Hommage au professeur Michel Despax*, Société française pour le droit de l'environnement, PULIM, Limoges, p. 179-199.

DOUMBE-BILLE, S., KISS, A., 1992, « La Conférence des Nations unies sur l'environnement et le développement », *Annuaire français de droit international*, p. 823-843.

GODARD, O., 1993, « Stratégies industrielles et conventions d'environnement : de l'univers stabilisé aux univers controversés », *Environnement, Économie, INSEE* méthodes, n°s 39-40, p. 145-174.

HERMITTE, M.-A., 1992, « La convention sur la diversité biologique », *Annuaire français de droit international*, p. 844-870.

LE PRESTRE, Ph., 2002, « Studying the Effectiveness of the CBD », *in* Le Prestre Ph. (ed.), *Governing Global Biodiversity, The Evolution and Implementation of the Convention on Biological Diversity*, Ashgate, p. 57-90.

MARÉCHAL, J.P., 1999, « Quand la biodiversité est assimilée à une marchandise », *Le Monde diplomatique*, juillet, p. 6-7.

NOIVILLE, C., 1997, *Ressources génétiques et droit*, Pedone, Paris, 481 p.

—, 2002, « La mise en œuvre de la Convention de Rio sur la conservation de la diversité biologique et ses relations avec l'accord de l'OMC sur les ADPIC. Analyse juridique de l'outil économique », *in* Maljean-Dubois S. (dir.), *L'Outil économique en droit international et européen de l'environnement*, La Documentation française, p. 281-303.

PROGRAMME DES NATIONS UNIES POUR L'ENVIRONNEMENT, 2002, *GEO 3 – L'avenir de l'environnement mondia*l, De Boeck.

SAND, P.H., 1992, *The Effectiveness of International Environmental Agreement : a Survey of Existing Legal Instruments*, Grotius pub., Cambridge, 539 p.

UNION INTERNATIONALE POUR LA CONSERVATION DE LA NATURE ET DE SES RESSOURCES, 2000, *2000 IUCN Red List of Threatened Species*, C. Hilton-Taylor, IUCN, Thanet Press Ltd.

Négociations autour de la biodiversité : la mise en œuvre de Natura 2000 en France[1]

Adoptée en 1992[2] par la Communauté économique européenne, la directive Habitats Faune Flore marque un tournant dans les politiques de la nature conduites jusqu'alors en France. En cherchant à promouvoir la conservation de la biodiversité sur l'ensemble du territoire européen, la directive Habitats (DH) renouvelle les approches antérieures à la fois dans les objectifs et les modalités de leur application. La préservation de la diversité biologique est inspirée d'une problématique scientifique qui met l'accent sur l'hétérogénéité des espaces et des populations naturelles et sur le caractère dynamique de leur évolution. Il ne s'agit plus seulement, en effet, de préserver les espèces ou les espaces qualifiés de remarquables, mais de prendre en compte la diversité du vivant, à travers une sélection d'espèces et d'habitats naturels reconnus comme étant d'importance communautaire. L'intégration des différents niveaux du vivant implique de rompre avec la logique de sanctuaires et de raisonner à l'échelle de territoires plus vastes, prenant en compte les espaces cultivés. Les activités humaines n'étant plus considérées comme une entrave à la biodiversité mais comme une condition de sa production. En bref, la DH implique de traduire les connaissances scientifiques en actions de gestion de la nature.

Ces nouvelles perspectives marquent un changement significatif dans les rapports sociétés/nature. Désormais, cette dernière n'est plus seulement l'affaire de spécialistes (scientifiques, naturalistes, gestionnaires publics) qui interviennent sur quelques espaces réservés, mais relève aussi d'autres catégories d'acteurs impliqués dans la gestion des territoires quels que soient leurs usages. Concilier les objectifs scientifiques et les préoccupations économiques, sociales et culturelles, telle est

1. Ce chapitre est issu d'une réflexion collective menée depuis 1997, qui a donné lieu à un premier rapport (Rémy [coord.], 1999), suivi d'un second, publié par le Groupe de recherches sur Natura 2000 (GRENAT) (Pinton, [coord.], 2003).

2. Le 7 février 1992, la CEE devient l'Union européenne.

l'ambition affichée de la directive Habitats. Son application a toutefois donné lieu à de vives controverses car elle apparaissait à certains comme un facteur de déstabilisation des pratiques et des usages des territoires ruraux. De plus, ces controverses ont suscité une remise en cause du monopole de l'expertise scientifique sur les objets de nature.

Dans une première partie, nous mettrons l'accent sur les controverses qui ont émaillé la phase de réalisation des inventaires. Elles ont d'abord concerné la communauté scientifique pour s'étendre ensuite, après la parution des premiers inventaires, aux usagers et aux gestionnaires de l'espace rural. La négociation de ces inventaires constituera l'objet de notre deuxième partie. L'importance du mouvement de contestation a, en effet, conduit le ministère de l'Aménagement du territoire et de l'environnement (MATE) à mettre en place des procédures de concertation avec l'ensemble des partenaires concernés. L'observation de ces modes d'action collective a révélé que la conservation de la nature ne relevait pas seulement de la légitimité scientifique, mais intégrait d'autres formes de légitimité revendiquées par les gestionnaires de l'espace rural. Enfin, dans une troisième partie, nous présenterons des éléments d'analyse issus de notre travail sur les processus d'élaboration des documents d'objectifs (DOCOB) qui marquent la phase actuelle de mise en œuvre de la directive Habitats.

CONTROVERSES SCIENTIFIQUES ET SOCIALES

La directive Habitats constitue, à ce jour, la principale disposition adoptée par l'Union européenne en faveur de la biodiversité. Cette mesure répond également à un souci d'harmoniser les politiques de la nature à l'échelle européenne. Autrement dit, de proposer un cadre commun d'un point de vue à la fois administratif et scientifique pour aboutir à la création d'un réseau écologique européen, Natura 2000, présentant une certaine cohérence à l'échelle des régions biogéographiques[3]. Si la Commission s'est attachée à rationaliser les politiques de la nature en Europe, en définissant un cadre général, ainsi que des listes d'espèces et d'habitats reconnus d'importance communautaire, elle a laissé néanmoins le soin aux États membres d'inventorier ces habitats et ces espèces sur leur propre territoire, et de proposer les mesures de gestion appropriées à leur sauvegarde. En France, le dispositif adopté en 1993 par la Direction de la nature et des paysages (DNP) du ministère de l'Aménagement du territoire et de l'environnement (MATE) a privilégié une démarche fondée sur la science, en confiant le travail de délimitation des sites aux scientifiques. L'identification des périmètres a été réalisée dans les régions par les conseils

3. Du point de vue des habitats et des espèces, l'Europe est divisée en six régions biogéographiques : alpine, atlantique, boréale, continentale, méditerranéenne, macaronésienne.

scientifiques régionaux du patrimoine naturel (CSRPN), le Muséum national d'histoire naturelle (MNHN) assurant la coordination nationale des opérations. Notre travail, centré sur la réalisation des inventaires en région, a permis de cerner la composition et les particularités des CSRPN. Ces comités nous sont apparus comme étant relativement hétérogènes du point de vue des personnes mandatées au titre d'expert naturaliste. Des universitaires aux membres d'associations de protection de la nature, en passant par des naturalistes amateurs ou encore des gestionnaires d'espaces protégés, la catégorie désignée sous le vocable de scientifiques recouvre des réalités disparates. Ces mêmes acteurs étant par ailleurs souvent dotés de plusieurs « casquettes ». L'appartenance à divers comités et la proximité de certains universitaires avec le mouvement associatif génèrent parfois une certaine confusion dès lors qu'il n'est pas possible de distinguer au nom de qui ou de quoi s'expriment ces experts. Cette diversité de profils, combinée à la grande variété des spécialités et des disciplines représentées (phytosociologie, écologie du paysage, biologie de la conservation, écologie des populations, etc.), a permis de mettre en lumière l'absence de culture commune au sein de la communauté scientifique. Et, plus largement, de révéler que la conservation de la biodiversité, comme beaucoup d'autres champs scientifiques, est parsemée d'incertitudes et de controverses. Controverses qui portent à la fois sur l'interprétation du texte même de la directive et sur les références sur lesquelles il s'appuie. L'un des points de cristallisation de ces divergences étant les listes d'habitats et d'espèces qui figurent dans les annexes.

Les habitats de la directive ont été recensés à partir de la typologie européenne « CORINE Biotopes » élaborée à l'initiative du Conseil de l'Europe dans le but de fournir un langage commun pour la description des habitats présents dans l'ensemble des régions biogéographiques. Si cette typologie est inspirée de la classification phytosociologique anglaise, elle ne fait cependant pas l'unanimité au sein de la communauté scientifique. Différentes écoles existent au sein de la phytosociologie et cette discipline a vu son statut fortement remis en cause avec le développement de l'écologie fonctionnelle au début des années 1970. Mais par-delà les clivages disciplinaires, la composition des listes d'habitats suscite de nombreuses interrogations parmi les scientifiques. « Le choix des habitats, c'est un grand mystère », fait remarquer l'un des responsables chargés de la coordination des inventaires au MNHN. Certains milieux sont absents des listes alors que d'autres sont sur-représentés ; c'est le cas en particulier des zones humides. On peut faire un constat analogue à propos des listes d'espèces qui s'apparentent à une sorte d'inventaire à la Prévert où certaines espèces phares, comme l'ours, le lynx, en côtoient d'autres plus communes, voire très ordinaires. La composition de ces listes revêt un manque de cohérence aux yeux des scientifiques. Les critères habituellement mis en avant, comme la rareté ou la menace qui pèse sur certaines d'entre elles, n'apparaissent pas déterminants dans le choix de l'une ou l'autre de ces espèces. La sélection des habitats et des espèces a-t-elle été effectuée en référence à des valeurs patrimoniales dont la définition s'avère souvent floue ou à partir du rôle fondamental que ceux-ci sont censés exercer dans le maintien de la biodiversité ?

Plus fondamentalement, le fait de raisonner la conservation de la biodiversité à partir de listes d'espèces et d'habitats laisse sceptiques un certain nombre de scientifiques – et, parmi eux, les représentants de l'écologie fonctionnelle – pour lesquels cette démarche renvoie à une conception classique de la protection de la nature qui met l'accent sur une sélection d'espèces et d'habitats au détriment de la variété du vivant. Comment, en effet, prétendre lutter contre l'érosion de la biodiversité en réduisant cette diversité à une liste de 222 habitats et 632 espèces ? Selon certains scientifiques, opérer une telle sélection, c'est non seulement établir une hiérarchie au sein des espèces et des habitats mais, plus encore, aller à l'encontre des objectifs affichés de la directive de vouloir conserver la diversité biologique.

Le caractère controversé de ces listes trouve son origine dans le processus même de leur élaboration. Celles-ci sont, en effet, le résultat de négociations et d'arbitrages intervenus à un moment donné entre scientifiques et politiques au sein de la Commission européenne. La composition de ces listes reflète en partie l'état des rapports de force entre les différents protagonistes et, en particulier, la capacité des scientifiques des différents États membres à se faire représenter lors des négociations. La forte mobilisation des pays du nord de l'Europe – à la différence de la France qui n'a pas su ou pas pu se donner les moyens d'envoyer un nombre suffisant d'experts auprès de la Commission – leur a permis d'infléchir le contenu des listes. C'est ainsi que certaines espèces menacées, absentes des pays anglo-saxons, n'ont pas été classées comme étant prioritaires[4]. À l'inverse, des habitats courants en France, mais rares dans les pays du Nord, ont été inventoriés comme la hêtraie à luzule.

L'absence de consensus entre scientifiques à propos de quelques notions clefs de la directive telles que « habitats », « sites », « corridors écologiques », « état de conservation favorable », s'est également avérée problématique, en particulier pour les acteurs de terrain impliqués dans la délimitation des périmètres. Si le texte de la directive s'attache à proposer un certain nombre de définitions relatives à ces concepts, celles-ci demeurent souvent floues et font l'objet d'interprétations variées de la part des scientifiques se réclamant de différents courants de l'écologie. « Les naturalistes, les phyto-sociologues, les forestiers, ont chacun une définition de l'habitat qui leur est propre. Un naturaliste vous dira que 80 % de la Sologne sont composés d'habitats forestiers [au sens de la directive]. Pour le forestier, ils ne représentent que 1 % », fait remarquer un gestionnaire d'espace protégé. Un tel écart peut s'expliquer par le décalage observé entre l'habitat-type répertorié dans les listes et ses différentes variantes présentes sur le terrain. Selon que l'on se réfère à l'habitat-type au sens strict ou que l'on prend en compte les variantes, les mosaïques d'habitats, les superficies inventoriées peuvent varier dans des proportions importantes. À travers cet exemple, on mesure les incidences engendrées par l'imprécision de cette notion sur le travail de délimitation des périmètres, compte tenu de la marge d'interprétation offerte. L'absence de définition consensuelle a, en

4. Parmi les espèces communautaires, certaines sont jugées prioritaires et d'autres pas.

outre, été à l'origine de tensions, voire de rapports de force entre experts ; certains cherchant à imposer leur propre conception de l'habitat.

Des débats semblables ont eu lieu à propos de la notion de « site ». Au sein des CSRPN, des discussions parfois très vives se sont déroulées entre scientifiques ; les uns préconisant de raisonner sur la base de petits espaces relativement éclatés intégrant l'habitat ou l'espèce considéré, tandis que les autres se montraient d'ardents défenseurs d'une conception plus large du site fondée sur la notion de complexes écologiques, considérant que la gestion des habitats et des espèces doit être envisagée à l'échelle de l'unité écologique fonctionnelle.

La réalisation des inventaires dans l'Hexagone s'est heurtée, en outre, au manque de capacité d'expertise dans les disciplines naturalistes concernées. La phytosociologie, sur laquelle s'appuie la réalisation des inventaires, est une discipline en net recul depuis les années 70. Cette science descriptive focalisée sur les « équilibres de la nature » a été fortement critiquée par les tenants d'une écologie fonctionnelle fondée sur une approche dynamique des milieux naturels et dont l'ambition ne se limite plus à observer la nature mais à la gérer. Ce déficit de compétences observé dans certaines régions dans le domaine de la phytosociologie, combiné à l'insuffisance des connaissances disponibles pour mener à bien le travail d'inventaire exigé par la Commission, a placé la communauté scientifique en position délicate. Contraints d'intervenir en dépit de toutes ces lacunes, les scientifiques du Muséum ont dû procéder à l'amalgame de données disparates issues d'inventaires déjà anciens, en particulier les ZNIEFF[5], de réseaux d'experts et d'amateurs, de recherches bibliographiques et, plus rarement, de travaux d'exploration sur le terrain. Les conditions d'élaboration de ces savoirs, cumulées au manque de temps et de moyens disponibles pour parfaire ces connaissances, n'ont fait que renforcer la suspicion sur la validité des inventaires tant au sein du monde des naturalistes que parmi les opposants déclarés à la directive Habitats.

Avec la parution, en 1996, des inventaires qui légitiment scientifiquement la désignation de plus de 13 % du territoire français en zone Natura 2000, les débats et les controverses débordent le cercle des scientifiques pour s'étendre aux principaux usagers et gestionnaires de l'espace rural. L'étendue des superficies concernées déclenche, en effet, un vaste mouvement d'hostilité de la part des forestiers privés, d'une partie des agriculteurs, des chasseurs et des représentants de la propriété privée réunis au sein du « Groupe des 9 ». Ceux-ci s'estiment mis devant le fait accompli. La démarche utilisée n'est pas, il est vrai, sans rappeler celle des ZNIEFF qui avait suscité de vives polémiques. Les scientifiques s'étaient vus alors reprocher d'avoir procédé à des inventaires en catimini, sans avoir jugé bon d'informer les propriétaires de la portée et des conséquences d'une telle démarche.

Sans entrer dans les détails[6], on soulignera toutefois que les critiques des principaux gestionnaires de l'espace rural ont porté sur deux points essentiels : leur

5. Zones naturelles d'intérêt écologique, faunistique et floristique, créées en 1980.
6. Pour une analyse plus approfondie, se reporter à Alphandéry et Fortier, 2001.

mise à l'écart des inventaires et le manque de fiabilité du travail effectué, qui résulte à la fois des sources mobilisées et des compétences parfois jugées insuffisantes des personnes mandatées pour procéder à ces inventaires. Comme le rappelait un détracteur de Natura 2000 lors d'un colloque qui s'est tenu à Nantes en mars 2002, et qui rassemblait les principaux opposants à la directive Habitats : « Si vous voulez comprendre quelle est la destinée de votre site, il faut vous intéresser à cette question scientifique et surtout ne pas la laisser aux soins uniques d'autres organismes ou associations. Votre combat commence ici. Soyez très vigilants. Il ne faut pas s'abstenir d'un esprit critique sur cet "inventaire scientifique" qui, bien souvent, ne répond pas aux règles de l'Art » (G. Dupeyron, p. 12). Au-delà de la validité scientifique des inventaires qui révèle l'étendue des lacunes à combler et reflète l'absence de temps et de moyens nécessaires pour parfaire ces connaissances, se pose la question de savoir qui dispose d'une légitimité en matière de recension naturaliste. Ce débat n'est pas sans rappeler la question soulevée par J. Blondel : « Par qui et pour qui ces choix doivent-ils être formulés ? La question est redoutable car on attend beaucoup de la communauté scientifique et technique mais celle-ci n'a ni le monopole du savoir ni celui de l'action, ne représentant qu'une fraction de la diversité des perceptions sociales de la diversité biologique. »

En définitive, les acteurs socioprofessionnels ont fait preuve d'une certaine capacité de mobilisation qui a abouti au gel de la directive, puis à une révision de la procédure dans le sens d'une concertation accrue.

Négociations et controverses autour des inventaires : le découpage des sites

Comment les négociations et les controverses ont-elles modifié l'inventaire de la biodiversité opéré dans le cadre de la DH ? Il est difficile de rapporter de manière exhaustive, dans le cadre de ce texte, l'ensemble des opérations qui, des informations initiales fournies par l'inventaire des ZNIEFF aux ultimes négociations portant sur le découpage de chaque site, ont permis de constituer la trame française du réseau Natura 2000[7]. Pour donner une matérialité spatiale à la notion très controversée d'habitat naturel, il aura fallu une suite d'événements mettant en présence des listes, des inventaires, des acteurs, des institutions et des normes, produisant des controverses, des négociations, des accords, de nouvelles connaissances et des

7. Au moment où nous écrivons (septembre 2003), le dessin de cette trame n'est toujours pas achevé. Il est en effet susceptible d'évoluer tant à travers les interventions européennes (par le biais des commissions biogéographiques et des pressions de la Commission pour inciter la France à développer son réseau de ZPS issues de la directive Oiseaux) qu'à travers les négociations locales menées dans les sites dont les documents d'objectifs ne sont pas encore élaborés.

découpages territoriaux. Ces opérations se seront traduites par des allers-retours entre les institutions locale, régionale, nationale et européenne. On se limitera ici à donner quelques aperçus significatifs de ce travail de calibrage et de compromis mettant en jeu la science, le politique et le social qui s'est avéré nécessaire pour traduire des données écologiques lacunaires en action territoriale négociée.

Une première transformation de l'inventaire a été opérée par le ministère de l'Environnement à partir des données validées par le Service du patrimoine naturel (SPN) du Muséum. Le SPN avait, en effet, décidé de hiérarchiser les sites qui lui paraissaient correspondre aux critères de la DH (plus de 1600) en fonction d'une série d'éléments qualifiant leur importance au regard de la conservation de la biodiversité (en particulier, la fréquence de l'habitat dans la région concernée). Mais, confronté aux réactions hostiles à la directive, le ministère de l'Environnement a cherché un compromis en modifiant le contenu de cet inventaire : il a choisi d'en extraire les sites « les moins importants », même s'ils correspondaient aux critères mis en avant par la DH.

Comme on l'a vu, ces modifications n'ont pas suffi à apaiser les opposants. La fin du gel de l'application de la DH et la reprise de sa mise en œuvre, au début de 1997, ont marqué une nouvelle phase de négociation[8]. Le gouvernement a créé de multiples instances de concertation locales et nationales avec les acteurs concernés par la DH et il s'est engagé à ne présenter à Bruxelles que des zones recueillant un large consensus local. Il fallait en effet achever le travail d'inventaire des sites retenus tout en négociant son usage avec les acteurs concernés. La pression des protestataires, conjuguée aux difficultés d'ordre scientifique et administratif, a eu pour effet de modifier le dispositif prévu initialement par le ministère de l'Environnement. Limités dans un premier temps à l'examen des mesures de gestion, les acteurs non scientifiques des espaces concernés sont désormais ouvertement admis à se prononcer sur le choix des sites et des périmètres.

Voyons rapidement, dans deux régions, comment se sont traduites ces négociations.

La Bourgogne[9] se caractérise par l'attitude « réaliste » de la Direction régionale de l'Environnement (Diren) qui a choisi dès le départ de minimiser la surface des sites proposés, pour les rendre socialement acceptables, en ne les définissant qu'à travers des « noyaux durs » et en laissant de côté les « zones tampons[10] ». En dépit de cela, les négociations entamées en 1996 ont encore fait substantiellement diminuer les surfaces proposées par le CSRPN et avalisées par le Muséum. Elles ont été menées dans les institutions départementales et au cours des consultations prévues,

8. L'expérience des sites pilotes entreprise à partir de 1996 sous la responsabilité de Réserves naturelles de France avait déjà marqué la volonté d'élargir le réseau des gestionnaires impliqués dans la directive Habitats et le choix de ne pas recourir à des outils réglementaires mais à la négociation et à la contractualisation.

9. La recherche dans cette région a été menée avec F. Pinton.

10. Selon les expressions utilisées par les responsables de Natura 2000 à la Diren.

mais aussi lors de contacts informels. Leur résultat n'a pas été négligeable. Dans l'Yonne, par exemple, un site recélant l'habitat d'une espèce prioritaire a ainsi été retiré en totalité, sous la pression des élus locaux et d'organisations agricoles. D'autres ont vu leur taille réduite ou augmentée à la suite d'apports d'informations complémentaires sur les usages de l'espace et sur les données d'ordre naturaliste. Ces modifications de la liste et de la taille des sites résultent donc de rapports de force locaux et d'échanges de connaissances. On peut noter que si la pression sociale a souvent conduit à transformer les données fournies par les scientifiques, les gestionnaires d'espaces naturels ont aussi pu, à la faveur du flou entourant la définition des habitats de la DH, interpréter à leur manière le contour des sites qu'ils ont délimités. Il existe en effet toujours un moyen d'intégrer un espace en tant qu'habitat fonctionnel ou comme aire de nourrissage nécessaire à une espèce présente dans les annexes de la DH.

Dans le Nord-Pas-de-Calais, la procédure de négociation des périmètres s'est avérée difficile à mettre en œuvre et lourde de conséquences. Plus encore que dans d'autres régions, elle a suscité une modification des propositions initiales puisqu'on est passé de 13,17 % du territoire inventorié par les scientifiques en 1996, à 1,47 % (Domaine public maritime inclus) de la superficie régionale. Cette réduction drastique des périmètres est à mettre en relation avec la mise en place d'associations hostiles à la directive – Natura 2000 62 dans le Pas-de-Calais et Natura 2000 59 dans le Nord – réunissant, à l'image du « Groupe des 9 », les principaux gestionnaires de l'espace rural. Les représentants de la forêt privée, de l'agriculture et du milieu cynégétique se sont imposés comme les maîtres du jeu auprès des services de la préfecture et, surtout, ils ont obtenu publiquement du préfet du Pas-de-Calais que seuls les terrains qui auraient recueilli l'aval des propriétaires seraient proposés au titre de Natura 2000. Parler de concertation à propos de la négociation des périmètres dans le cas du Nord-Pas-de-Calais est donc pour le moins excessif ; c'est bien plutôt de rapports de force dont il s'est agi. Dans les secteurs très conflictuels, là où les enjeux cynégétiques sont importants – milieux humides et marais arrières littoraux – aucune démarche de concertation n'a été engagée.

Ces quelques exemples locaux illustrent la diversité des situations. Les contours actuels des sites inventoriés représentent le résultat d'un intense travail, encore inachevé[11], qui a nécessité plus de réunions qu'aucune autre politique de la nature en France. On est ainsi passé de 13 % du territoire national proposé en 1996 à environ 7,8 % en mars 2005[12]. Ces chiffres ont suscité un certain nombre d'interrogations : ces surfaces sont-elles insuffisantes, trop importantes ? Plus que cet ordre de grandeur qui ne renseigne guère sur le type de milieux concernés et sur les actions entreprises, il nous semble davantage pertinent de s'arrêter sur le

---

11. Il reste en particulier à intégrer (et donc à discuter !) de nombreux sites issus de la directive Oiseaux.

12. Soit 4,26 millions d'hectares pour 1 222 sites. Le pourcentage de la surface du territoire intégré en ZPS (directive Oiseaux) est quant à lui de 2,96 %.

processus qui a caractérisé cet inventaire de la biodiversité traduite en sites. La connaissance et son application sur le terrain (le dessin des contours des sites retenus) s'y sont élaborées par des ajustements successifs, à travers des controverses et des négociations, dans l'articulation de registres relevant de la science, du social et du politique. Ce processus a ainsi donné une visibilité aux agents sociaux, gestionnaires, exploitants et usagers de l'espace, dont les pratiques ont façonné et continuent de façonner la nature.

Depuis 1997, plusieurs ministres de l'Environnement successifs ont souligné ce fait[13] : « Si les scientifiques ont détecté tant de sites méritant de figurer dans Natura 2000, c'est bien parce que des générations de paysans et de forestiers ont, peut-être sans en être conscients, géré l'espace en laissant une place à la diversité du vivant. » Par cette phrase, Dominique Voynet entendait faire savoir que les bonnes pratiques agricoles ne sont pas contradictoires avec la directive, tout en affirmant qu'on ne saurait appliquer mécaniquement les données scientifiques de l'inventaire. Son usage relève d'une traduction sur le terrain par la négociation et la confrontation avec des pratiques et des logiques diverses dans le cadre d'espaces de débats. Il s'agit de trouver des formes de compromis entre des activités et des ordres de légitimité différents s'exerçant sur les territoires de la biodiversité. On rejoint ainsi la définition de l'action environnementale fournie par Marc Mormont et C. Mougenot : *« Un site, lorsqu'il est saisi par l'action environnementale, est un objet où viennent s'arranger et se réorganiser des connaissances, des normes et des pratiques ainsi que les engagements des acteurs impliqués »* (Mormont et Mougenot, 2002, p. 180).

C'est dans cette perspective que nous nous sommes intéressés au travail d'élaboration des Documents d'objectifs (Docob) qui s'effectue sur chacun des sites Natura 2000 pour produire des mesures consacrées à la conservation de la biodiversité.

OPÉRATEURS DE LA BIODIVERSITÉ ET GESTION DE LA NATURE

Les Docob correspondent à une interprétation française de la gestion de la biodiversité, élaborée à partir de 1996, dans le cadre de l'expérience des sites pilotes. Leur élaboration est conçue comme un travail de concertation et d'appropriation par les acteurs locaux qui s'accordent sur les objectifs et les moyens liés à cette conservation. Le Docob identifie ainsi les causes éventuelles de détérioration des habitats et de perturbation des espèces, définit les mesures destinées à les éviter,

13. C'est aussi le cas des services de la Commission européenne qui s'attachent à répéter le message selon lequel la DH est assise sur la concertation et qui avancent que le choix d'un site est « un hommage aux gestionnaires qui en ont fait ce qu'il est » (N. Hanley).

celles concourant à préserver « l'existant » et les dépenses nécessaires à la réalisation des objectifs. Nous partons de l'hypothèse qu'à travers l'élaboration des Docob, se construit un compromis entre les exigences européennes traduites par l'administration française de l'environnement, les données mobilisées par les naturalistes et les pratiques et connaissances portées par les acteurs non scientifiques. Les responsables de la réalisation de ce compromis sont, d'une part, l'opérateur (maître d'œuvre du Docob) et le chargé de mission qu'il recrute et, d'autre part, le Comité de pilotage (Copil), dont les rôles sont fixés par un ensemble de procédures.

Nos premières analyses nous conduisent à observer que les opérateurs et les chargés de mission jouent le rôle de véritables « passeurs » entre science et action (Mougenot et Melin, 2000), entre nature et société. En effet, ils occupent une place clé dans le processus d'articulation des données scientifiques produites sur un site avec la définition de projets territoriaux rassemblant les acteurs de ce site. En d'autres termes, ils organisent la mise en forme des connaissances concernant la gestion de la biodiversité et la concertation entre les acteurs à propos des objectifs élaborés. Le rôle fondamental des opérateurs et des chargés de mission apparaît ainsi dans l'organisation concrète du débat, mais aussi dans la traduction en termes de gestion de ce qui n'était jusqu'alors que des périmètres aux contenus incertains.

Si un certain nombre de débats ont lieu dans le cadre du Copil qui est, selon le ministère de l'Environnement, l'instance officielle de la concertation, on voit aussi émerger d'autres lieux de rencontre suscités par l'opérateur, la Diren ou les membres du Copil. Ces espaces de discussion peuvent être des groupes d'information, mais surtout des groupes de travail[14] plus ou moins formalisés où se confrontent les cultures « techniques » des experts, des techniciens, des exploitants ou des usagers dans divers domaines comme la forêt, la chasse, l'agriculture, la pêche, etc.

Pour alimenter ces discussions, les opérateurs et les chargés de mission disposent de plusieurs outils susceptibles de faciliter le travail de diffusion des connaissances. Inventaires, études diverses et cartes permettent de procéder à un état des lieux et de discuter des objectifs de gestion. Mais ils mobilisent des compétences que tous les acteurs impliqués ne possèdent pas d'emblée et qui nécessitent parfois de leur part un important effort d'intégration. Cette position asymétrique peut se manifester à travers l'usage généralisé du vocabulaire naturaliste, en particulier des termes empruntés aux classifications phytosociologiques utilisées par « CORINE Biotopes ». Plus généralement, la biodiversité apparaît souvent comme un concept abstrait qui ne prend forme, dans un premier temps, qu'à travers ce qu'en donnent à comprendre les experts en se fondant sur des situations qui peuvent sembler paradoxales. Comment faire admettre, par exemple, qu'il faille intégrer dans les sites des habitats localement très communs mais figurant dans les annexes de la directive comme représentatifs de la diversité écologique d'une région biogéographique ?

14. Ces groupes sont le plus souvent thématiques ou géographiques.

Le déroulement des débats mettant en jeu des conceptions diverses de la nature et des modalités de sa gestion s'avère donc souvent difficile et conflictuel. Il est cependant nécessaire pour construire une relation de confiance entre des acteurs qui le plus souvent s'ignoraient, parfois même s'affrontaient. Car les acteurs « enrôlés » dans cette élaboration des Docob ne participent pas toujours volontairement à cette démarche de concertation.

La confiance est susceptible de s'instaurer entre les membres du Copil ou des groupes de travail par la mise à l'épreuve du terrain des connaissances naturalistes. Dans certains cas, les groupes de travail fonctionnent comme des lieux où s'effectue une démarche d'explicitation et de traduction des termes techniques et scientifiques utilisés. On y discute, par exemple, de la pertinence des objectifs de conservation des habitats dont la valeur patrimoniale a été hiérarchisée par les opérateurs et on débat des pratiques qui leur sont favorables ou défavorables. Certains thèmes soulèvent de vives et intéressantes controverses. Le dessin des contours des sites et leur rectification éventuelle sont l'occasion d'échanges nourris, tout comme la définition exacte des perturbations susceptibles de s'exercer sur les habitats d'espèces (rôle de la chasse, par exemple). Enfin, les actions proposées par certains opérateurs visant à restaurer les habitats sont souvent des occasions de débats fournis avec les utilisateurs du milieu. S'y confrontent des formes diverses de pratiques et de connaissances qui s'expriment autour des itinéraires techniques proposés. En suivant Catherine Mougenot, on pourrait qualifier « d'intermédiaires », les connaissances ainsi élaborées[15], en effaçant l'opposition tranchée entre connaissances expertes et connaissances profanes (Mougenot, 2003, p. 127).

On comprend que la tâche des opérateurs et des chargés de mission ne soit pas aisée et exige d'eux des qualités d'inventivité, alors même qu'ils sont confrontés au caractère incertain des procédures régissant l'action publique (par exemple, en ce qui concerne les CTE/CAD[16]) et à des règlements complexes organisant les usages locaux de l'espace. Dans ce contexte, les choix qu'ils opèrent dans l'organisation des débats, la succession des procédures, les formes de traduction de connaissances hétérogènes, les modalités de circulation de l'information, etc., constituent la trame d'un travail spécifique. D'où l'importance de la sélection de ceux qui organisent son déroulement ; cette dernière étant de la responsabilité des Diren qui s'attachent, quand elles le peuvent, à choisir des opérateurs disposant d'une légitimité locale.

Une première analyse des opérateurs mobilisés montre que les gestionnaires d'espaces protégés *stricto sensu* (réserves, parcs nationaux), bien que toujours présents, n'occupent pas la place principale dans le dispositif Natura 2000. En effet, en 2002, quatre opérateurs se partagent 50 % des chantiers : l'ONF, les PNR, les Conservatoires régionaux d'espaces naturels et les collectivités locales au sens large

---

15. « Elles mêlent et agrègent des savoirs et des compétences dispersées ou hétérogènes et elles sont finalisées, c'est-à-dire qu'elles cherchent à répondre à des objectifs précis en prenant en compte les contraintes auxquelles elles doivent faire face dans leur application » (Mougenot, 2003, p. 127).

16. Contrats territoriaux d'exploitation et contrats d'agriculture durable.

du terme (conseils généraux, syndicat mixte, communauté de communes...). On trouve aussi des associations de protection de la nature, des fédérations de chasse ou de pêche, des structures consulaires (chambre d'agriculture, centre régional de la propriété forestière, etc.), des bureaux d'études, des syndicats agricoles, etc. Natura 2000 marque ainsi un élargissement de l'éventail des agents et des structures prenant en charge la gestion de la nature et un accroissement de leur savoir-faire.

À ce stade de notre recherche, il est encore difficile de dresser un bilan précis de ce travail de négociation autour de la biodiversité. On peut cependant avancer quelques pistes. L'obligation pour des collectifs d'acteurs très hétérogènes de confronter leurs connaissances et leurs pratiques du milieu naturel pour élaborer des mesures de gestion a suscité des échanges mutuels à propos d'activités interdépendantes d'un point de vue écologique. Sur certaines questions, des accords inédits entre acteurs ont pu être construits, par exemple en vue du maintien de prairies humides ou du débroussaillage de certains milieux. Ces accords ont aussi contribué au « désenclavement[17] » d'institutions qui acceptaient mal de mettre leur légitimité à l'épreuve de groupes sociaux extérieurs. Ils sont donc susceptibles de reconfigurer les rapports de collectifs locaux à leur environnement naturel. Néanmoins, ces accords restent fragiles et d'importance inégale suivant les lieux. Dans les régions que nous suivons, on peut voir se dessiner un éventail de situations. Là où les questions posées sont particulièrement vives et structurantes pour les sociétés locales (Paca et Poitou-Charentes), ces accords ont donné lieu à des formes de coapprentissage[18]. Dans les régions où les habitats concernés apparaissent relictuels, de faible taille ou porteurs d'enjeux secondaires (Bourgogne, Nord-Pas-de-Calais), les acteurs locaux s'impliquent plus faiblement et la portée des débats apparaît plus limitée (Pinton [coord.], 2003). Cependant, au-delà de ces différences, un point commun à ces diverses expériences se dégage : les nombreux échanges qui scandent la mise en œuvre de Natura 2000 brouillent les frontières des « camps » en présence, chacun d'entre eux ayant connu à cette occasion des clivages et forgé des affinités avec des acteurs avec lesquels il n'entretenait aucun rapport. Naturalistes, agriculteurs, chasseurs, propriétaires, socioprofessionnels, élus ou usagers : ces classifications sont mises à mal par les rapprochements cognitifs et pratiques que la volonté commune de donner un sens à la biodiversité a provoqués.

17. Selon Nicolas Dodier, la notion de désenclavement est l'opération qui consiste à « lier la légitimité d'une institution à sa capacité d'ouverture à l'extérieur » (Dodier, 2003, p. 30).

18. Selon Pierre Lascoumes, « L'apprentissage suppose [enfin] la création d'une symétrie temporaire des acteurs pendant le temps de la discussion » (Lascoumes, 2001, p. 10).

Conclusion

À travers les controverses, les conflits et les débats, on peut considérer que la mise en œuvre de Natura 2000 constitue un exemple de réflexivité de la société sur le traitement de la nature. Sans être totalement nouveau, ce processus réflexif est ici d'une ampleur inégalée, par le nombre de réunions qu'il suscite, par son échelle et par la complexité des questions qu'il soulève. C'est pourquoi, le travail accompli apparaît novateur tout en s'avérant d'une portée limitée ; la faiblesse des moyens financiers a, en effet, conduit à privilégier les milieux déjà concernés par des formes de protection.

Ainsi, la conservation de la biodiversité mise en œuvre par la DH passe-t-elle par la recherche de compromis entre des formes de légitimités différentes, comme le montre l'exemple de l'élaboration des Docob. Avec Natura 2000, la biodiversité est prise dans un ensemble de transactions au cours desquelles se redéfinissent des objets naturels, des pratiques, des normes et des identités.

Controverses et négociations ont fait rentrer la biodiversité dans l'univers des politiques publiques procédurales fondées sur la délibération. Celles-ci se situent dans un contexte d'évolution des formes d'intervention de l'État, déjà analysées en 1996 dans ces termes par Patrice Duran et Jean-Claude Thoenig : « Privé de son hégémonie, l'État trouve une raison d'être dans l'institution de capacités de négociation entre une grande variété d'acteurs » (Duran et Thoenig, 1996, p. 582). L'action collective s'institutionnalise ainsi à travers des « scènes » de concertation spécialisées, plus ou moins durables, multipliant l'élaboration de procédures contractuelles.

De ce point de vue, la directive Habitats se situe entre prescription et délibération. Elle a nécessité l'instauration d'un dispositif foisonnant où se sont négociées, à différents niveaux, l'élaboration des objectifs et des normes et leur application sur des territoires, tout en étant fortement encadrée par les pouvoirs publics compte tenu de l'obligation de résultats dont elle fait l'objet au niveau européen. Cependant, manifestement, les procédures de gestion et de négociation ne peuvent suffire à résoudre les conflits lorsqu'ils renvoient à des conceptions qui s'affirment par trop divergentes. Plus encore, l'existence de ces procédures suppose une volonté préalable d'échanges entre des acteurs acceptant de prendre en compte d'autres logiques que la leur. Le caractère récurrent de certains conflits concernant la conservation de la nature montre que les conditions nécessaires à la constitution d'un espace durable de débats sur ce thème s'avèrent souvent difficiles à réunir.

Agnès Fortier et Pierre Alphandéry

Bibliographie

ALPHANDÉRY, P., FORTIER, A., 2001, « Can a territorial policy be based on science alone ? The system for creating the Natura 2000 in France », *Sociologie Ruralis,* vol. 41, n° 3, p. 311-328.

DODIER, N., 2003, *Leçon politique de l'épidémie du Sida*, Paris, l'EHESS.

DURAN, P., THOENIG, J.-C., 1996, « L'État et la gestion publique territoriale », *Revue française de science politique*, n° 4, vol. 46, p. 580-623.

LASCOUMES, P., 2001, « La productivité sociale des controverses », intervention au séminaire « Penser les sciences, les techniques et l'expertise aujourd'hui », Centre Koyré, Paris, EHESS, 25 janvier 2001.

La vérité sur Natura 2000, 2002, Actes de la Conférence européenne, EDD, Nantes, 6 mars 2004.

MORMONT, M. et MOUGENOT, C., 2002, « Sociabilité rurale et action environnementale », *in* J.-P. Sylvestre (éd.), *Agriculteurs, ruraux et citadins. Les mutations des campagnes françaises*, Éd. Educagri et CNDP/CRDP Dijon, pp. 171-191.

MOUGENOT C., MELIN E., 2000, « Entre science et action, le concept de réseau écologique », *Natures Sciences Sociétés*, vol. 8, n° 3, p. 20-30.

MOUGENOT, C., 2003, *Prendre soin de la nature ordinaire*, Paris, Éd. de la MSH et de l'INRA.

PINTON, F. (coord.), ALPHANDÉRY, P., BILLAUD, J.-P., DEVERRE, C., FORTIER, A., 2003, *« Scènes locales » de concertation autour de la nature. La construction française du réseau Natura 2000*, Document de travail de l'équipe Grenat, pour le ministère de l'Écologie et du Développement durable et l'Institut français de la biodiversité, 93 p.

RÉMY, E. (coord.), ALPHANDÉRY, P., BILLAUD, J.-P., BOCKEl, N., DEVERRE, C., FORTIER, A., KALAORA, B., PERROT, N., PINTON, F., 1999, *La Mise en directive de la nature. De la directive Habitats aux prémices du réseau Natura 2000*, Ministère de l'Environnement, DGAD/SRAE, 280 p.

Savoirs naturalistes scientifiques et appropriation du territoire en Vanoise (1963-1990)

Juste après sa création officielle en 1963, le Parc national de la Vanoise a fait porter ses efforts sur le marquage du territoire et l'accueil des visiteurs (limites, balisage, sentiers, refuges, etc.) ainsi que la protection de la faune sauvage (lutte contre le braconnage). Il n'était pas envisagé au départ de financer ou de réaliser des travaux de recherche scientifique dans l'espace Vanoise, ni de programmer de la recherche pour assister la politique de protection et d'aménagement de l'établissement public. Le décret du 6 juillet 1963 de création du Parc national de la Vanoise (PNV) prévoit seulement un conseil d' administration, une commission permanente et une direction du parc. Aucun organisme scientifique n'est alors envisagé. C'est le conseil d'administration, lors de sa seconde réunion du 23 mars 1964, qui a demandé et approuvé, pour la première fois, la constitution d'un comité scientifique. Le comité scientifique comprend des scientifiques et des naturalistes sélectionnés par le parc, et son président est élu par les membres du comité.

Les savoirs scientifiques mobilisés pour les inventaires et les suivis biologiques sont éclatés entre plusieurs disciplines et pratiques de recherche (systématique, phytosociologie, biogéographie) et entre les différentes spécialités écologiques (écologie des populations et des peuplements, écologie des communautés, écologie des paysages). Pour repérer et cartographier les différents travaux et membres impliqués dans les différents comités scientifiques et les études effectuées, je classerai les actions du comité scientifique et les projets réalisés depuis sa création à nos jours en deux catégories.

La première catégorie correspond à des inventaires biologiques et biogéographiques des milieux naturels dans le PNV. Il s'agit de travaux à finalité scientifique effectués par des biologistes venant de l'université et d'organismes de recherche. Ces travaux sont réalisés par des chercheurs et des universitaires dans le cadre de leurs préoccupations disciplinaires habituelles et des programmes liés aux orientations de leurs laboratoires de recherche. Des personnalités scientifiques et de grands organismes de recherche (CNRS, Muséum, universités) sont alors représentés dans le conseil d'administration et le comité scientifique. L'objectif est de prendre possession des lieux par le savoir et de construire le parc sur la base d'une connaissance scientifique.

La deuxième catégorie est liée à des actions d'inventaire souvent associées à des mobilisations militantes pour le PNV afin de « connaître et protéger ». Ces actions sont animées et encadrées par des « naturalistes amateurs » et des universitaires militant au sein d'associations de protection de la nature. La mise en place de ces opérations d'inventaire et de suivi entend justifier et fournir des arguments scientifiques pour l'action du parc et le soutenir face aux projets d'aménagement de domaines skiables ou de développement des activités agricoles dans la zone centrale.

La Vanoise, laboratoire « grandeur nature »

En 1965, le comité scientifique engage des travaux de recherche et d'inventaire scientifique menés par des chercheurs et des laboratoires de recherche qui viennent de toute la France. L'initiateur, le concepteur et le coordinateur de ces premiers travaux scientifiques est Paul Ozenda[1] de l'université de Grenoble. Son Laboratoire d'écologie sera un partenaire privilégié du parc pendant une vingtaine d'années. De 1964 à 1982, il est conjointement membre du conseil d'administration et secrétaire du comité scientifique. Il conserve ce dernier poste jusqu'en 1992. La plupart de ses étudiants et de ses assistants ont effectué, entre les années 1960 et les années 1980, des travaux en écologie et biologie végétale dans le massif de la Vanoise. Son Laboratoire d'écologie a régulièrement publié, jusqu'en 1986, les quinze premiers volumes des *Travaux scientifiques du Parc national de la Vanoise*[2]. La forte implication de Paul Ozenda et de son équipe dans le comité scientifique du PNV est liée à son intérêt intellectuel et scientifique pour la biologie végétale alpine et à l'orientation qu'il va donner, par la suite, à son Laboratoire d'écologie. L'enjeu est de combler un retard par rapport à d'autres pays comme la Suisse, l'Autriche et l'Allemagne et de développer des travaux en biogéographie végétale en France.

Dans un rapport[3] sur les programmes de recherche scientifique dans le PNV, Paul Ozenda, qui assurait la coordination et le suivi de ces programmes, fournit une liste de projets et des organismes qui ont été sélectionnés pour leur réalisation. Il

1. Professeur de biologie végétale et directeur du Laboratoire d'écologie à l'université de Grenoble.
2. Le premier tome des *Travaux scientifiques du Parc national de la Vanoise* paraît en 1970.
3. Paul Ozenda, Rapport sur le programme de recherche scientifique dans le Parc national de la Vanoise en 1968.

précise que les critères de choix et de sélection de ces projets ont accordé la priorité aux recherches ayant un caractère d'inventaire soit qualitatif (recensement des espèces et des milieux biologiques), soit quantitatif (composition et productivité des groupements biologiques), plutôt qu'aux recherches à caractère purement expérimental qui devront intervenir, selon lui, dans une seconde phase.

Pour réaliser ces programmes, le comité scientifique a été organisé en deux commissions[4] spécialisées. La première commission a été chargée plus spécialement des travaux d'analyse fondamentale et d'inventaire floristique, faunistique et biogéographique ainsi que des sites géologiques et archéologiques pour produire des listes et des cartes. Ces travaux de recherche ont été menés dans plusieurs domaines liés principalement à la botanique et la zoologie et partiellement à des travaux de biologie générale. Les objectifs de ces travaux sont orientés essentiellement vers l'inventaire des espèces et leur évolution écologique dans le cadre géographique du territoire de la Vanoise[5]. La deuxième commission a été chargée des travaux de recherche appliquée en zones centrale et périphérique du parc pour améliorer la productivité et l'évolution des prairies et des alpages « dans le but de maintenir l'élevage de la race Tarine en Maurienne et en Tarentaise », et des projets d'étude sur les potentialités économiques des plantes médicinales et des lacs de haute montagne afin d'en améliorer la gestion piscicole. Ces deux commissions engagent plusieurs programmes de recherche scientifique et inventaires biologiques. Ces travaux de recherche et d'inventaire peuvent être classés en trois catégories :

A) La première catégorie consiste à engager le Laboratoire de biologie végétale de la faculté des sciences de Grenoble (dont Paul Ozenda assure la direction) et d'autres partenaires dans un vaste projet, qui porte sur la réalisation de plusieurs cartes (cartes géologique, lithographique, géomorphologique, hydrologique, pédologique, climatique… et carte de répartition des associations végétales) pour aboutir à une carte écologique d'ensemble ainsi qu'à la représentation spatiale de l'impact des activités humaines sur les milieux naturels. En collaboration avec des géologues, une carte géologique du massif de la Vanoise est donc réalisée en partant des travaux précédents de François Ellenberger[6] en collaboration avec le Laboratoire de géologie appliquée de la Sorbonne. Cette carte donne la répartition des roches, classées par propriétés physico-chimiques et incorpore des renseignements pédologiques (teneur en calcium, pH, granulométrie, matières organiques totales). Ensuite un travail de cartographie[7] comprend, d'une part, l'étude des groupements

4. Procès-verbal de la séance du 13 décembre 1965 du comité scientifique du PNV.

5. Voir M. Martinot, Bilan des travaux de recherche effectués dans le PNV en 1979.

6. Professeur à la Faculté des Sciences de Paris. Voir *Levé géologique complet de la Vanoise*, Minutes inédites à 1/20000 en couleurs par Ellenberger (F.) [Exécuté pour le Service de la carte écologique de la France à partir de 1947]. Et Ellenberger F., 1958, *Étude géologique du pays de Vanoise*, Mém. Serv. Carte géol., t. 50, 501 p.

7. La cartographie de la végétation est un domaine appliqué et pragmatique de la biogéographie. C'est une représentation régionale synthétique et une modélisation des aires de répartition des unités systématiques, des faits écologiques et des formations végétales.

végétaux forestiers des étages inférieur et montagnard et, d'autre part, l'étude des groupements des étages subalpins supérieur et alpin. Pierre Gensac[8], d'abord dans le cadre de son travail de thèse avec P. Ozenda sur les forêts d'Epicéas de Tarentaise[9], puis en tant que chercheur, a élaboré avec divers collaborateurs trois cartes de végétation à grande échelle et plusieurs études phytosociologiques sur la végétation du massif de la Vanoise. Un *Catalogue écologique des plantes vasculaires du Parc national de la Vanoise et des régions limitrophes*[10] portant sur plus de 1 000 espèces présentes en Vanoise à plus de 1 500 m d'altitude a été réalisé. Dans le cadre de ce programme, une carte écologique d'ensemble au 1/10 000 du parc est alors établie. Des cartes de la végétation au 1/20000 la complètent pour certaines zones du parc. L'ensemble de ces cartes a abouti à la réalisation d'une carte de l'impact des activités humaines sur le parc.

L'ensemble des travaux d'inventaire et de cartographie réalisés dans le parc a été animé par l'approche théorique et méthodologique que défendait Ozenda. On réalise, d'une part, une classification biogéographique à travers le recensement et la cartographie des groupements végétaux (pelouses, milieux forestiers). Il s'agit de travaux de phytogéographie détaillée (du 1/200000e au 1/1 000000e) et à petite échelle spatiale. D'autre part, on procède à une recherche des espèces rares et des milieux à protéger. Il s'agit d'études floristiques et phytosociologiques détaillées à grande échelle, relatives à des territoires limités. Ces deux perspectives méthodologiques à la fois phytosociologique et biogéographique ont été choisies pour étudier la végétation dans son contexte géographique.

Ces travaux d'inventaire et de cartographie (qui représentent plus de la moitié des articles publiés dans les *Cahiers du Parc national de la Vanoise*) sont des produits scientifiques ordinaires de la phytosociologie et/ou de la biogéographie (ainsi que de la géologie). Ils correspondent donc aux préoccupations scientifiques des universitaires grenoblois largement représentés au conseil scientifique du parc. Si bien que l'on peut dire que ces universitaires ont trouvé dans le parc, une structure d'accueil et un terrain favorable pour poursuivre leur propre stratégie de recherche. Mais il se trouve que les résultats de ces recherches intéressent aussi le parc en tant que gestionnaire. Des cartes thématiques (flore, végétation, géologie, pédologie, etc.), des maquettes en relief, des inventaires d'espèces (végétales et animales) et de groupements végétaux, ainsi que des photos, des diaporamas et des herbiers ont été déposés à la direction du parc. Ces objets vont être utilisés par la suite, soit comme instruments de diagnostic des évolutions spontanées du territoire, soit comme outils pédagogiques pour les activités éducatives du parc. On peut donc

8. Maître de conférences, Centre universitaire de Savoie, Chambéry.

9. Gensac, P., 1967, *Les Forêts d'Épicéa de Tarentaise. Recherches des différents types de pessières*, Thèse Grenoble, 190 p.

10. Cet ouvrage est paru dans le volume IV des *Travaux scientifiques du Parc national de la Vanoise*, 1974, 232 p.

dire que le parc a su utiliser en retour les recherches à finalité scientifique et les inventaires qu'il avait accueillis[11].

B) Le comité scientifique du PNV accueille aussi deux projets plus fondamentaux que les autres. Le premier relève de la physiologie végétale. Il s'agit d'une série d'études sur la physiologie de la germination. Ce travail, animé par l'équipe d'Ozenda, s'est assuré la collaboration du Laboratoire de physiologie végétale de la faculté des sciences de Nice. Ces études consistent dans la récolte de graines de plantes alpines, en vue de définir les conditions écologiques, et tout particulièrement thermiques, qui président à leur germination. Ce travail est réalisé par Camille Bulard (une spécialiste de la physiologie de la germination des plantes, collaboratrice de Paul Ozenda) et par les étudiants de ce laboratoire qui ont participé à la récolte de graines aux Evettes et dans le Parc national.

Le deuxième projet concerne la productivité d'une biocénose, il a été confié au Laboratoire de zoologie de l'École normale supérieure de Paris et au Laboratoire de biologie végétale de Grenoble. Ce projet entreprend d'étudier le fonctionnement écosystémique des composantes végétales et animales d'une biocénose dans leur contexte d'organisation à la fois spatiale et temporelle. Ce projet fait partie d'un vaste programme biologique international soutenu par l'Union internationale des sciences biologiques (IUBS). Les animateurs du programme, Maxime Lamotte et Paul Ozenda, ont envisagé de choisir comme groupement-pilote, soit le Mélézein, soit l'Aulnaie verte. Comme on dispose d'éléments recueillis par des travaux déjà effectués par l'équipe Ozenda sur le climat et sur le sol (pédologie) de l'aulnaie verte, le choix porte finalement sur ce groupement. Il concerne l'étude de la productivité de l'aulnaie verte. Cette association végétale est considérée comme largement représentée, homogène et constante dans la chaîne des Alpes. On peut alors envisager une modélisation de l'écosystème (biotope et biocénose). C'est là qu'intervient Lamotte dont c'est la spécialité et c'est cette modélisation qui correspond au programme international impulsé par l'UICN. Cela suppose au moins deux types d'analyses. La première est une analyse qualitative des « groupements fonctionnels » et des flux d'énergie mais aussi d'azote, etc., qui les relient. Le tout aboutissant à un schéma fonctionnel de l'écosystème avec ses producteurs (végétation), ses consommateurs primaires (herbivores et parasites) et secondaires (prédateurs des consommateurs primaires), ses recycleurs (détritivores, microflore et microfaune du sol). La seconde analyse est une étude quantitative portant sur la biomasse (en équivalent énergie) des différents groupes fonctionnels et les flux de biomasse qui relient les différents compartiments de l'écosystème. Le tout débouchant sur la productivité (en termes énergétiques) de l'aulnaie verte, c'est-à-dire sur l'augmentation annuelle de biomasse de l'écosystème (à savoir croissance des arbres et plantes pérennes, accumulation de matières organiques dans le sol).

11. Dans le domaine de la botanique et de la phytosociologie, les travaux de Pierre Gensac effectués entre les années 1960 et les années 1980 restent une référence.

L'essentiel des travaux réalisés dans le parc a une finalité scientifique. Ils sont liés à Paul Ozenda, à ses partenaires et aux chantiers de recherche qu'ils entendent développer dans les Alpes françaises. Ils font bénéficier leurs réseaux des aides financières et des assistances du parc. La plupart des projets retenus sont le produit d'une sélection thématique et disciplinaire pratiquée par les membres du comité scientifique que dominent les universitaires grenoblois[12]. Comme la physiologie de la germination, la « productivité » d'une biocénose s'inscrit dans une stratégie scientifique visant à appliquer et à développer les avancées de l'écologie. Incontestablement, ces deux projets ne concernent pas directement le parc en tant que gestionnaire d'un territoire mais les résultats des travaux (inventaire de ses richesses, outils de diagnostic, instruments pédagogiques) peuvent intéresser ses agents. En plus, ces travaux contribuent à sa renommée scientifique. Paul Ozenda a attiré à l'époque Lamotte, une grande figure de l'écologie française, ainsi que plusieurs laboratoires universitaires et le CNRS pour travailler en Vanoise.

C) La troisième catégorie comprend trois programmes ouvertement finalisés. L'un d'entre eux (sur les Tétras-lyre, Lagopède des Alpes, Bartavelle) cherche à déterminer les causes du faible dynamisme démographique de ces populations pour y porter remède. Il s'agit d'un projet dont la finalité est la protection de ces espèces. Le programme étudie les causes susceptibles d'influencer cette diminution d'effectifs (les conditions micro-climatologiques, l'observation du cycle reproducteur et du régime alimentaire, une évaluation de la structure, de la dynamique et des causes de mortalité des populations d'oiseaux). Une étude de la thermo-régulation pour des mêmes espèces est entreprise. Le travail est effectué par une équipe du Muséum national d'histoire naturelle.

Le parc, manifestant aussi son désir d'associer la protection de la nature et le développement économique, va lancer deux programmes finalisés et ouvertement agronomiques : l'un animé par le Père Robert Fritsch[13] vise la protection par la mise en culture des plantes aromatiques et médicinales, l'autre animé par deux agronomes (René Delpech et Henri Richard) cherche à étudier l'utilisation des prairies (de l'abandon à l'utilisation intensive) et à améliorer leur exploitation. Le projet d'étude sur les potentialités économiques de la culture des plantes médicinales[14] en Maurienne est un projet qui cherche à cultiver des plantes économiquement intéressantes afin de réduire la cueillette et de sauver des stations.

Pour cette première catégorie de recherches et dans la majorité des travaux, le PNV n'intervient ni dans le choix du sujet, ni dans la formulation de la probléma-

---

12. Concernant le végétation et la flore, le seul travail qui a été effectué hors de l'approche phytogéographique pratiquée par l'équipe de Paul Ozenda de Grenoble est le travail de Louis Amandier et Jacques Gasquez. Il s'agit d'une étude inspirée par une autre tradition de recherche sur les associations végétales, celle de Montpellier. Voir AMANDIER, Louis et GASQUEZ, Jacques, 1978, *Contribution à l'étude phyto-écologique et floristique du Vallon de la Rocheure (Parc national de la Vanoise)*, vol. 27, Mémoires des Conservatoire et Jardin botaniques de la Ville de Genève, Genève, 155 p.

13. Président de la Société d'histoire naturelle de la Savoie.

14. Procès-verbal de la séance du 7 novembre 1978 du comité scientifique du PNV, contrat n° 12/1978.

tique. Il offre à la fois un support logistique aux chercheurs, un complément de financement et une information de base sur le terrain, voire la participation de ses agents, dans certains cas, à la collecte des données. Il leur demande, en retour, de publier les résultats dans la revue scientifique *Travaux scientifiques du PNV.* Les universitaires qui sont membres du comité scientifique ont effectué plusieurs travaux directement ou avec leurs assistants[15] et étudiants, dans le cadre de leurs programmes de recherche et pour l'obtention des diplômes universitaires : mémoires de maîtrise, diplômes d'études approfondies, thèses ou rapports de stage. Pour définir les orientations et mobiliser des spécialistes, « les membres des comités scientifiques estiment, en définitive, que dans un premier temps un inventaire biologique général est indispensable. Il pourrait être confié à des étudiants dégrevés de leurs frais par les laboratoires dont ils dépendent, moyennant une participation du Parc national. Un programme de recherches serait à établir au préalable[16] ». Chaque année, des rapports d'activité et des états d'avancement des programmes sont présentés à l'évaluation par chaque laboratoire responsable d'un projet.

On peut dire par métaphore que, dans cette première conception de la recherche et de l'inventaire biologique par le comité scientifique, le parc – ou plus précisément la zone centrale du parc – est un « laboratoire à ciel ouvert », un laboratoire « grandeur nature » dans lequel différentes équipes de recherche vont développer leurs projets. Cette première étape de l'évolution correspond à l'arrivée au comité scientifique d'universitaires et de chercheurs qui voient pragmatiquement dans la création du parc l'occasion d'obtenir des crédits pour financer des actions de recherche. Pour les chercheurs en écologie de terrain, « les progrès de la recherche écologique, le besoin de plus en plus affirmé par les naturalistes de disposer de laboratoires de terrain dignes de ce nom, où ils pourraient travailler en vraie grandeur, accroît, de façon sensible, l'utilité des parcs nationaux pour la science et la recherche [...] L'apport des parcs nationaux à la connaissance biologique et écologique est d'ores et déjà considérable, et ceci, malgré leur relative jeunesse [...] Le rôle scientifique des parcs doit aller croissant [...]. Dépositaires d'éléments parmi les plus prestigieux du patrimoine naturel national, les parcs nationaux doivent permettre aux générations présentes et futures de mieux connaître, et par-là, de mieux comprendre les délicats agencements des biotopes et biocénoses[17]. » Les membres du comité scientifique « [...] s'accordent à penser que c'est une raison d'être des parcs nationaux que de constituer un conservatoire génétique afin de prévenir la disparition d'espèces aussi bien sauvages que domestiques[18] ».

15. La recherche est liée à une tradition et à un mode de patronage des équipes de recherches, c'est-à-dire une manière d'apprendre, de produire et reproduire le savoir qui fonctionne essentiellement par allégeance à un patron, à ses projets scientifiques et à ses chantiers.

16. Procès-verbal de la séance du 25 février 1965 du comité scientifique du PNV.

17. Compte rendu, Parcs nationaux et recherche scientifique, Présentation des travaux du groupe *ad hoc*, réuni à Florac les 22 et 23 mars 1979.

18. Procès-verbal de la séance du 18 mai 1979 du comité scientifique du PNV.

Dans cette première étape et jusqu'aux années 1980, le comité scientifique du parc ne joue pas exactement le rôle d'un comité scientifique, dans la mesure où il ne procède pas explicitement à l'évaluation des projets de recherche et des résultats. Il joue plutôt un rôle d'administration de la recherche en servant à la fois de comité de pilotage, d'organisme de coordination et d'instance de traduction des résultats scientifiques en informations susceptibles d'intéresser les gestionnaires du parc, soit pour la gestion du milieu soit pour la communication. L'ensemble des programmes de recherche, des inventaires et des cartographies réalisés pendant les années 60 et 70 a été conduit en fonction des projets et des intérêts scientifiques directs des chercheurs. L'important travail d'inventaire diversifié réalisé en phytogéographie, phytosociologie et phyto-écologie a couvert plusieurs domaines et groupes systématiques les plus représentatifs de la flore et de la faune. Ces premiers travaux scientifiques ont permis à l'équipe du PNV de disposer d'une masse importante d'informations sur les composantes naturelles et la diversité biologique du territoire.

Bien connaître pour mieux protéger

Certains de ses membres plaident pour donner au comité scientifique un rôle qui dépasse le pilotage et la coordination des actions de recherche scientifique et d'inventaire de la diversité biologique. L'idée est d'aboutir à un comité plus engagé dans « la veille scientifique et écologique » dans le domaine de la protection, qui soit en outre « consulté, préalablement aux délibérations du conseil d'administration, sur tout projet susceptible d'avoir une incidence sur l'équilibre des milieux naturels[19] ». Ce souhait a été formulé dès le 21 octobre 1971 et validé officiellement par le comité scientifique lors de sa séance du 23 décembre 1971. Cette compétence qui « s'attache particulièrement à contrôler l'impact des activités humaines dans le parc et le pré-parc sur la survie des espèces, des milieux et des paysages et à proposer au conseil les mesures qui pourraient, selon lui, s'avérer nécessaires[20] » a été reconnue officiellement, le 15 novembre 1977, par le conseil d'administration qui prend alors très nettement position en faveur d'une consultation du comité scientifique (pour avis) sur les questions touchant la protection de la nature, non seulement en zone centrale du parc, mais également en zone périphérique. Il faut rappeler qu'entre 1971 (où commencent les premières interrogations et critiques du comité scientifique) et 1977 (où de nouvelles missions sont confiées au comité scientifique), il y a l'affaire de la Vanoise et l'importance politique acquise par la Fédération Rhône-Alpes de

19. Deuxième règlement intérieur du comité scientifique du PNV.
20. *Ibid*.

protection de la nature (FRAPNA)[21] comme alliée du parc. L'affaire de la Vanoise (1968-1971) et le projet de liaison Bonneval-Val d'Isère (1983-1994) vont montrer à quel point l'intégralité même de la zone centrale est menacée. Le développement de l'industrie des sports d'hiver, avec les équipements et le quadrillage de l'espace afférents, entend bien concurrencer le parc et ses propres équipements et son propre quadrillage, sur ses propres terres.

De fait, le comité scientifique change progressivement de mission. Du comité de pilotage qu'il était jusqu'alors, distribuant quelques crédits à des laboratoires maîtres de leur problématique, mais dont les recherches étaient susceptibles d'intéresser le PNV en accumulant des données (construites) sur les richesses naturelles de la zone centrale et sur les potentialités agronomiques de la zone périphérique, le comité scientifique devient un véritable conseil. Il donne son avis sur les évolutions constatées, suggère des études du milieu naturel et discute de celles que la direction du parc voudrait entreprendre.

Avec ces nouvelles orientations, on assiste aussi à l'adoption d'une problématique. Il s'agit d'évaluer l'impact des activités d'aménagement, de la fréquentation touristique et des activités pastorales sur la « survie des espèces, des milieux, des paysages ». Ce qui suppose que les espèces, les milieux, les paysages sont menacés – d'où le terme de « survie » – et qu'ils sont menacés par les activités humaines et donc par la présence humaine. Les universitaires savoyards amateurs de la montagne et militants d'associations de protection de la nature incitent à lutter contre le déséquilibre entre les activités de l'homme et la capacité de charge de la zone centrale. Ils proposent donc de limiter les activités humaines dans le parc afin de respecter la nature en Vanoise. Pour eux, l'ampleur des activités d'aménagement et l'augmentation de la fréquentation humaine ont dépassé la capacité de charge du territoire. La diversité biologique est assimilée à une nature vierge et sauvage « non perturbée » par l'action humaine. Cette vision exclut de la diversité biologique, la diversité artificielle (domestication agricole, introduction d'espèces exotiques, fragmentation des paysages) créée directement ou indirectement par l'homme. Les nouvelles orientations plaident pour la réalisation d'inventaires scientifiques directement au service de la protection de la nature et de l'éducation du public à l'environnement.

21. La FRAPNA est une association (loi 1901) agréée par le ministère de l'Environnement depuis 1978 et reconnue d'utilité publique depuis 1984. C'est une fédération régionale des associations de protection de la nature de Rhône-Alpes. Elle est constituée de huit sections départementales et elle réunit également des adhérents individuels. Elle rassemble un réseau de personnes bénévoles et permanentes et elle agit sur les sujets « prioritaires » au niveau local et au niveau national. Elle est membre de France Nature Environnement (la fédération nationale des associations de protection de la nature). « La FRAPNA a pour objet la défense, la sauvegarde, la protection, la valorisation de l'environnement, des sites, des paysages, des écosystèmes, des milieux naturels, de la faune et de la flore qu'ils abritent, ainsi que la préservation, la restauration et la gestion des écosystèmes auxquels ils participent ; la lutte contre toute nuisance » (Extrait des statuts de la FRAPNA).

À vrai dire, la nouvelle orientation du comité scientifique de la Vanoise ne tient pas uniquement à la manière dont les universitaires locaux et les militants associatifs ont investi le comité scientifique de la Vanoise. C'est un mouvement national qui coïncide avec la conjonction de deux phénomènes. La fin des années 70 est, de façon générale, la première période où, confortés par la réussite des grands programmes finalisés (le nucléaire, la fusée Ariane), les pouvoirs publics entendent développer des recherches appliquées (ou finalisées). On parle alors de « pilotage de la recherche par l'aval » (après la victoire de la gauche on parlera plutôt de « répondre à la demande sociale »). Or, l'aval de ces recherches pour la protection de la nature dans les parcs nationaux, c'est la gestion de l'espace parc.

Depuis 1976, le ministère est engagé dans l'application de la loi sur la protection de la nature : listes d'espèces protégées, création et gestion de réserves naturelles. Pour cela, et compte tenu du manque de moyens en hommes et en crédits (mais aussi du fait que les inventaires intéressent de moins en moins les scientifiques, qui d'ailleurs ne sont plus formés à ça), il a absolument besoin du travail bénévole des associations de naturalistes amateurs et des associations de protection de la nature. Sans leur appui, il ne peut pas réaliser ces inventaires. Il va donc leur accorder une place croissante dans tout le dispositif d'encadrement et de contrôle de la gestion des espaces protégés et satisfaire à leur demande d'intervenir plus directement dans la politique scientifique des parcs. Pour encadrer ces actions de connaissance scientifique des espaces protégés et des zones naturelles d'intérêt biologique et coordonner la collecte des données nécessaires à la gestion, un Secrétariat de la faune et de la flore du Muséum d'histoire naturelle de Paris a été créé en 1979. Sa mission est de développer la connaissance du patrimoine naturel français en rassemblant des données sur l'état des lieux et la répartition des espèces animales et végétales sauvages. À partir de cette connaissance, le Secrétariat de la faune et de la flore doit aider la Direction de la protection de la nature à appliquer la loi de 1976, c'est-à-dire dresser les listes d'espèces menacées, méritant d'être classées en espèces protégées et délimiter les zones naturelles d'intérêt écologique faunistique et floristique (ZNIEFF). Le choix du Muséum est significatif : le MNHN (et *a fortiori* les muséums de province) est la dernière institution de recherche dans laquelle on trouve encore des systématiciens. Pour appliquer la loi de 1976, on a besoin de ces compétences. Autre atout du Muséum : c'est là que la plupart des associations nationales de naturalistes amateurs ont leur siège. Elles se réunissent au Muséum et sont souvent dirigées par des professeurs du Muséum. Le personnel du Muséum est donc bien placé pour mobiliser les sociétés naturalistes. Le rôle du Secrétariat de la faune et de la flore n'est certes pas de faire du terrain, mais de contrôler la fiabilité des données et des inventaires qui lui sont envoyés par des amateurs, de les coordonner, de rassembler le tout dans des bases de données informatisées, de sortir de ces bases, listes et atlas de répartition. Mais le choix du Muséum pour accueillir le Secrétariat de la faune et de la flore en tant qu'institution scientifique appliquée au service de la DPN a aussi des conséquences importantes. Les agents du Muséum ne se contentent pas d'encadrer les sociétés de naturalistes amateurs, beaucoup sont aussi militants (la Société nationale de protection de la nature a son siège au Muséum et beaucoup de professeurs et de maîtres de conférence du Muséum en font partie). Aussi le Secrétariat de la faune et de la flore est-il un lieu, à travers lequel les militants de la protection de la nature vont pouvoir acquérir une influence sur la DPN. Si bien que la création de ce secrétariat est, d'une certaine façon, à l'origine des transformations quant à l'orientation des recherches en Vanoise et dans les parcs nationaux.

Ces nouvelles orientations ministérielles inscrivent les travaux des comités scientifiques des parcs nationaux sous la tutelle du Service de la recherche, des études et du traitement de l'information sur l'environnement (SRETIE) du ministère de l'Environnement. Plusieurs rencontres[22] et débats sont organisés par un comité chargé de la recherche scientifique dans les espaces protégés au sein du ministère de l'Environnement dans l'objectif de mettre au point un programme inter-parcs nationaux. Ces réunions sont consacrées à l'évaluation du bilan des travaux réalisés dans les parcs nationaux et à la définition d'une nouvelle politique pour la recherche dans ces espaces. Lors de la réunion qui s'est tenue à Florac[23], les 22 et 23 mars 1979, à l'occasion du bilan de quinze années de parcs nationaux, plusieurs propositions sont faites concernant le rôle des comités scientifiques des cinq parcs nationaux et les principaux thèmes de travail à proposer aux parcs en matière de recherche scientifique. Les participants insistent sur la nécessité de coordonner la politique scientifique des parcs, d'intégrer leur réseau d'information dans le système national et d'harmoniser les méthodes d'inventaires biologiques sur le terrain.

À côté de la mobilisation des associations de naturalistes amateurs et des associations de protection de la nature pour réaliser des inventaires dans le cadre de l'application de la loi de 1976, le ministère de l'Environnement s'oriente vers la mise en place d'une méthodologie d'observation et de suivi pour recueillir l'information sur la faune, la flore et les milieux naturels. Plusieurs réunions sont organisées pour mettre au point les programmes de recherche et organiser la coopération entre les parcs dans ce domaine. Suite à sa réunion du 8 mars 1978, au cours de laquelle sont analysées les réponses à un appel d'offres « Dynamique des populations et des peuplements », le comité scientifique du programme « Écologie et gestion du patrimoine naturel » a décidé, en accord avec la Direction de la protection de la nature, de passer une convention avec le Parc national des Écrins, afin d'organiser, sous la responsabilité scientifique de J.-P. Dalmas[24], membre du comité scientifique du parc, une concertation en vue de la mise au point d'une méthodologie d'observation standard, destinée à un personnel non spécialiste et définie à

22. Les rencontres d'Arc-et-Senans les 1er et 2 mars 1979 et de Florac, les 22 et 23 mars 1979.

23. Compte rendu, Parcs nationaux et recherche scientifique, Présentation des travaux du groupe *ad hoc*, réuni à Florac les 22 et 23 mars 1979.

24. Dalmas, Jean-Pierre, 1972, *Études phytosociologique et écologique de l'étage alpin des Alpes sud-occidentales françaises et plus particulièrement de la région de Vars-Ecris*, Thèse en biologie végétale, Université de Provence, 173 p.

l'échelon national, permettant d'étudier l'utilisation de l'espace par la grande faune de montagne. Suite à cette convention, J.-P. Dalmas propose le lancement d'un programme de recherche coordonné visant à préparer la mise en place d'un réseau de collecte d'informations et la mise au point d'une méthodologie d'observation standardisée pour la surveillance continue de la faune et de la flore dans les parcs nationaux et les espaces protégés. Le financement et lancement de ce programme de recherche sont approuvés le 17 mai 1979 par le Secrétariat de la faune et de la flore à la DNP.

Ce programme propose de mettre en place une politique d'inventaire permanent de la faune et de la flore, réalisé sur le terrain par les agents des parcs nationaux. Pour J.-P. Dalmas, « les inventaires constituent les premiers moyens scientifiques à mettre en place pour aider les parcs nationaux, ainsi que l'ensemble des espaces protégés, à assumer leur rôle de conservation et de gestion du patrimoine naturel. [...] Le lancement d'un programme d'inventaires méthodiques apparaît ainsi comme la condition préalable pour amener les parcs à jouer leur rôle de laboratoire scientifique privilégié et à assurer une meilleure liaison entre la recherche et leurs préoccupations de gestion. Dans cette perspective, une politique de collecte des données adaptée aux besoins propres des parcs devrait se fixer les trois objectifs suivants :

1. Détermination d'un état initial ou « point zéro » par l'inventaire systématique de la répartition des espèces (présence/absence) et des milieux naturels (données invariables du milieu, unités écologiques homogènes).

2. Mise en place de structures permettant un suivi continu de l'évolution des milieux et de la dynamique des populations. Seront privilégiées de ce point de vue : les espèces rares ou menacées, les espèces intéressantes du point de vue scientifique, économique ou médical, les espèces jouant le rôle d'"indicateurs biologiques", notamment celles qui permettent de caractériser les différents milieux (zones de végétation, séries végétales, etc.) et celles qui fournissent des indices de stabilité ou de distorsion (indicateurs de pollution, de fréquentation, de dynamique des populations…).

3. Lancement de programmes d'études plus approfondis sur la biologie et le statut d'un certain nombre d'espèces présentant un intérêt particulier du point de vue de la recherche ou de la gestion (grands mammifères par exemple)[25] ».

Pour réaliser ces objectifs, Dalmas propose de mettre au point des méthodes de collecte de données tenant compte aux moins de deux objectifs et contraintes :

– La politique d'inventaire dans les parcs nationaux doit appliquer une méthodologie commune définie et validée au niveau national par le Secrétariat de la faune et de la flore et le Muséum d'histoire naturelle.

25. Voir Dalmas, J.-P., « Mise au point d'une méthodologie standardisée pour la surveillance continue de la faune et de la flore dans les parcs nationaux et les espaces protégés », Rapport de synthèse de mai 1979.

– La politique d'inventaire dans les parcs nationaux doit mobiliser les moyens de surveillance dont disposent les parcs. « Un des atouts majeurs des parcs nationaux est constitué par leur personnel de terrain qui, du fait de son importance, de sa qualité et de sa présence régulière au contact du milieu naturel, représente un potentiel d'observation irremplaçable. » Le programme propose de choisir la liste des plantes et des animaux à observer en fonction des possibilités des gardes-moniteurs et des objectifs poursuivis par les parcs.

Ces nouvelles orientations définies par le rapport Dalmas et par le groupe de coordination de ce programme sont adoptées par le ministère[26]. Il faut signaler que la nouveauté de ce programme se traduit par la participation des parcs et la mobilisation de leur personnel de terrain, qui constitue « la cheville ouvrière de cette opération ». Il faut signaler aussi qu'en 1979, le ministère soutient la création d'une cellule interparcs animée par Philippe Pillet, ingénieur du Génie rural des Eaux et Forêts, jusqu'alors responsable du service biologie du Parc national des Cévennes. La cellule de coordination interparcs est basée à l'École nationale d'agronomie de Montpellier. Elle est chargée de la coordination et de l'animation des programmes de recherches inter-parcs sur la structure et le fonctionnement des écosystèmes. Elle se lance dans l'organisation de stages de formation pour les agents de terrain pour l'observation de la faune et la flore. Cette cellule est encadrée par les comités scientifiques et les attachés scientifiques des différents parcs[27] ainsi que des chercheurs du CNRS et du Muséum national d'histoire naturelle[28].

Les programmes interparcs encadrés et soutenus par le SRETIE et la DPN sont des projets finalisés visant à aider les parcs à protéger espèces, milieux et paysages menacés et à « aider les gestionnaires de ces espaces à formuler leurs problèmes en termes de recherche[29] ». Cela ne suppose pas de faire simplement l'inventaire de l'existant : il faut, en outre, classer, distinguer ce qui est commun, ce qui est rare, ce qui est menacé et ce qui ne l'est pas. Il faut enfin rechercher les causes qui fragilisent espèces, milieux et paysages. L'hypothèse explicite est que ces causes sont à rechercher dans les activités humaines (pastoralisme, sylviculture, tourisme)… à l'exception, bien entendu, des activités des scientifiques et des naturalistes. Ces projets sont – en particulier en Vanoise, mais cela se retrouve dans les autres parcs –

26. Circulaire adressée par François Letourneux, directeur de la Protection de la nature au ministère de l'Environnement, aux directeurs des parcs nationaux. Objet : recherche scientifique et études techniques dans les parcs nationaux, le 15 mai 1986. Voir aussi les instructions du directeur de la Protection de la nature des 29 août 1979, 24 octobre 1979 et 8 février 1980.

27. On trouve principalement : Dalmas, attaché scientifique du Parc national des Écrins, Martinot, attaché scientifique du Parc national de la Vanoise, Besson, attaché scientifique du Parc national des Pyrénées.

28. Pour professionnaliser le métier des gestionnaires des espaces protégés comme pour minimiser l'influence des naturalistes militants, un tournant marquant dans l'histoire de la formation des gestionnaires est enregistré. En 1986, l'atelier technique des espaces naturels (ATEN) est créé par le ministère de l'Environnement, au sein de la direction de la Protection de la nature. L'atelier absorbe ainsi la cellule interparcs créée en 1979.

29. Procès-verbal de la séance du 17 octobre 1984 du comité scientifique du PNV.

pilotés sur place par des universitaires locaux et par des naturalistes (qui peuvent être universitaires mais pas forcément de la spécialité au nom de laquelle ils interviennent[30]).

Il faut enfin signaler que les années 1970 à 1980 avaient permis la création de l'université de Savoie à Chambéry[31]. Cette mise en place (assez lente) d'une université à Chambéry à proximité de grands pôles universitaires (Lyon, Grenoble, Genève et Turin) exigeait de trouver un « créneau » justifiant l'existence de laboratoires avec des programmes spécifiques et des filières. La stratégie adoptée a été de faire de cette université de Savoie un cursus pour les métiers de la montagne. Au sein de cette université, on va donc assister à la création de l'Institut savoisien de la montagne et de son Centre interdisciplinaire scientifique de la montagne (CISM). Le centre concentre son programme de formation[32] et son image de marque sur « un label Montagne ». L'objectif est de « disposer de véritables professionnels de la montagne, capables d'intervenir dans tous les secteurs liés à son aménagement et sa gestion. Cette spécificité "montagne" donne à ces formations leur originalité première[33] ». Une grande partie des universitaires de l'Institut savoisien de la montagne essaie de renforcer leur position et leur légitimité en tant qu'enseignants chercheurs spécialistes et formateurs dans les métiers de la montagne, mais aussi en tant que militants dans les associations de protection de la nature affiliées à la Fédération Rhône-Alpes de protection de la nature (FRAPNA).

C'est avec l'arrivée de cette catégorie d'universitaires, amateurs de montagne et militants d'associations de protection de la nature, dans le comité scientifique du parc, que les orientations changent. Jusqu'alors il s'agissait de connaître ce que le parc avait à gérer. Pour cela, on sélectionnait les propositions susceptibles de dresser l'état des lieux : inventaires, cartes de répartition, etc. Ce qui intéressait la direction du PNV, c'était le résultat. Depuis l'affaire de la Vanoise, on assiste à l'adoption d'une nouvelle problématique : les espèces, les milieux, les paysages sont menacés

---

30. Par exemple Philippe Lebreton, qui est professeur de biologie à l'université de Lyon I et spécialiste de physiologie végétale, mais qui dirige des programmes d'inventaire des oiseaux en tant qu'ornithologue amateur. Il est membre du comité scientifique depuis trente ans en tant que membre fondateur de la FRAPNA.

31. Au début des années 60, se met en place une annexe de l'université de Grenoble sous la forme des « Collèges scientifique et littéraire universitaires ». Elle est ensuite promue au rang de centre universitaire par le décret du 6 mai 1969, avant de devenir le 27 juin 1979 une université autonome. Mais elle n'acquiert les structures universitaires conformes à la loi de 1984 qu'en1989.

32. Les domaines de formation des étudiants programmés par l'Institut savoisien de la montagne et son Centre interdisciplinaire scientifique de la montagne (CISM) sont multiples : MST Montagne (maîtrise sciences et techniques), une maîtrise de sciences de la terre et de la vie appliquée aux milieux de montagne ; une maîtrise sciences de l'environnement ; un magistère Rhône-Alpes-Auvergne des sciences de la Terre, un DESS en environnement, aménagement et equipement des pays de montagne ; un DEA sociétés et environnement : gestion des espaces montagnards ; un DEA interface nature-sociétés ; une maîtrise de géographie : (mention aménagement) dynamique de milieux de montagne et risques naturels, biogéographie, aménagements en pays de montagne.

33. Document de présentation du Centre interdisciplinaire scientifique de la montagne (CISM).

par les activités humaines et donc par la présence humaine. Il s'agit donc d'évaluer l'impact des activités d'aménagement, de la fréquentation touristique et des activités pastorales sur la « survie des espèces, des milieux, des paysages ». Sous l'influence de ce courant de militants, la zone centrale en vient à être assimilée à une nature vierge et sauvage « non perturbée » par l'action humaine.

Dans le cadre du programme de « Mise au point d'une méthodologie standardisée pour la surveillance continue de la faune et de la flore dans les parcs nationaux et les espaces protégés », plusieurs groupes de travail interespaces protégés ont été soutenus ou organisés directement par la DNP et le SRETIE. Ces groupes sont chargés de lancer des appels d'offres de recherche scientifique dans les espaces protégés sur les thèmes suivants : ongulés de montagne, galliformes de montagne, oiseaux piscivores et oiseaux limicoles. Les universitaires savoyards participent massivement à deux de ces groupes qui sont « Ongulés de montagne » et « Galliformes de montagne ». Les deux groupes, coordonnés par Philippe Lebreton[34], lancent plusieurs appels d'offres.

L'ensemble de ces programmes a permis la réalisation de plusieurs documents et outils de communication et de vulgarisation[35]. Les opérations d'inventaire et les programmes de recherche ont permis à la mission scientifique du PNV de renforcer ses liens avec le milieu associatif qui sert de soutien militant à l'action du parc. Pour le comité scientifique, les résultats des différentes actions de recherche et des inventaires doivent servir à la lutte contre « les agressions régulières auxquelles est soumise, depuis plusieurs années, la zone centrale du Parc national[36] ». Les universitaires savoyards ont développé une stratégie et une nouvelle compétence liée à la mobilisation militante et la défense de la zone centrale du parc face aux projets d'aménagement des domaines skiables. Le comité scientifique considère que sa priorité et sa vocation principale sont de fournir des arguments scientifiques à la direction du parc sur les projets d'aménagement et de faire pression (comptant sur

34. LEBRETON, Philippe, 1983, *Conclusions du groupe Galliformes de montagne*, Rapport du Centre ornithologique Rhône-Alpes (CORA), Université de Lyon I.

35. Collection de cartes postales, coffret de 18 cartes Faune + Collection des 5 affiches « Connaître et protéger » (le bouquetin, la marmotte, le chamois, le tétras-lyre, le lièvre variable, l'aigle royal) + Collection des 6 dépliants « Connaître et protéger » (le bouquetin, la marmotte, le chamois, le tétras-lyre, le lièvre variable, l'aigle royal) + Collection des 6 vidéocassettes (*Vanoise, les Marmottes du grand Rocher, le Grand Retour du bouquetin, Tétras-lyre, Lacs de montagne, Objectifs restauration* (+ *Le bleu de Termignon*), VHS Secam, entre 30 et 36 minutes par vidéocassette) + Connaître et colorier les animaux des parcs nationaux de France. Un cahier de coloriage repose sur le principe du frottage. Différents motifs (plumage, pelage, écailles…) sont imprimés en relief sur une page détachable. Il suffit de glisser le motif en relief correspondant à l'illustration choisie sous la page et de colorier. + PNV, 1988, *Connaître et protéger les chauves-souris en Savoie*, Cahier technique et scientifique, Imprimerie Chabert, La Ravoire, 50 p., + *Passeport Vanoise*, livret pédagogique destiné principalement aux enseignants et accompagnateurs de groupes. Ce sont 21 fiches illustrées qui présentent l'histoire, l'organisation, les milieux naturels, la réglementation, ainsi que tous les renseignements nécessaires à l'accueil des classes dans le Parc. Plus des articles et des numéros spéciaux dans les *Travaux scientifiques du Parc national de la Vanoise*.

36. Procès-verbal de la séance du 17 octobre 1984 du comité scientifique du PNV.

la mobilisation militante en cas de nécessité) sur le conseil d'administration[37] et l'équipe gestionnaire du parc afin que ceux-ci défendent les principes de la loi qui attribuent au parc sa vocation de protection de la nature en zone centrale. Les autorisations données par la direction du parc pour effectuer des travaux et des aménagements sont traitées avec circonspection et suivies de près par les scientifiques des associations de protection de la nature, membres du comité scientifique.

Les travaux d'inventaire, de suivi et d'« évaluation des espèces phares et remarquables » ont permis aux scientifiques militants et aux naturalistes de redéployer des compétences qu'ils avaient déjà acquises ailleurs. Ce que ces recherches leur ont fait acquérir, c'est une connaissance du terrain en Vanoise, des sites et des stations, de la répartition des différentes populations sur le parc. Ils ont été ainsi autorisés à constituer des herbiers et des banques de données rassemblant les informations collectées. Ils ont accumulé une masse de données et d'observations sur l'écologie des espèces et une capacité de mobilisation militante autour de ces dernières. Cette position les a rendu indispensables aux gestionnaires du PNV, comme producteurs de données directement utiles à la gestion et comme soutien politique. Ces amateurs sont devenus des spécialistes en vertu de leur *hobby*. L'ornithologie, l'entomologie, les grands ongulés (bouquetins et chamois), la flore vasculaire sont les domaines qu'ils ont choisis par goût, parfois aussi en raison de leur activité professionnelle. Depuis longtemps, ils s'impliquent sur le terrain. Ils ont accumulé des masses d'observations sur l'écologie des espèces. Ils ont une bonne connaissance du terrain. Ils savent dresser des listes et des catalogues d'espèces et élaborer des cartes de répartition. La simplicité de cette démarche (par rapport à celle des biogéographes), basée sur l'identification, le recensement et la localisation des espèces sur le terrain, a énormément facilité la coopération avec les gestionnaires du parc. C'est avec ce courant de militants (scientifiques et amateurs) spécialistes de différentes espèces que les gestionnaires du PNV développent et précisent les thèmes liés à l'évaluation patrimoniale et à l'encadrement des agents du parc en vue de l'action sur le terrain. Un certain nombre de demandes d'intervention et d'expertise leur sont adressées. Elles vont de la mise en place de cycles de formation jusqu'à la mise en œuvre de normes techniques pour identifier les espèces à statut de conservation, délimiter leurs habitats et cartographier leur emplacement sur le terrain, en passant par la création d'outils d'évaluation patrimoniale. Ces militants sont devenus nécessaires aux gestionnaires du PNV, pour la production de données directement utiles à la gestion.

37. La prise de décision reste, de par la législation, du ressort du conseil d'administration.

Conclusion

Les deux catégories de travaux et d'actions ont participé à la construction scientifique et écologique du parc. Elles peuvent à la fois se succéder et cohabiter. J'ai présenté et analysé comment le comité scientifique a été, depuis sa création, traversé par plusieurs courants scientifiques et visions de la nature, dont chacun cherche à imposer ses énoncés et à les faire circuler au sein de l'équipe des gestionnaires du parc, de la communauté scientifique et du grand public afin d'orienter l'action et les priorités de l'institution publique. Plusieurs conceptions de la protection de la nature, de la diversité biologique et du rôle que doit jouer le comité scientifique, ont marqué sa composition et sa trajectoire. Plusieurs réseaux d'universitaires, de chercheurs et de naturalistes venant d'horizons différents ont participé à ces opérations de construction et déconstruction des énoncés et projets proposés. Chaque catégorie de travaux est un espace de définition de la diversité biologique en même temps que des processus méthodologiques et des outils techniques nécessaires à sa connaissance et à son évaluation. En même temps, chaque projet est une occasion de recomposer les acteurs impliqués dans l'espace Vanoise, de redéfinir leur identité ainsi que les liens qu'ils entretiennent entre eux. Il s'agit de montrer que le projet est à la fois un espace et un écheveau complexe de réseaux de relations qui s'établissent entre les différents acteurs humains et le réseau de la diversité biologique des espèces, des habitats et des formations paysagères.

Adel Selmi

Bibliographie

Bardat, J., 1994, « L'espèce, histoire d'une notion fondamentale », *Courrier de l'environnement de l'INRA*, n° 21, p. 15-19.

Berlan-Darqué, M., et Larrère, R., (éd.), 1997, *Sciences sociales et espaces protégés,* Séminaire d'Aussois 10-12 septembre, Ministère de l'Environnement, Paris, 154 p.

Blandin, P., 1998, « Zoner les espaces naturels : propositions conceptuelles et méthodologiques », in *Zoner les espaces naturels ?* Synthèse d'un séminaire, le 2 décembre 1996, Éd. MNHN, Paris, 84 p., p. 65-68.

Cadoret, A., 1985, *Protection de la nature. Histoire et idéologie,* Paris, L'Harmattan.

Jollivet, M., (dir.), 1992, *Sciences de la nature. Sciences de la société. Les passeurs de frontières*, Paris, CNRS Éditions.

Larrère, C., & R., 1997, *Du bon usage de la nature. Pour une philosophie de l'environnement,* Paris, Alto-Aubier, 355 p.

OLIVIER, L., & VIGUIER, J.-P., *Les parcs nationaux et les activités d'inventaires, de surveillance continue et d'étude du patrimoine placé sous leur responsabilités,* Rapport d'orientation, Ministère de l'Environnement, octobre 1996, 46 p.

PRÉAU, Pierre., 1965, *La zone périphérique du Parc national de la Vanoise. Démographie, emploi, situation agricole,* Rapport Ministère de l'Agriculture, Institut national d'études rurales montagnardes, 155 p.

SELMI, A., 2003, « Les savoirs sur la nature en Vanoise : anciennes et nouvelles légitimités », La revue *Æsturia* (L'Invention de l'Estuaire - L'Estuaire des naturalistes), n° 4, p. 227-247.

WEBER, J., 1996, « Conservation, développement et coordination : Peut-on gérer biologiquement le social ? ». *Gestion communautaire des ressources renouvelables et développement durable,* coll. « Panafricain », IFRA-CIRAD-IUCN, Harare, 24-27 juin.

Coordonnateurs, auteurs

Les coordonnateurs

Pascal Marty, géographe, chargé de recherche au CNRS

Pascal Marty est géographe et travaille sur le rôle des interactions entre systèmes socio-économiques et systèmes écologiques dans les dynamiques des paysages. Son travail porte également sur l'évolution des valeurs données aux paysages. Il accorde une place importante au temps long des changements des systèmes agraires. Il a publié des articles et chapitres d'ouvrage dans le domaine de la géographie et de l'environnement. Il est l'auteur de *Forêts et société. Logiques d'action des propriétaires forestiers et production de l'espace forestier* (Paris, Publications de la Sorbonne, 2004).

Franck-Dominique Vivien, économiste, maître de conférences à l'université de Reims Champagne-Ardennes

Spécialisé dans l'étude du traitement des questions environnementales par la science économique, F.-D. Vivien a très tôt abordé les questions de biodiversité. Il a été chargé de mission au Programme « Environnement, Vie et Sociétés » du CNRS (1998-2002). Il a édité ou co-édité plusieurs ouvrages : *Des milieux et des hommes : fragments d'histoires croisées* (Elsevier, 2003) avec T. Muxart, B. Villalba et J. Burnouf ; *Biodiversité et appropriation : les droits de propriété en question* (Elsevier, 2002). Il a publié également *Économie et écologie* (Paris, La Découverte, 1994) et, en collaboration avec C. Aubertin, *Les Enjeux de la biodiversité* (Paris, Économica, 1998).

Jacques Lepart, écologue, ingénieur de recherche au CNRS

Écologue intéressé par la prise en compte de l'action de l'homme sur les systèmes écologiques et sur les paysages, J. Lepart a publié de nombreux articles dans des revues internationales d'écologie. Il a également rédigé des chapitres d'ouvrage dans des publications interdisciplinaires réunissant chercheurs des sciences de la vie et des sciences de l'homme et de la société (M. Jollivet, (dir.), *Sciences de la nature, sciences de la société. Les passeurs de frontières*, CNRS Éditions, 1992 ; C. et R. Larrère (dir.), *La Crise environnementale*, Paris, INRA, 1997).

Raphaël Larrère, sociologue, directeur de recherche à l'INRA

Directeur de recherche à l'INRA, R. Larrère travaille sur des questions d'éthique environnementale. Sociologue fortement intéressé par les questions de philosophie, ses travaux antérieurs ont porté sur les forêts, leur gestion et leur aménagement.

Il a publié notamment : *Cueillir la montagne* (Lyon, La Manufacture, 1985) avec M. de la Soudière, *Des hommes et des forêts* (Paris, Gallimard, coll. « Découvertes », 1993) avec O. Nougarède, et *Du bon usage de la nature. Pour une philosophie de l'environnement* (Aubier, 1997), avec C. Larrère. Il a coordonné avec C. Larrère *La Crise environnementale* (Paris, INRA, 1997). Il est également l'auteur de nombreux articles et chapitres d'ouvrage.

Les auteurs

Pierre Alphandéry, sociologue, directeur de recherche à l'INRA, Unité MONA Paysanneries, territoires, environnement, marchés et politiques publiques, Ivry.

Paul Arnould, géographe, professeur à l'ENS Lettres et sciences humaines, Lyon.

Serge Bahuchet, ethnologue, professeur au Muséum national d'histoire naturelle, Paris.

Jacques Blondel, écologue, directeur de recherche émérite au CNRS, UMR 5175 Centre d'écologie fonctionnelle et évolutive, Montpellier. Président du conseil scientifique de l'Institut français pour la biodiversité.

Agnès Fortier, sociologue, chargée de recherche à l'INRA, Unité MONA Paysanneries, territoires, environnement, marchés et politiques publiques, Ivry.

Hervé Fritz, écologue, chargé de recherche au CNRS, UPR 1934 Centre d'études biologiques de Chizé (CEBC), Beauvoir-sur-Niort.

Raphaël Larrère, sociologue, directeur de recherche à l'INRA, Unité TSV Transformations sociales et politiques liées au vivant, Ivry.

Jacques Lepart, écologue, ingénieur de recherche au CNRS, UMR 5175 Centre d'écologie fonctionnelle et évolutive, Montpellier.

Sandrine Maljean-Dubois, juriste, chargée de recherche au CNRS, UMR 6108 Centre d'études et de recherches internationales et communautaires (CERIC), Aix-en-Provence.

Pascal Marty, géographe, chargé de recherche au CNRS, UMR 5175 Centre d'écologie fonctionnelle et évolutive, Montpellier.

Doyle Mc Key, écologue, professeur à l'université Montpellier 2 et membre du Centre d'écologie fonctionnelle et évolutive, UMR 5175, Montpellier.

Frédéric Médail, écologue, maître de conférences – HDR, à l'université Aix-Marseille III et membre de l'Institut méditerranéen d'écologie et de paléoécologie, UMR 6116, Marseille.

André Micoud, sociologue, directeur de recherche au CNRS, UMR 5043 Centre de recherches en sciences sociales (CRESAL), Saint-Étienne.

François Sarrazin, écologue, maître de conférences à l'université Pierre et Marie Curie (Paris VI) et membre de l'UMR 5173 Conservation des espèces, restauration et suivi des populations, Paris.

Adel Selmi, anthropologue, membre de l'unité INRA TSV Transformations sociales et politiques liées au vivant, Ivry.

Wilfried Thuiller, écologue, chercheur au Climate Change Research Group, Kirstenbosch Research Center, National Biodiversity Institute, Le Cap (Afrique du Sud).

Franck-Dominique Vivien, économiste, maître de conférences à l'UFR de sciences économiques et de gestion de l'université de Reims Champagne-Ardennes.

Mise en page : Exegraph, Toulouse

IMPRESSION, BROCHAGE
IMPRIMERIE CHIRAT
42540 ST-JUST-LA-PENDUE
NOVEMBRE 2005
DÉPÔT LÉGAL 2005 N° 7457

IMPRIMÉ EN FRANCE